脱原発をめざす市民活動

3・11 社会運動の社会学

町村敬志・佐藤圭一　編

辰巳智行　金　知榮　金　善美　陳　威志
村瀬博志　菰田レエ也　岡田篤志　佐藤彰彦

Citizens Taking Action for a Nuclear Free Society:

A Sociology of Social Movements After 3.11

Takashi Machimura and Keiichi Satoh ed.

Shinyosha

新曜社

目次

第一部　3・11以後の市民活動・脱原発運動

装幀　鈴木敬子（pagnigh-magnigh）

断りのあるものを除き、写真は著者撮影・提供による
資料・図版の出典は巻末にまとめた

序章　動き出した社会をどうとらえるか

町村　敬志

写真序.0　4.10 高円寺・原発やめろデモ !!!!!!

（素人の乱呼びかけ，東京都杉並区高円寺 2011.4.10 陳威志撮影）

「今回の大震災の結果，福島の原発が大変なことになっている！あぶねえ！恐ろしい！そんな原発なんか一刻も早くなくなったほうがいい。超巨大デモを巻き起こし，とんでもない意思表示をしてしまおう！」（途中略）

（出典）4.10 原発やめろデモ !!!!!!「高円寺・原発やめろデモ !!!!!! 呼びかけ文」

1　はじまりのかたち

6・11新宿―デモンストレーションの風景から

二〇一一年六月一一日午後、新宿中央公園をスタートしたデモンストレーションの列はなかなか途切れることがなかった。東日本大震災から三ヵ月、脱原発を訴えかける一万をはるかに超える人びとは、全部で十数個の集群（梯団）に仕切られながら、ゆっくりと前に進んでいた。しばらくの間、筆者は第一の集群とともに街路を進んでいった。そして、新宿駅西口に着いたところで、列を一度離れ、各集群が順にやってくるのを駅前の歩道橋の上から眺めることにした（写真序・1）。

次々にやってくる集群には見たところ千人をゆうに超える人びとが加わっている。一つひとつのグループの人の多さが見る者に強いインパクトにもたらす。しかし、やってくる人の塊りを眺めるうちに、さらに気がついたのは、ゆるやかに束ねられた人びとの雰囲気が集群ごとに大きく違うことだった。結果としてパレードの行列全体は一言では形容しがたい、きわめて多彩な広がりを示していた。

まず一目見て、集群ごとの色合いが違う。黒っぽい色が支配的な集群もあれば、赤・黄といった原色が目立つ集群もある。こうした色合いは以前にも見かけることがあった。くわえて、普段着のせいなのか、色合いがばらばらな集群が多いことが印象的であった。アピールを何も掲げず街路をただ歩く人びとが多い集群もあれば、手づくりのバナーやプラカードを控えめに手にしている集群、所属団体の名前の入った幟《のぼり》や旗を掲げている集群も見られる。

そして各集群の先頭の様子がまるで違う。ロックバンドが先頭に位置する集群、ＤＪブースと大型のＰＡを載せた車が先導する集群、「チンドン」スタイルのなつかしい音曲が前を行く集群、そしてとくにこれといった特色ある先頭グループのいない多くの集群。ふつうのデモやパレードならば一緒になることはない異質な個人やグループが、ひとつの流れを形づくっている。あまり目にすることのない厚みをもった光景を可

新宿駅西口へ進む

チンドン音曲

先頭を行くロックバンド

幟を掲げた団体の行進

「反核」行進

写真序.1　6.11 脱原発 100 万人アクション
（素人の乱ほか呼びかけ，東京都新宿区 2011.6.11）
新宿駅周辺を行進する多様なデモの集群は，それぞれ個性をもっていた

写真序.2　デモ行進を見つめるカップル（左）
歩道橋上の家族連れ（右）（同上）

能にしたのは何なのか。裾野の広がりは理屈抜きに素朴な感動を見る者にもたらす。と同時にそれは、私たちが直面する危機の深さを再認識させるものでもあった。

さらにもう一点、印象的なことがあった。それはデモの隊列の中ではなく、まわりを取り巻く街路・歩道に広がる風景の方にあった。たとえば米ソによる中距離核ミサイル配備に反対する「反核運動」が盛り上がりを見せた一九八〇年代初め以来、筆者は大規模な街頭のデモンストレーションを目にする機会を幾度か持ってきた。視線は近年温かなものばかりではない。そもそも立ち止まって列を眺めること自体がそう多くない。しかしこのとき、新宿のあちらこちらでじっと列を見つめる若い層の人びとがいることに気がついた（写真序・2）。隊列を見てどのように感じていたのか。列を進む人びととそれをじっと見つめる人びととの間には、「あちらとこちら」の違いはあるものの、確かに共通の「時間」が流れているのではないか。そんなことを感じさせる静かな広がりが、束の間街頭には存在していた。

「広がり」の背景

六月一一日の出来事は突然生まれたわけではなかった。震災直後の動きを簡単に振り返ってみよう（詳しくは第七章を参照）。福島第一原発事故後、東京都内でいち早く行動を始めたのは、従来から反原発を訴えてきた反原発団体、たんぽぽ舎であった。三月一二日に早くも開催された街頭イベントには20名程度が参加していたという。三月二七日定例の街頭行動に千人を越える人が参加した。とはいえ、この時点でも運動がどのくらい広がりを見せるのか誰も予測できていなかった。

四月一〇日、杉並区・高円寺で活動するリサイクルショップなどのネットワーク「素人の乱」が主催するデモが行われる。突如集まった一万人を越える参加者が高円寺の街を埋め尽くした（写真序・0）。四月以降、各所で開催されたイベントには、若者や家族連れを含むさまざまな参加者が見られるようになった。

冒頭で紹介した六月一一日のデモンストレーションは、そうした異なる潮流が結び合うなかで可能となったイベントであった。この日、東京では新宿のほか、代々木公園、芝公園の計3ヵ所で大規模な集会とデモが実施された。新宿は30代以下が相対的に多い「若者」中心のデモ、代々木公園は30～40代を中心とする環境保護・自然保護派のパレード、芝公園は革新系団体や市民団体を中心とする60代が多い「中高年」のデモであったという（小熊 2013a; 平林 2012; 2013）。したがって新宿で筆者が目にした参加者の多様性とは、さらに幅広い多様性の一部分ということになる。全国一斉行動にあてられたこの日、日本各地の百数十ヵ所でも集会やデモが行われていた（木下 2013a: 308）。

震災からわずか三ヵ月、東京はまだ非日常のなかにあった。こうした運動がいつまで続くのか、見通しがあったわけではない。「災害ユートピア」という表現があるように（ソルニット 2010）、「特別な時間」はしだいに淡いものとなっていく。だが、震災から間もない時期に大きなうねりを見せた市民の活動は、二〇一二年の金曜官邸前デモ、原発再稼働への反対、脱原発やエネルギーシフトなど、さまざまな形を取りながら息長く続いていった。いったい何が変わったのか。そして何が変わっていないのか。

2　本書の課題

3・11以後の「脱原発運動」を支えた市民活動の広がりと厚み

本書の目的は、二〇一一年三月に起きた東日本大震災と福島第一原発事故に端を発して大きな盛り上がりを見せた原発・エネルギー問題に関わる市民活動・社会運動の広がりと厚みを明らかにすることである。

福島第一原発事故後の活動・運動は、全国的な規模で発生していた。デモや街頭行動だけでなく、幅広い活動のスタイルを多くの人びとが支えていた。活動はどのような担い手によって進められたのか。そこにはどのような隠れた基盤が存在していたのか。また、デモや街頭行動はどのような位置を占めていたのか。震災後に経験された一連の運動の厚みは、まだ十分明らかにされてはいない。そこで本書は二〇一三年春に実施した全国団体調査（「福島原発事故後の市民社会の活動に関する団体調査」）、および各地で行ったインタビュー調査のデータに基づいて論証を進める(1)。

ただし、本書の課題はそれにとどまらない。原発・エネルギーをめぐる運動の盛り上がりは、日本の市民社会そして社会運動の系譜において、どのような位置を占めるのか。市民社会は変わったのか。このような大きな問いを立てるのには理由がある。

東欧における市民社会のうねりが一九八九年のベルリンの壁崩壊などをもたらして以降、世界各地でデモや街頭行動はたびたび大きな注目を集めてきた。一九九九年シアトルでのWTO閣僚会議開催に抗する反グローバリゼーション運動、イラク反戦運動、チュニジアに端を発した「アラブの春」、ニューヨークでのオキュパイ運動、台湾や香港での学生を中心とした民主化の運動など、動きは世界をかけめぐってきた。

日本にもかつて熱い「運動の季節」があった。一九六〇～七〇年代をピークとして市民のアクティブな活動は、反公害運動、住民運動、女性運動、ベトナム反戦運動、学生運動など多様な形をとりながら、大きな潮流を形づくっていた。一九八〇年代以降、社会運動は総じて停滞ないし変容していったとされる。

他方、世界女性会議や地球温暖化等での国際ＮＧＯの活躍、阪神・淡路大震災後のボランティア、ＮＰＯ法の施行など、ＮＧＯ、ＮＰＯといった形で市民社会を起点とする独自の動きは、日本でも決して姿を消していない。それらは社会運動に代わるアクティヴィズムの形態なのか。それとも、アクティヴィズム自体の転換を告げるものなのか(2)。

筆者を含む研究グループは、二〇〇六年春、首都圏のアクティブな市民活動団体を対象に、大規模な質問紙調査を行った（「首都圏の市民活動団体に関する調査」）。東京・神奈川・千葉・埼玉の1都3県に本拠を置く約３６００の市民活動団体に調査票を送り、９３１団体から回答を得た。

結論からいうと、二〇〇〇年代の運動の争点や活動形態は確かに大きな変容を遂げていた。ただし、その時点で現に活動を行っていた団体は、たとえば六〇年代、七〇年代に誕生し長年の運動経験を積み重ねてきた団体から、二〇〇〇年代以降に結成された多くのＮＰＯに至るまで多様であった。異なる経験や活動様式が団体や個人のつながりという形で共存する点に市民社会の強みがあり、同時に乗り越えるべき壁があった。調査の詳細は報告書（町村編 2007; 2009 序章注1も参照）に譲るとして、ここでは一点だけ、とても興味深いデータを挙げておこう。

市民活動団体の原発推進に対する賛否（2006年）

図序・1は、市民活動団体に原子力発電の推進への態度（A：「原発推進に賛成」、B：「原発推進に反対」）を尋ねた結果である。主要活動分野ごとに各団体を分類し、分野ごとの意見分布を示した。この設問には、各団体の回答担当者（代表や事務局長などのリーダー層）が答えており、厳密にいえば団体そのものの意見ではない。リーダー層の意見は団体全体の方針と一致するとは限らない。しかし、福島第一原発事故以前において、原発への態度が市民活動団体の活動課題とどう関連していたのかを知ることができるだろう。

図では「原発推進」にもっとも反対の活動分野を一番下におき、上から賛成の多い順に活動分野を並べた。したがって上にある活動分野ほど、原発推進に賛同するリーダー、下にある分野ほど、原発推進に強い反対を示すリーダーの団体を多く含む。

全体として原発推進に反対の立場をとる団体が多い。反原発運動が下火になっても、アクティブな市民活動団体の基本的な姿勢が、なお「脱原発」に向いていたことがうかがわれる。しかし同じ市民活動団体の間でも、活動分野ごとにかなりの温度差があったことも読み取れる。

たとえば数は少ないが情報・先端技術の分野では、原発推進に賛成する団体の比率が相対的に高い。原発問題とは接点をあまりもたない地域活性化やまちづくりの分野も、原発推進に強い反対を示す団体が相対的に低い。

他方、同じく原発問題に関わっていない団体でも、消費者やジェンダー・セクシュアリティの分野では、原発推進に反対が高い。また政治や戦争・平和といった文字通り「政治的」団体は明確な反対を示してい

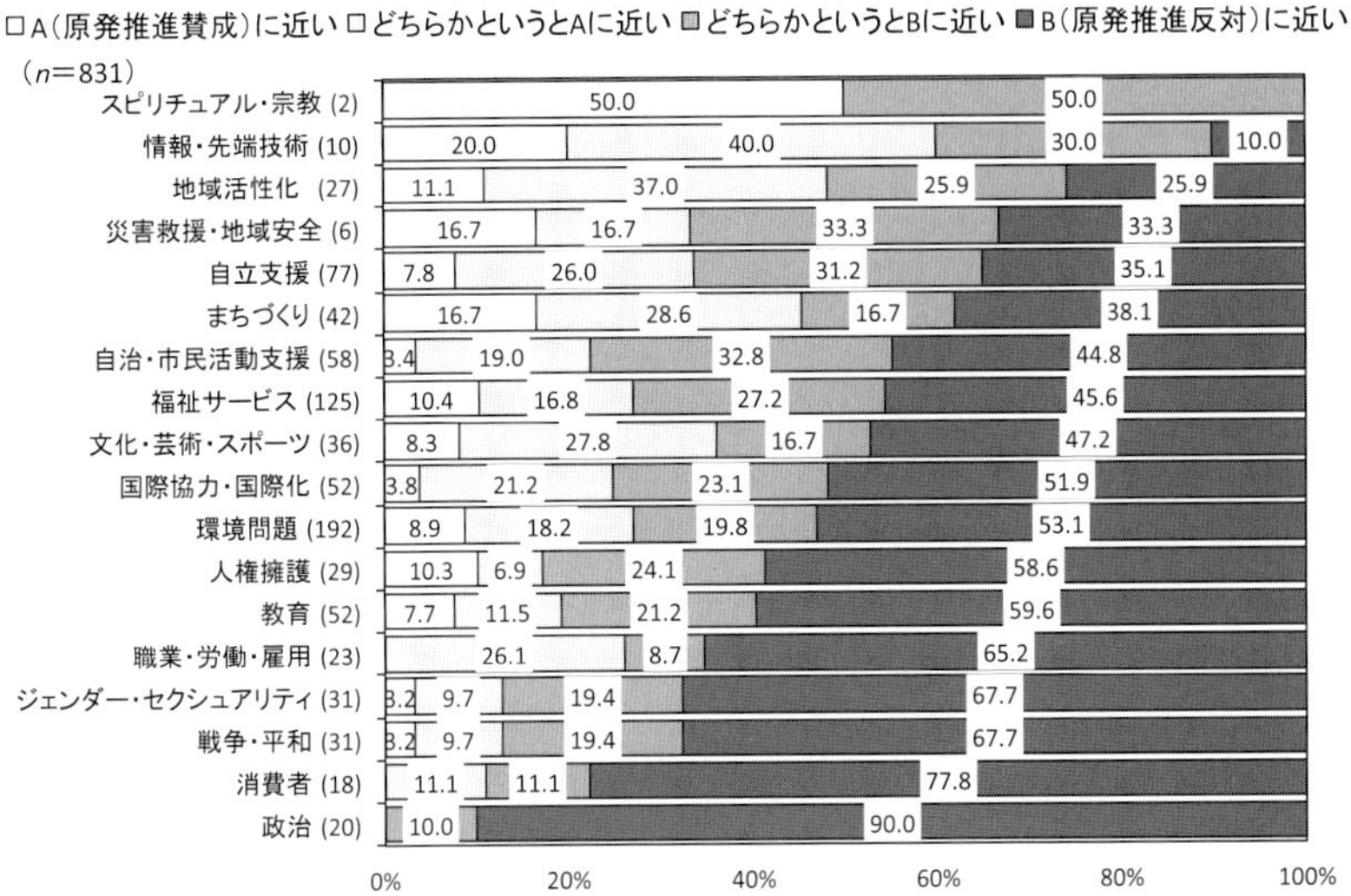

図序.1　市民活動団体の「原発推進」への態度（団体の主要活動分野別，2006 年 9 月）

（注）首都圏 1 都 3 県の 831 団体。調査票に回答した団体リーダー層の意見による
（資料）「首都圏の市民活動団体に関する調査」（2006）より筆者作成

た。これに対し、障害者の自立支援の分野では、総じて脱原発志向が強いものの、多様な意見をもつ団体が含まれる。

活動分野で一番団体数が多かったのは、環境問題であり、そこでは原発推進への反対が高いのではないかと筆者は予想した。しかし結果は意外にも、反対の程度はとびぬけて高いわけではなかった。「環境問題」という分野自体がすでに大きな幅をもつことがうかがわれる。

以上は震災発生の約五年前の調査結果であった。そして二〇一一年、福島第一原発事故が起こる。

市民社会にはさまざまな声が共存している。はたして震災後の動きは、市民社会の過去の動きとどのように結び合っていたのか。市民活動では活動分野を問わず、震災前から原発推進に距離を取る団体が多かった。しかし団体の多くは原発・エネルギー問題に実際に取り組んでいたわけではない。さらに3・11以後の運動と何らかの接点をもった個人の多くは、初めて市民活動に参加したと思われる。いったい何が起きたのか。新しい動きは市民社会に変化をもたらしたのか。社会運動の盛り上がりは日本の市民社会にどのような足跡を残していくのか。

これらの問いについて、本書では具体的なデータをもとに検討をしていく。結論を出すにはおそらく限界がある。しかし、明らかになったことを選りすぐって論じていこう。

事故はまだ続いている。にもかかわらず、それらを忘却してしまおうとする力が働き始めている。忘却の対象には、事故原因や被災者の存在だけでなく、脱原発に向けた多様な意思表明や活動まで含まれている。そうした動きに抗するためにも、確かな変化をデータに基づき記録しておくこと。私たちは以上の点について後世に対する責任を負っている。

3　本書の構成

本書の概要を紹介しておこう。

第一章では、福島第一原発事故に至るまでの原発・エネルギー問題とそれをめぐる社会運動史を踏まえた上で、本調査の概要を論じる。3・11以後の社会運動を理解する上で欠かせない視点について補論を用意した。補論1では、社会学における社会運動論の視角から、補論2では、なぜ原発が日本で推進されてきたのか、その歴史的・構造的背景という視点から、震災後の市民活動・社会運動を検討する。

第二章では、全国各地で活動した団体の全体像を示す。震災後の市民活動全体の特徴、それは「脱原発運動」と一言で括られてしまいがちな流れのなかに、実際にはきわめて幅広い団体が含まれていたことであった。原発・エネルギー問題に関わる活動課題に基づき、市民活動団体の類型化を行った。その結果、「原発反対・重点型」「エネルギーシフト・重点型」「被災者・被災地支援・重点型」「健康リスク・多方面型」「原発反対・多方面型」「全方位型」という6つの類型が示される。このような多様性がなぜ生み出されたのか。また多様性ゆえに可能になったものは何か。続く各章で検討していく。補論3では被災地との意識のズレに着目する。

第二部では、具体的なデータに即して市民活動の広がり、多様性を明らかにする。誰がどこで、どのように活動を始めたのか。

第三章では、活動の広がりを空間と時間から示した。原発事故後の活動・運動は東京の事例だけが取り上げられることが多かった。しかし実際には全国に広がって息長く続いていた。本章は全国調査でなければ明らかにできない調査データの特色をもっとも生かした章の一つである。

第四章では、もっとも重要な「活動の担い手の形成」を考える。原発問題には縁がなかった個人が多数団体に参画した点に、震災後の運動の大きな特徴があった。人びとはなぜ動き出したのか。とりわけ個別のきっかけが「集合的行為」を形成するうえで欠かせなかった。だが、震災・原発事故が人びとに強いた強い緊張の後に日常がやがて回帰してくる。人びとは新しい活動と日常の折り合いをいかにつけたのか。活動のきっかけや団体結成過程、リーダー層やメンバーの特徴とその原動力が明らかにされる。

次に、活動の具体的過程を、震災後の盛り上がりの理由を考える上で大切な三つの切り口から考察する。

第五章では、市民活動団体の組織化の進化という視点から明らかにする。活動の起点にはさまざまな個人がいた。しかし個別の活動が大きな潮流を生み出した背景には、団体の組織化過程があった。本章では団体結成から団体間の共同まで、団体組織化の5段階を体系的に論じる。

第六章では、ウェブメディアの活用とその影響を見ていく。震災後インターネットの果たした大きな役割が強調されてきた。調査でも、多様なウェブメディアを使いこなす「ウェブ積極型」市民活動団体が浮かび上がってきた。しかし実際には、ウェブ積極型と消極型という異なるタイプの団体がともに存在していた。メディア複合がもたらした一種の相乗効果が明らかにされる。

第七章では、全国各地の団体が、原発への態度をどう決定したのかを明らかにする。原発事故後の諸活動には、原発・エネルギー問題に異なる意見をもつ個人が関わっていた。各団体は多様な立場に現実にどう対処したのか。主要な分岐は「原発再稼働」への賛否ではなく、団体としての態度を「決める」か「決めない」かにあった。その背景と帰結を考察する。

第三部では、3・11以後の市民活動・社会運動が何をもたらしたのか、考察を行う。

第八章では、市民社会という視点から脱原発運動のもつ意味を考える。福島第一原発事故が引き起こした諸問題に対して、社会全体としてどのように対処していくべきなのか。原発・エネルギー危機に直面して短期間に成長した市民活動・社会運動の厚みは、国家や市場が抱える問題に対して市民社会という領域が発揮しうる役割の重要性を改めて教える。人びとの声と活動が出会う場所としての市民社会の可能性を考える。

終章では、現代社会の変動を「リスク社会」化ととらえる視点から、運動の基盤と3・11以後の社会の変化を問う。調査研究を進めるなかで見いだされたのは活動・運動がもつ多様性や重層性であった。こうした特徴は運動に分岐（分裂）を生み、必ずしもプラスの寄与をしない。しかし、団体活動の多様性や重層性は、リスクが複雑に連鎖し累積していく現代社会において、非常時の究極の危機対処に決定的な強さを発揮しうる。このことは震災後だけに限らない。

なお、震災後の原発・エネルギー問題に関わる市民活動・脱原発運動の広がりについて、関連するコラムを適宜用意した。そこでは、日本各地での参与観察やインタビューのほか、韓国と台湾という隣接諸国からの「見え方」を提起している。

4　見えない「力」を記録に残す

調査を実施するなかで、つねに自問せざるを得ないひとつの問いがあった。確かに震災後の市民活動・脱原発運動は大きな盛り上がりを見せた。しかし、原発・エネルギー問題のその後の動きに目を向けると、一時の現象でしかなかったのではないか。実際、活動・運動の当事者へのインタビューで「何も変わっていないのではないか」という「無力感」の声を投げかけられることがあった。

この問いに対してどう答えるべきなのか。本書は決して楽観的な見通しを与えるものではない。しかし同時に、悲観的な立場もとらない。確かに何かが変わりつつある。そしてそれは経験や記憶として、個人や団体のなかにその痕跡を残している。震災後の経験から何を学ぶことができるのか。本書から、現実に迫る社会学の醒めた力、そして熱い思いを感じ取っていただければと思う。

注

（1）本書は、日本学術振興会科学研究費補助金・基盤研究(B)「グローバル化以降における資本制再編と都市―〈ヒト・モノ〉関係再編と統治性の研究」（二〇一一～一三年度、研究代表者：町村敬志）および同じく基盤研究(A)「グローバル化以降における資本制再編と都市―インフラ論的転回と市民社会の研究」（二〇一四～一九年度、研究代表者：町村敬志）に基づく研究成果である。

研究全体は「社会と基盤」研究会の共同作業として進められており、本書のもとになった一連の調査も研究会として実施された。研究会ではこのほか、関連成果をおもに英語で発表する逐次刊行物（DIS；DISASTER, INFRASTRUCTURE AND SOCIETY: Learning from the 2011 Earthquake in Japan）を二〇一一年から計5号、一橋大学機関リポジトリ上の電子雑誌として公刊している（https://hermes-ir.lib.hit-u.ac.jp/rs/handle/ 10086/22084）（閲覧は無料）。この中には、震災以後二ヵ月間に国内外で起きた一万件以上の出来事を日付順にまとめた『東日本大震災クロニクル』も含まれる。脱原発や反原発の運動、放射能汚染の測定、被災者支援など市民社会の動きも多数掲載されている。その他、関連する成果は「社会と基盤」研究会のウェブサイト（http://sgis.soc.hit-u.ac.jp/）から閲覧可能である。

（2）震災後の市民活動・社会運動と市民社会の見取図については、第1章参照。

第一章　調査の概要――脱原発をめざす市民活動へのアプローチ

町村　敬志
佐藤　圭一

写真1.0　6.11 脱原発 100 万人アクション
（素人の乱ほか呼びかけ，東京都新宿区・新宿駅周辺
2011.6.11 町村敬志撮影）
ばらばらな人びとが集まってプラカードを掲げ，声を上げながら進む

1　なぜ全国規模の団体調査を実施したのか

二〇一一年三月一一日の東日本大震災、そして東京電力福島第一原発の事故以後、原発・エネルギーという争点をめぐり、膨大な数のデモや街頭行動、異議申し立てや政策提言などが噴出した。たとえば、木下ちがやがまとめた「反原発デモ・リスト」には、原発事故直後から二〇一三年六月まで約二年二ヵ月、全国で実施された、大小とりまぜて１３００件以上のデモや集会が記録されている（木下 2013b）。

本書の執筆者も震災後、支援や意見表明、学習活動などに個人として参画し、街頭行動の場を共有した。そうした行動は、まずは自らの思いや信念を表現する手段であった。しかし一連の出来事に触れ、揺れ動く時間・空間を共有するなかで、多くの社会学的問いと出会うようになった。

脱原発運動を支えたのはどのような主体だったのか。運動はどのような時間的・空間的広がりをもっていたのか。運動にはどのような分岐や亀裂が存在していたのか。多様な担い手をつないだ基盤は何か。

もちろんこうした「問い」が初めから明確にあったわけではない。二〇一一年四月以降、私たちは震災や原発事故に関する包括的な記録を作成する試みを始めていた。そのなかには、問題に関わる団体や個人から聞き取りを行い、その記録を作る活動も含まれていた。東京都内から始めた訪問やインタビューは、やがて福島県（福島市、いわき市、飯舘村ほか）、静岡県（御前崎市浜岡ほか）、大阪府・京都府、千葉県（柏市）など、そのエリアを広げていった。そうしたなかで、運動の大きなうねりについて組織的な調査を実施する必要性をしだいに感じるようになった。理由は次の三点にまとめられる。

第一に、震災・原発事故を起点とする市民活動・運動は確かに全国的な広がりをもっていた。しかし、活動の形態や取り組む課題、そしてそれらを伝える言葉や思いは、地域によって大きく異なっていた。その違いはどこからくるのか。逆に、違いを越えて共通する特徴のようなものは存在するのか。

第二に、各地で出会った人びとが日常的に携わる活動の基盤は、現実には実に多様であった。震災・原発事故以前から同種の問題に取り組んでいた団体も少なくない。しかし実際には、事故後に新たに結成されたり、初めて原発問題に関わった団体が多く、取り組む課題も多様であった。デモや街頭行動だけでは、かえって運動の厚みを見失ってしまう。

第三に、それぞれの活動の結び目には多様な形態の団体や組織が存在していた。震災後の活動・運動においては、個人がウェブメディアを利用して新たに動き始めた点がしばしば指摘されてきた。こうした動向はインタビューのなかでも確認された。しかし実際には同時に、人びとが背中を押され活動を持続していく背景には、新旧とりまぜた人びとのつながりや団体が分厚く存在する。

福島第一原発事故後の社会運動について、少なくない調査や報告が行われてきた。それらは個別事例の紹介や、デモに焦点を絞ったものが多かった。デモや街頭行動は可視化されやすく、象徴的な意味で確かに重要であった。しかしこうした表出的な行動は、同時に他の多様な活動や課題の一つに埋め込まれることで、独自の力を発揮していた。全国的な規模で、また震災直後だけでなくより長い時間幅で、脱原発をめざす活動・運動がどのように展開したのか。その多様さは十分明らかにされてはこなかった。

ただし本格的な調査には困難が伴った。そもそも、震災・原発事故の復旧・収束がまだ流動的な時点において、立場の異なる当事者に一律の質問紙調査を実施してよいのか。各地で団体・個人へのインタビューを重ねながら、全国規模の質問紙調査を実施する是非と可否を慎重に検討した。確かに留意すべき点は多々あるが、実際に調べ記録に残すことができるのは事態が動いている今しかない。さまざまな試行錯誤をへて、私たちは全国調査の実施に踏み切った。

調査手続きの実際に入る前に、日本における脱原発運動の歴史を簡単に振り返っておくことにしよう。

2 日本の原子力政策と脱原発運動小史

原子力政策と脱原発運動の流れ

一九五三年アメリカ・アイゼンハワー大統領の「核の平和利用」の国連演説を受け、一九五四年、日本で初の「原子力予算」、翌一九五五年に原子力基本法・原子力委員会設置法などの原子力三法が成立した（長谷川 2003a: 182）。「五五年体制」と呼ばれる保守合同による自民党の一党優位制が始まったこの時期は、日本の原子力開発利用の基本枠組みが成立した時と重なる（吉岡 2011: 80-86）。

一九六〇年代半ばごろまで、日本では原子力発電はおもに反核・平和運動から反対運動がなされていた。その中心にいたのは核拡散や戦争への利用を危惧する人びとであった。しかし全体としては原子力への幻想の強い時代であった（長谷川 2003a; 吉見 2012）。いくつかの地元が積極的に原発誘致を行う一方、反対運動の発生は一部の地域に限られていた（本田 2005: 78–79）。

この時期を象徴する出来事として、一九五四年の「第五福竜丸」事件が挙げられる。ビキニ環礁で米国の水爆実験によって漁船が被爆し、マグロの汚染と船員の死去が伝えられると、原水爆禁止運動が巻き起こった。食品汚染に対して広範な国民が反応するという連鎖が繰り返し見られることは、後に続く日本の反原子力運動の特徴の一つであった（本田 2005: 108）。

公害という高度経済成長の負の側面への認識が広がるとともに、一九六八年ごろから反対住民の組織化が徐々に全国各地へと広がっていった。これに加えて年平均4基という原発建設計画の急激な増加が、反対運動の増加を引き起こす（本田 2005: 80–81）。この時期に主要に反対していたのは、土地や漁業権を持つ立地自治体の農民や漁民たちであった。さらに社会党・共産党などの革新政党、旧・総評系などの労働組合員、弁護士・教員・学生・科学者などの知識層が彼らを支援していた（長谷川 2003a: 189–190）。

高度経済成長が終わりを告げる一九七三年、オイルショックによって原発政策は新たな段階を迎えた。国は石油から原子力への転換を本格的に進める。電源立地自治体への交付金などを定めた電源三法がそれを支えた。原発推進は国の強いイニシアティブを必要とする。電力会社は国との癒着を強め、その後に高コスト体質が続いた（橘川 2011: 137–145）。

原子力をめぐる国家・住民間の緊張が高まるなかで、大きな鍵を握っていたのは農民や漁民たちだった。土地や漁業権を保有する彼らの同意がなければ原発の建設はできず、農民や漁民の反対は大きな効力があった（長谷川 2003a: 189）。一方で、原発を受け入れた地域では、電源三法交付金や建設に伴う雇用、原子力を肯定する文化など多様な回路を通じ、原発依存の地域社会が形成されるようになった（開沼 2011）。反対運動の活発化によって、まったく新しい地点での原発の建設は困難の度合いを増していた。そのため、すでに原発を受け入れた自治体への増設として建設が進められていった。事故を起こした福島第一原子力発電所でも6基の原子炉が同じ場所に建設され、さらに7号機、8号機が建設予定だった。

一九八〇年代後半には、新たな運動の展開が見られるようになった。一九八六年のチェルノブイリ原発事故は、ヨーロッパを中心に広範な反対運動を引き起こしたが、一九八八年頃から日本においても都市部の主婦たちを中心に反対運動が各地に広がった。原発立地点ではなく大都市圏の運動だったこと、主婦たちが新たな担い手となったこと、そして個人によるネットワーク型の水平的なつながりを志向したスタイルであったことなどから、「反原発ニュー・ウェーブ」とも呼ばれた（長谷川 2003a: 184–185）。

しかし大規模に広がったこれらの運動も、一九九〇年代には停滞を迎えた。バブル経済の余韻の残る日本において、日本型工業社会のもたらす安定の前では、社会問題を訴える声は広がりを持ちにくかった（小熊 2012: 167）。またチェルノブイリ事故の衝撃が薄れていくにしたがって、運動の担い手たちは他の社会的課題へと活動の焦点を変化させていった（長谷川 1991）。

長谷川公一によれば、世界単位で見た場合、スリーマイル島事故（一九七九年）、チェルノブイリ事故後、各国の原発政策は大きな分岐を迎えた（長谷川 2013: 200）。西ヨーロッパを中心とした先進国ではフランスを除き、原発を徐々に縮小させ、自然エネルギーなど他のエネルギー源へと徐々に移行すべきという動向が主流となる。世界の商用原発のうち約四分の一を抱えるアメリカでも、新規建設はスリーマイル島事故以降、二〇一四年まで行われなかった(1)。これらに対して日本では一九九〇年代以降も原発の新増設が続けられた。また各国が次々と使用済み核燃料の再処理政策から撤退していくなかで、日本は政策維持の姿勢を固持してきた。

二〇〇〇年代、原発推進を後押しする新しい論理が浮上する。地球温暖化対策がそれであり、「原発ルネサンス」と呼ばれる潮流が台頭する。また省庁再編に伴い原発推進を担う経済産業省の中に、原発の安全規制を担当する原子力安全・保安院がおかれる体制となり、規制組織と推進組織が同居するようになった（長谷川 2011a: 32）。さらに二〇〇九年の民主党政権からは、政府主導のインフラ輸出の一環として、原発輸出の方針が打ち出された。

3・11時点の脱原発運動

こうして国内外に向けた原発推進の動きが加速するなかで二〇一一年三月、東京電力・福島第一原発事故が発生した。この時点で、日本の脱原発・反原発運動は、全国的に次のような状況にあった。

第一に、一九九五年以降、高速増殖炉「もんじゅ」でのナトリウム漏れ火災事故（福井県敦賀市、一九九五年）やＪＣＯ臨界事故（茨城県東海村、一九九九年）など、原子力施設をめぐる大事故やトラブルが続出した（吉岡 2011: 245–361）。これにより運動は一時的に活性化したものの、全体としては閉塞状況が続いていた（長谷川 2012: 248–251）。

第二に、原発を増設した地域の「原発依存」がより深まる一方で、そうした現実は全国的には見えにくい情勢にあった。一九八〇年代に始まる山口県上関原発に対する息の長い建設反対運動のような事例はあったものの、各地の反原子力運動はリーダー層の高齢化やメンバーの固定化など困難に直面していた。

第三に、一九九八年にＮＰＯ法、二〇〇一年に情報公開法が施行されるなど、その後の展開を理解する上で鍵となる制度が、新しい運動の基盤を生み出しつつあった。法人格を取得して組織基盤を固めた原子力資料情報室をはじめとする専門ＮＧＯは、福島第一原発事故後に市民向けに科学知を公開して存在感を発揮した。情報公開制度により行政機関のもつ情報の請求が可能となり、市民活動団体やマスメディアが原発事故対応の事実検証を行う際にきわめて重要な手段となった。

以上のように、福島第一原発事故前の日本の脱原発運動は、全体として大きな壁にぶつかっていた。3・11以後、急激な運動が姿を現す。過去の運動からどのような断絶と連続性があったのだろうか。その解明は本書の主要な問いとなる。

3 調査の方法

原発・エネルギー問題に関わる全国の市民活動団体

福島第一原発事故によって起こった変化のひとつは、もともと市民活動の異なる領域に属していたり、経験のなかった課題が噴出し、これらが新たな問題圏を形成していったことにある。前節で見たように原発・エネルギー問題に関わる運動は以前から存在した。食品の安全性や環境、子育てに関心をもつ団体も多数存在した。しかし震災後は、原発事故対応、反原発・脱原発、避難者支援、代替エネルギー、放射線測定、健康被害、除染など多様な活動課題が地域や領域を超えて噴出し、それらが互いに関連し合う問題圏が形成され、それが運動の大きな波を形づくった。

当初からこの問題圏は複雑かつ流動的であった。また活動・運動の担い手像や地域的広がりも明らかではなかった。このことを前提とした上で、調査対象は、震災後に「原発」ないし「エネルギー」問題に関わり、幅広く活動した全国の市民活動団体とした。

企業のように営利活動を主要目的とする組織、政党のように政治活動を主要目的とする団体は原則として想定しなかった。ただし原発事故後の危機的な状況の下、企業、協同組合、政党支部などが市民活動に参加したのが震災後の特徴であった。したがって以下に述べる手続きの中で調査対象に含めたものもある。

後に見るように、本調査の対象には脱原発をめざす市民活動団体が幅広く含まれている。その意味で「脱原発運動」の調査という性格づけは結果として誤りではない。しかし各団体は原発・エネルギー問題への距離の取り方に応じて懐の深い対応をしている。

対象団体の抽出と実査：二〇一三年二月～三月に郵送法による質問紙調査

団体の抽出には、全国紙として市民活動を報道してきた『朝日新聞』・『毎日新聞』（ともに地方面を含む）の記事検索を活用した。二〇一一年三月一一日～一二年三月三一日の間「原発」「エネルギー」および「市民」「団体」それぞれを組み合わせたペアのキーワード（「原発&市民」「原発&団体」「エネルギー&市民」「エネルギー&団体」）を本文中に含む記事を検索し、そこでヒットした記事に登場する団体をすべてリストアップした。次に抽出された約１６００団体を対象に、ウェブサイト等の公開情報をもとに連絡先（調査票送付先）を確認した。

ただし、新聞記事だけでは見落とされやすい団体があるため、上記期間内に開催され広範な団体が参加したイベントのうち、もっとも大規模で重要と考えられる「脱原発世界会議 2012 YOKOHAMA」（2012.1.14～15 パシフィコ横浜）の賛同団体を対象に加えた（写真１・１）。

その結果得られた９０４団体に対し、二〇一三年二～三月に自記式による質問紙調査を実施した。調査票は郵送により送付・回収した。回収数３２６、回収率36・１%で、市民活動団体に対する郵送調査として回

表1.1　団体調査の概要

調査名	福島原発事故後の市民社会の活動に関する団体調査
調査主体	「社会と基盤」研究会（研究代表者・町村敬志）
調査期間	2013年2月～3月
調査方法	自記式質問紙調査　郵送法（送付・回収）
調査対象数	904団体
抽出法	新聞記事検索*779，脱原発世界会議**賛同団体93，両方に該当32
回収数（回収率）	326団体（36.1%）*** 新聞記事検索279（35.8%）　脱原発世界会議賛同団体35（37.6%） 両方に該当12（37.5%）

* 2011.3.12～2012.3.31の朝日新聞，毎日新聞（地方面を含む）から「原発」「エネルギー」「市民」「団体」を含む記事を検索し，団体を抽出した

** 「脱原発世界会議 2012 YOKOHAMA」（パシフィコ横浜2012.1.14～15）

***分析では無回答を除くため，サンプル総数が326にならないことがある

写真1.1　脱原発世界会議 2012 YOKOHAMA

（同実行委員会主催，横浜市みなとみらい・パシフィコ横浜 2012.1.14 佐藤圭一撮影）

2012.1.14 ～ 15 の 2 日間，約 30 カ国のべ 11,500 人が参加し，約 10 万人がインターネット中継を視聴した大規模なイベントとなった。本調査はこの会議の賛同団体 125 団体を対象に含む。

チェルノブイリ写真展示（左）参加団体のパネルや物品展示（右）会議ロゴマーク（下）

収率は高い方であった（表1・1）(2)。回答は無記名とした。

回収率を情報源別に見ると、表の通りであり、情報源の偏りはなかった。また事務所所在地からみた都道府県別の回収率にも目立った偏りはなかった。調査票と単純集計は本書の巻末に掲載した。

4　回答団体の概要

団体拠点・法人格・活動内容

調査票では震災後約二年間の各団体の活動を尋ねた。回答を得た団体はどのような特質をもつのか、概観しておこう（表1・2）。

おもな事務所所在地（団体拠点）は、全326団体中、東京都、福島県と京都府、北海道、神奈川県、宮城県と兵庫県の順であった。震災の影響が大きかった東北・関東で半数を占めるが、残りは全国に広がる。

結成時期は、東日本大震災前が約3分の2で、震災後が3分の1であった。

団体の種類は、特定の法人格をもたない任意団体が半数を超えた。NPO法人、各種社団法人・財団法人、協同組合、株式会社・有限会社、労働組合など多様な法人組織がそれに続く。

活動内容は、震災後に行った活動を、「支援活動」「アピールおよび表現活動」「意見表明および申し入れの活動」「事業活動」の4グループに分けて尋ねた（問9、複数回答、図1・1）。

第一の特徴は321団体において「シンポジウム・勉強会開催」「物資支援・募金活動」に続いて「デモ・街頭行動への参加」が47・4％に上ったことである。新しいタイプの街頭行動である「サウンドデモ・

パレードへの参加」もあった。二〇〇六年「首都圏の市民活動団体に関する調査」（序章）では、「街頭行動（デモなど）への参加や実施」は11・9％であった。単純に比較はできないものの、比率の高さはやはり特筆に値する。

第二に、これと並ぶ特徴として、活動内容はデモ・街頭行動だけではなかった。性格の異なる4つの活動内容グループのいずれも、4割から7割以上の団体が取り組んだと回答していた。活動内容がきわめて多岐

表1.2　回答団体の概要

団体拠点	n	%	団体拠点	n	%
北海道	15	(4.6)	香川	2	(0.6)
青森	1	(0.3)	愛媛	1	(0.3)
岩手	5	(1.5)	富山	3	(0.9)
宮城	12	(3.7)	福岡	9	(2.8)
秋田	2	(0.6)	佐賀	4	(1.2)
山形	6	(1.8)	長崎	7	(2.2)
福島	26	(8.0)	熊本	0	(0.0)
茨城	5	(1.5)	大分	0	(0.0)
栃木	7	(2.2)	宮崎	3	(0.9)
群馬	4	(1.2)	鹿児島	4	(1.2)
埼玉	7	(2.2)	沖縄	0	(0.0)
千葉	6	(1.8)	無回答	3	(0.9)
東京	62	(19.0)	**結成時期**	**n**	**%**
神奈川	14	(4.3)	震災前	216	(66.3)
新潟	6	(1.8)	震災後	110	(33.7)
富山	2	(0.6)	無回答	0	(0.0)
石川	5	(1.5)	**団体の種類**	**n**	**%**
福井	9	(2.8)	任意団体	188	(57.7)
山梨	3	(0.9)	NPO法人	45	(13.8)
長野	7	(2.2)	認定NPO法人	8	(2.5)
岐阜	3	(0.9)	協同組合	11	(3.4)
静岡	7	(2.2)	労働組合	9	(2.8)
愛知	7	(2.2)	社会福祉法人	0	(0.0)
三重	1	(0.3)	公益社団・財団法人	3	(0.9)
滋賀	2	(0.6)			
京都	26	(8.0)	学校法人	1	(0.3)
大阪	4	(1.2)	宗教法人	4	(1.2)
兵庫	12	(3.7)	一般社団・財団法人	12	(3.7)
奈良	2	(0.6)			
和歌山	3	(0.9)	特例社団・財団法人	3	(0.9)
鳥取	4	(1.2)			
島根	1	(0.3)	株式会社・有限会社	10	(3.1)
岡山	1	(0.3)			
広島	6	(1.8)	その他	28	(8.6)
山口	5	(1.5)	無回答	4	(1.2)
徳島	2	(0.6)	合計	326	(100.0)

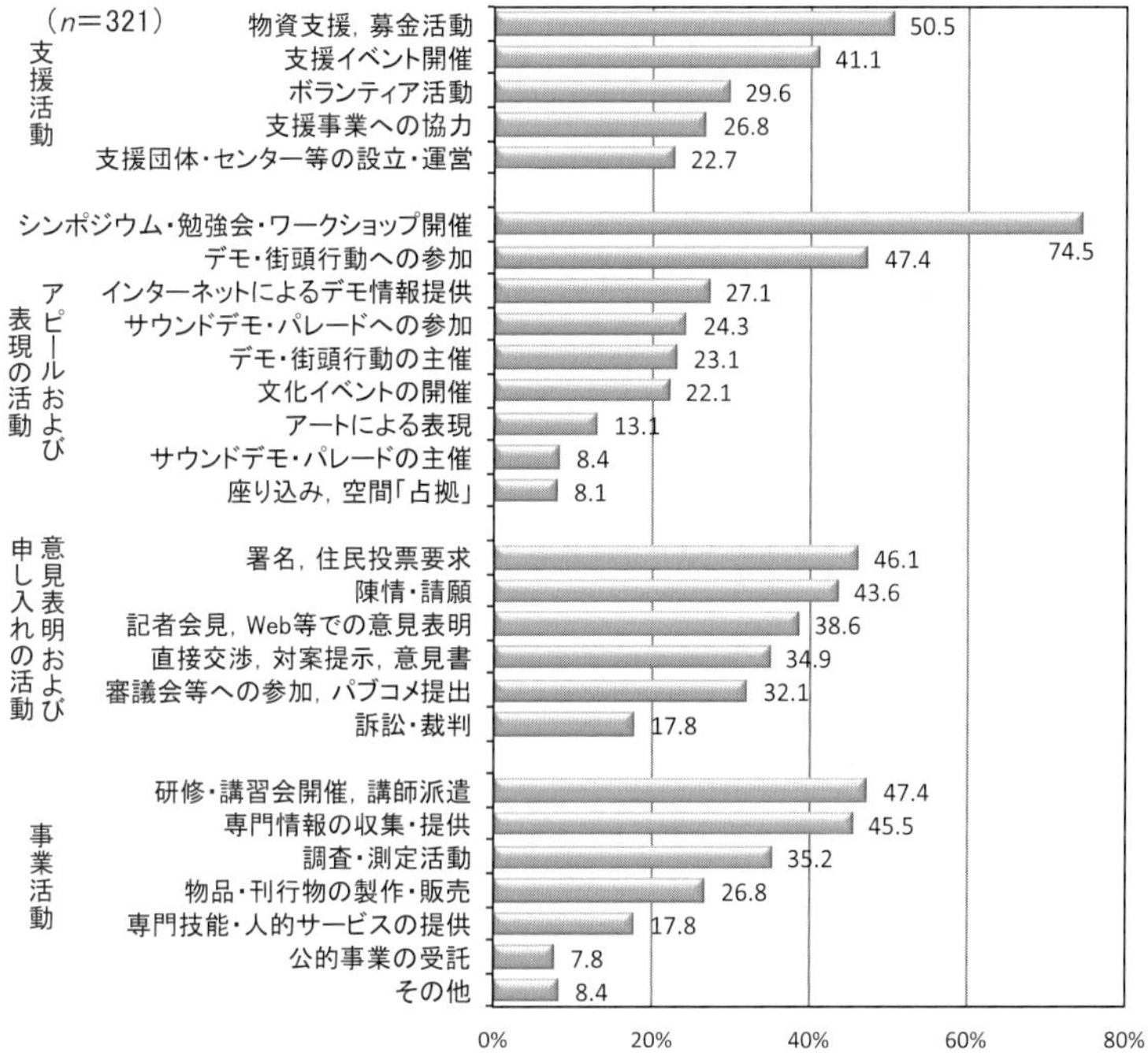

図1.1　震災後の活動内容（活動内容４グループ別，複数回答）

にわたっていたこと、あるいは多様な活動に従事する団体が原発・エネルギー問題に関わっていたこと。これらは、震災後の市民活動全体を理解していく上でもっとも重要な出発点の一つとなる。

この特徴はおそらく「原発」「エネルギー」問題に関わる幅広い団体を対象とした本調査の方法に由来する。しかし団体抽出時の「幅広さ」だけが強い規定力をもつならば、デモ・街頭行動への参加の高さを十分に説明できない。反対に「原発」「エネルギー」問題が帯びる緊急性や政治性のみが突出していたならば、デモはともかく、活動の幅広さは簡単には説明できない。ここには団体抽出だけに還元できない、市民活動自体の変化や特質が確か

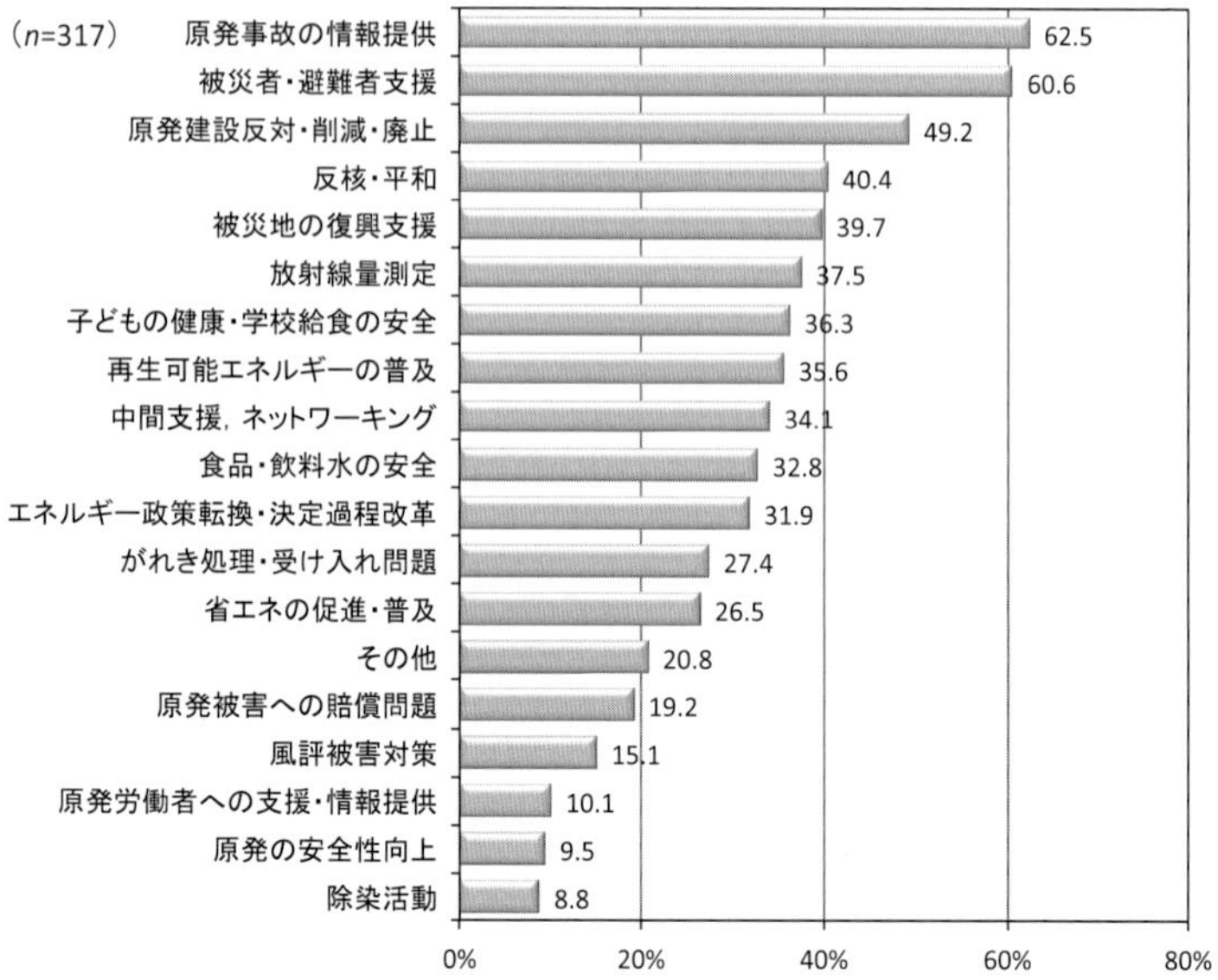

図 1.2　震災後の活動課題（複数回答）

に表れている。

原発・エネルギー問題に関わる多様な課題

回答団体の目的である活動課題を見ておこう。図1・2は、震災後に317団体が行った活動課題を多い順に配列した（問5、複数回答）。設問に挙げた19課題のうち1団体あたりの平均は約6課題であった。原発事故が日本社会に広範な被害をもたらしたために、多様な課題に同時に取り組んだことがわかる。このことは同時に、原発・エネルギー問題への想像力が大きく広がったことも意味する。

デモや街頭行動の盛り上がりと同時に幅広い活動が展開したこと。広がりと厚みはどのように現れたのか。そして何をもたらしたのか。これらは本書全体のもう一つの主要な問いとなる。

5　脱原発をめざす市民活動とは

本章の最後に、本書が取り扱う「市民活動」「脱原発運動」のイメージを確認しておくのがよいだろう。

本書は、福島第一原発事故後に大きな盛り上がりを見せた原発・エネルギー問題に関わる市民活動・社会運動の解明を目的としている。社会運動をここでは、制度変革をめざし集合的なかたちで行われる異議申し立ての行為、と理解しておこう。このような社会運動とは対比する形で、市民活動を捉える考え方がある。たとえば「新しい価値観や公共サービスを開発・提案・創造するタイプの活動」（早瀬 2004: 8）として、市民活動をより狭義に理解する見方だ。

しかし前節で見たように、調査結果から浮かび上がってきたのは、この運動の担い手や活動内容の幅広さであった。デモや街頭行動の活発さは大きな特徴である。しかし同時に、意見表明、アピールから支援活動、事業活動に至る、多様な活動形態が共存している。また、それらを担ったのは法人格をもたない任意団体だけでなく、ＮＰＯ法人や各種社団法人・財団法人ほかの法人組織であった。

このことを理解した上で、本書では、社会運動や狭義の市民活動を含めて、原発・エネルギー問題に関わって活動した団体を「市民活動団体」と総称する。ここでいう市民活動とは、市民社会を足場に何らかの課題に取り組む幅広い行為をさす。本書でこう表記するのは、震災後、社会運動としての脱原発運動が、より幅広い市民活動と大きく重なり合い、簡単に区別がつかないことによる。

たしかに、なかには明確な争点・政治性を掲げ、狭義の「市民活動」の枠に収まらない団体がある。実際、調査対象には自らを「社会運動組織」と位置づける団体も含まれている。しかし、本書の各章で見ていくように、そうした活動もまた多様で幅広い市民活動との接続（connection）によって支えられていた。他方、それまで政治的争点との関わりを避けていた狭義の市民活動団体が、デモや街頭行動への参加を通じて「社会運動」として立ち現れたのも、震災後の変化であった。

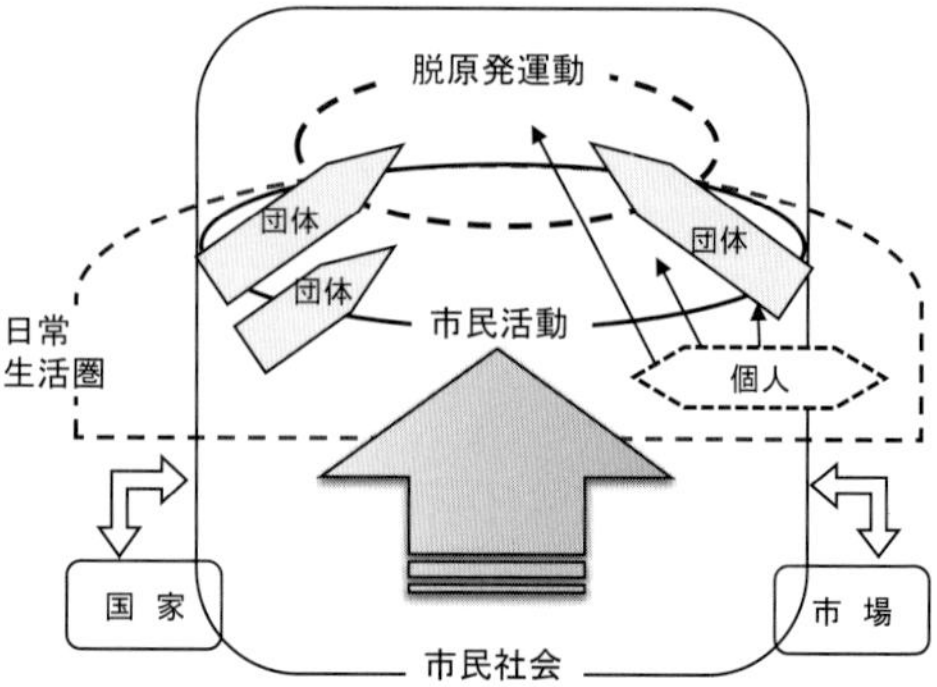

図1.3　「脱原発をめざす市民活動」の見取図

図1・3は、以上を踏まえて、本書が論じる「脱原発をめざす市民活動」の見取図を示したものである。人びとは、個人として、あるいは団体の一員として、市民活動に参画したり社会運動に関わったりする。個別の団体は、ある局面では限定的に、市民活動におもに携わる「市民活動団体」として立ち現れる。また別の局面では、社会運動を担う「社会運動組織」と呼ぶのがふさわしい存在となる。このため、現実に合わせて本書でも「市民活動・脱原発運動（社会運動）」と併記することがある。活動を担う団体もまた文脈に即して、市民活動団体、社会運動組織などと使い分けながら表記する。ただし、これらは市民社会に基盤をおく組織（Civil Society Organization, ＣＳＯ）であることは間違いない。

何らかの制度変革をめざす集合的な異議申し立ての働きをした点で、震災後の市民活動は社会運動であることは間違いない。しかし、それは社会運動組織だけが担ったのではなかった。かといって、市民活動という表現だけでは確かに焦点がぼけてしまう。はたしてどのような表現がもっとも適切なのか。以上の問いは次に述べる本書の課題とも深く関わっている。

この図はあくまでもひとつのイメージにすぎない。しかしこの見取図から、本書のねらいや新たな課題を引き出すことができる。最後にそれらを三点ほど示しておこう。

第一に、震災後の出来事においては、社会運動や市民活動、NGOやNPO、ボランティアやサークルなどさまざまなアクターの行為が、原発・エネルギーに関わる問題解決・課題の変革に向けた集合的行為へと急速に、しかし柔軟に水路づけられていった。それらは決して一枚岩ではありえない。担い手の間には分岐や断絶がつきまとい、対立や敵対も起こる。市民社会の力はそうした局面でこそ試される。それでも「広がり・厚み」は、度合いを増していった。

第二に、本書は原発事故の発生から本調査を実施した二〇一三年二〜三月までの約二年間をおもに取り扱う。しかし、市民社会や日常生活圏の変化はゆっくりとしか生じない。したがって、この調査結果を震災後の特殊な「一時期」の特徴として狭くとらえることは極力避けたい。そうではなく、多様な市民社会組織が創り上げる活動の時間・空間が、突然起こった「地勢」の変動に放り込まれたととらえていく。その上で、混乱や危機のなかでローカルな現場の課題に取り組んだ市民活動・社会運動を通じて、市民社会全体の「広がり・厚み」が増していく動態に目を向けたい。

第三に、個人や団体が日常活動のなかで、制度変革に向けた集合的行為へと水路づけられる空間がいかにして形成される可能性があるのか。これを「運動の場」と呼ぶならば、このような場ははたして今日、どのような基盤の上に成立するのであろうか。このことを確認し、注目していきたい。

要約しよう。限られた調査結果から、震災後の脱原発をめざす市民活動・社会運動の「全体像」に迫ることには限界がある。しかし、本調査は市民活動の広がりと厚みについて、他では得られない情報を提供している。それらを通じて、震災後の時空間の中でさまざまな団体が生み出した、多様で重層的な活動圏域の特質と市民社会の動態（地勢の変動）に迫ること、このことを本書はめざす。

注

（1）二〇一六年にテネシー川沿いにWatts Bar 2が新しく稼働する予定である（Tennessee Valley Authority: "Watts Bar Unit2 issued Operating License" https://www.tva.gov/Newsroom/Watts-Bar-2-Project, 2015.12.31 閲覧）。

（2）市民活動団体対象の郵送調査による先行研究を見ると、回収率は、たとえば東京ボランティア・市民活動センター「市民活動団体の実態およびニーズ調査」（一九九九年実施、東京都内の市民活動団体対象）が26・7％（回収数880団体）、同「東京都内NPO法人に関する基礎調査」（二〇一〇年実施、東京に事務所を置くNPO法人対象）が16・7％（同1174団体）、本書執筆メンバーを含む研究グループ「首都圏の市民活動団体に関する調査」（二〇〇六年実施、1都3県に事務所をおく市民活動団体対象）が26・1％（同931団体）であった（東京ボランティア・市民活動センター 1999; 2011; 町村編 2007）。

付記　本章の調査方法および結果概要は、町村・佐藤・辰巳・菰田・金・金・陳（2015）を大幅に加筆・修正したものである。

補論1

市民社会の流れは変わったのか

――「運動衰退」仮説から考える

町村　敬志

日本ではなぜ社会運動が盛り上がりに欠けるのか。しばしば投げかけられてきたこの問いにとって、震災後の脱原発運動はどのような意味をもつのか。この点はもう少し長い目で検証すべき課題であろう。ただし検証の方向性について整理しておくことは可能である。

日本でも社会運動が大きな盛り上がりを見せた時代があった。高度経済成長の末期、一九六〇年代から七〇年代にかけて日本では多様な社会運動が起きていた。なぜ「六〇～七〇年代の社会運動」の遺産はその後に継承されなかったのか。問いはしばしばこのような形へと翻訳される。これに対する説明の仕方は大きく四つのタイプに分けられる。第一に、社会運動自体の進展を妨げる要因が運動体の内外に存在していたというもの、第二に、解決すべき課題や問題の変容に着目した上で、社会運動側がそれらに対応できなかったがゆえに、あるいは逆にむしろ対応したがゆえに運動が衰退したというもの、第三に、運動の特定の分岐のあり方がむしろ社会運動セクター全体の弱体化をもたらしたというもの、そして第四に、「六〇～七〇年代アクティヴィズム」とその後の動きを対比的に比較する視点自体を批判するもの、である。それぞれの視点を簡単に紹介していこう。

社会運動の進展を妨げる構造的要因の存在

この視点は、要因の存在を社会運動の「外部」に見る立場と社会運動の「内部」に見る立場に大別される。前者の例として、ペッカネンは、市民団体設立に対する国家の規制の厳しさ、官僚統制の強さなど法・政治制度的な要因を挙げる。これに対して、一度盛り上がった社会運動自体が、展開のなかでむしろアクティヴィズムを阻害する特性を獲得していき、そのことが社会運動という形で市民社会が活動を展開させることに枠をはめたという指摘がある。同じくペッカネンは、「政治化した積極的行動」が「消費者意識に重点を置いた内向きの団体」による活動へと変容していく過程を、日本における戦後市民社会の「氷河期」と位置づける（ペッカネン 2008: 26）。同様に、高原基彰（2009）は、六〇年代の対抗運動から展開した市民運動や福祉要求の高まりは、現実には「政治意識に昇華されることのないまま、私生活化――「生活保守主義」と言ってもよい――の発露に留まるもの」になったと指摘する。

市民意識の分析を行った樋口直人ら（2008）は、運動過程に即してさらに具体的な指摘を行った。すなわち「日本における社会運動の不在を説明するに際して見るべきは、運動を発生させない「和」の文化ではない。運動に親和的な意識を持ちつつも「行為」に向かわない「内向き」の状況こそが、日本の特徴を理解するうえで重要である」（同：64-65）。言い換えると、「（動員）ポテンシャルが実際に動員される過程――「意識」が「行為」に変換されるメカニズム――」（同：65）にこそ、日本において運動参加を考える際の鍵があると指摘する。

社会的ニーズの変容に対する社会運動の適応／不適応の帰結

社会運動は何らかの課題に対応して引き起こされる。しかし、社会構造の変化にともなって課題自体が変容するならば、社会運動による対応もまた変化を求められる。ボランティア運動の実践に関わってきた早瀬昇（2004）によれば、「市民による社会活動」には、「奉仕活動」（問題解決のために自ら直接的にサービスを提供する活動）と「市民運動」「住民運動」（もっぱら行政責任を追及する活動）という二つのスタイルが長くあった。ところが近年、「サービス提供」対「運動」という構図を超え、「新しい価値観や公共サービスを開発・提案・創造するタイプの活動」（同：6）が求められるようになっており、それに応えるため「社会運動」ではなく「市民活動」と呼ばれる活動が台頭したという。

ただし、こうした「適応」は必ずしも主体による自発的な選択であったとは限らない。そこには「国家主義と結びついた「ネオリベラリズム」」の顕在化という側面があると、中野敏男は主張した（中野 2001: 253）。「都合よく仕組まれたボランティアと国家システムの動的連関」の延長線上には、「国家システムが主体（subject）を育成し、そのようにして育成された主体が対案まで用意して問題解決をめざしシステムに貢献する」という

「アドボカシー（advocacy 政策提案）型の市民参加」（同:258）が用意される。「自発性」じたいが動員されていく対象となる。こうした「適応」の一部はグローバルな連関の下にあった。日本のＮＧＯについて研究を進めたキム・Ｄ・ライマン（Reimann 2010）は、一九八〇～九〇年代初めの第一次ＮＧＯブームの際、海外との交流で運動的視点ではない、「建設的関与」志向の活動が学習され、それが上からの市民社会形成へと展開されたと指摘する。

運動形態の分岐・多様化がもたらした社会運動セクター全体の弱体化

一九六〇～七〇年代にひとつのピークを迎えた日本のアクティヴィズムは、その後単純に衰退したというよりも、実際には分岐しながら複線化していった。ただしそうした分岐のあり方自体が、社会運動セクター全体の影響力低下をもたらしたという見方がある。

たとえば、政治学者の大嶽秀夫（2007）は、六〇～七〇年代における「新しい社会運動」の成功が、それまで社会運動セクター全体を支えていた（旧）左翼運動の伝統に致命的な打撃を与え、その結果、ネオリベラリズムによる保守勢力の復権に貢献するという皮肉な役割を演ずることになったと指摘する（同：25）。とりわけ、マイノリティ集団を主体とした「新しい社会運動」の台頭は、反面からいえば、先進諸国の先端的左翼運動が（マイノリティという）現代社会の周辺的問題しか争点にしえなくなったことを意味する、と大嶽は指摘する（同：26）。「マイノリティ」を「周辺的問題」とする見方については異論がありうるだろう。しかし、運動セクターに代わり「「改革」の旗手として全世界を席巻した」のがネオリベラリズムであったという指摘は一考に値する。

これに対して、同じく既存の左翼運動の弱体化を指摘する立場でも、毛利嘉孝（2009）は異なる論点を挙げる。すなわち、九〇年代から二〇〇〇年代にかけて産業構造の変化によって「階級」概念が変容してしまい、既存の左翼運動の基盤を支えた層が「より厳しく搾取された新しい「階級」の敵」（同：16）となってしまう。このため、左翼運動がその正当性を主張する上で重要な武器としていた「イデオロギー批判」が、十分に機能しなくなったと毛利は指摘する。毛利によれば、ここから

「左翼的なもの」を引き取る新たな現場としての「ストリート」が前景化されてきた。

六〇~七〇年代アクティヴィズムとその後の動きを比較する視点自体への批判

以上の視点は、程度の差はあれ、六〇~七〇年代アクティヴィズムとその後の動きを対比する見方に基づいていた。それに対し、こうした議論の設定自体に問いを投げかける立場もある。たとえば社会運動論における「段階論的」歴史認識自体の陥穽を主張する道場親信(2006)は、旧から新への衰退・移行ではなく、旧・新の「共存」という状況を指摘する。

また、六〇年代運動自体の見直しを進めようとした小熊英二(2009)は、逆に、六〇年代運動には「内向化」を含む現代的要素が含まれていたことを指摘した。

「結論からいえば、高度成長を経て日本が先進国化しつつあったとき、現在の若者の問題とされている不登校、自傷行為、摂食障害、空虚感、閉塞感といった「現代的」な「生きづらさ」のいわば端緒が出現し、若者たちがその匂いをかぎとり反応した現象であったと考えている」(同上巻:14)。

西城戸誠(2008)は、社会運動、NPO、社会的企業などの差が不明瞭になっている状況にあっては、「運動性」の内実自体を明らかにして「抗う」意味を問い直すことで、運動のいまの「かたち」を検討する重要性を指摘する。

もう一度、流れは変わったのか─衰退仮説からの問い

脱原発運動の盛り上がりとは、以上でみたような「退潮」の流れを何らかの意味で変える可能性をもつものなのか。この点の検証は本書の守備範囲を越える。ただし、以上の理論的整理を前提とするならば、検証すべきいくつかの作業仮説を引き出すことができる。本書のあとがきで主要なものを挙げておこう。

原発・エネルギー問題の短期間の解決はむずかしい。それゆえこれと対峙する市民社会の側も、運動の影響や効果について、長い時間幅のなかで考えていくことを迫られている。

補論2　なぜ日本では原発推進が維持されたのか
――原発推進体制を守る「五重の壁」

佐藤　圭一

なぜ日本においては、スリーマイル島事故・チェルノブイリ事故、さらに一九九九年に国内で初めて死者をだしたＪＣＯの臨界事故があったにもかかわらず、原子力発電が推進され続けたのだろうか。多くの論者が見解を示しているが、しばしば指摘されるのは、次の観点である。

経済地理的観点　石油資源に乏しい日本は、石油に代わるエネルギー源として原発が推進されやすかった。実際、資源エネルギー庁によると原子力発電を除いた日本のエネルギー自給率は4％であり、これはドイツの28％よりもかなり低い。このためエネルギー自給の観点から原発推進が主張された（長谷川 2011a: 20）。ただし、日本では原発の燃料となるウランをほとんど生産できないため、使用済み核燃料を再処理して利用しない限り、エネルギー自給ができたとはいえない。だが、この「核燃料サイクル」は、高速増殖炉もんじゅの停止など、現状では実現の目途が立っていない。

政治的観点　エネルギー自給率が低いことが、直ちに原発推進を導くわけではない。反対運動を抑えるほどの強力な政治権力があってはじめて推進が可能となる。では日本では何がこの権力行使を可能にしてきたのか。日本の原子力政策過程は、官庁と業界に独占された、政策決定の場の閉鎖性と執行の硬直性に特徴づけられる。

まず実質的なエネルギー政策である「長期エネルギー需給見通し」が、官僚・エネルギー業界・産業界トップを中心とする総合資源エネルギー調査会において計画され、国会審議を経ずに閣議決定によって策定される（長谷川 2011a: 23–31）。実際に原発建設が進められる段階でしばしば地元の反対運動が起こるが、官僚は原発建設反対の「波及」を恐れながら、建設計画の確実な執行に固執する（長谷川 2011a: 32–33）。エネルギー政策が変わる機会は政権交代だが、長らく自民党の一党優位が続いてきたため、反対の声が議会内政治の中心にとどくことはなかった（長谷川 2011a: 38）。また、原発建設は立地自治体と、都道府県の同意があれば実質的に可能であるため、立地自治体の反対運動が周辺化された後は、地元自治体以外から大きな影響力を行使できる回路が限られてきた（長谷川 2011a: 50）。こうして、官庁と業界によるインサイダー談合が、そのまま国策としての権威をもち、地元住民や国民に対して「理解」と「合意」が一方的に要請されてきた（吉岡 2011: 23-27）。

市民社会の観点　国の方針が原発推進であっても、世論が強力な反対を示す場合には、政策は正当性を失い推進が困難になる。福島第一原発事故後は、まさにその状況である。だが、事故以前の日本の市民社会は原発推進に反対してきたとは言い難い。

これは大きく二つの側面から論じることができる。第一は、世論全体として脱原発を求める意見は必ずしも多くなかったということだ。図1・4は、将来の原発について各種の世論調査結果の変遷をまとめたものである。それぞれの調査において選択肢が若干異なるが、大きな変化の方向性を読み取ることができる。特徴的なのは、原発の増設・維持には毎回半数以上の支持があったこと、原発事故後に「増やす」意見は減少するが（一九七九年スリーマイル島原発事故後、一九八八年チェルノブイリ原発事故後の反原発ニュー・ウェーブの頃、一九九九年ＪＣＯ事故直後）、毎回元の水準に盛り返すことである（岩井・宍戸 2013: 430）。

電力会社は、国の支援を受けながら、「私企業」としてメディア等を通じて積極的に広報活動を行うことができる（本田 2005: 235–237）。また電力会社はメディアにとって有力スポンサーの一つである（長谷川 2011b: 281）。一方、反対運動側の発信力は限られている。このような圧倒的な力の差が背景にあると考えられる。

第二の側面は、反対運動に関わる一部を除き、原発について議論し、声を上げる人びとがあまり多くなかったことだ。一九九八年、著名な反原発の科学者、高木仁三郎は、朝日新聞・竹内敬二のインタビューに答えて次のように語ったという。

「原子力に限らず、結局のところ、私がぶつかってきたのは、組織の中でちょっと自分を主張すれば角が立つという日本型システムなんだと思いますね。これが自由な議論と将来の選択肢を閉ざしている」（竹内 2013: 279–280）。

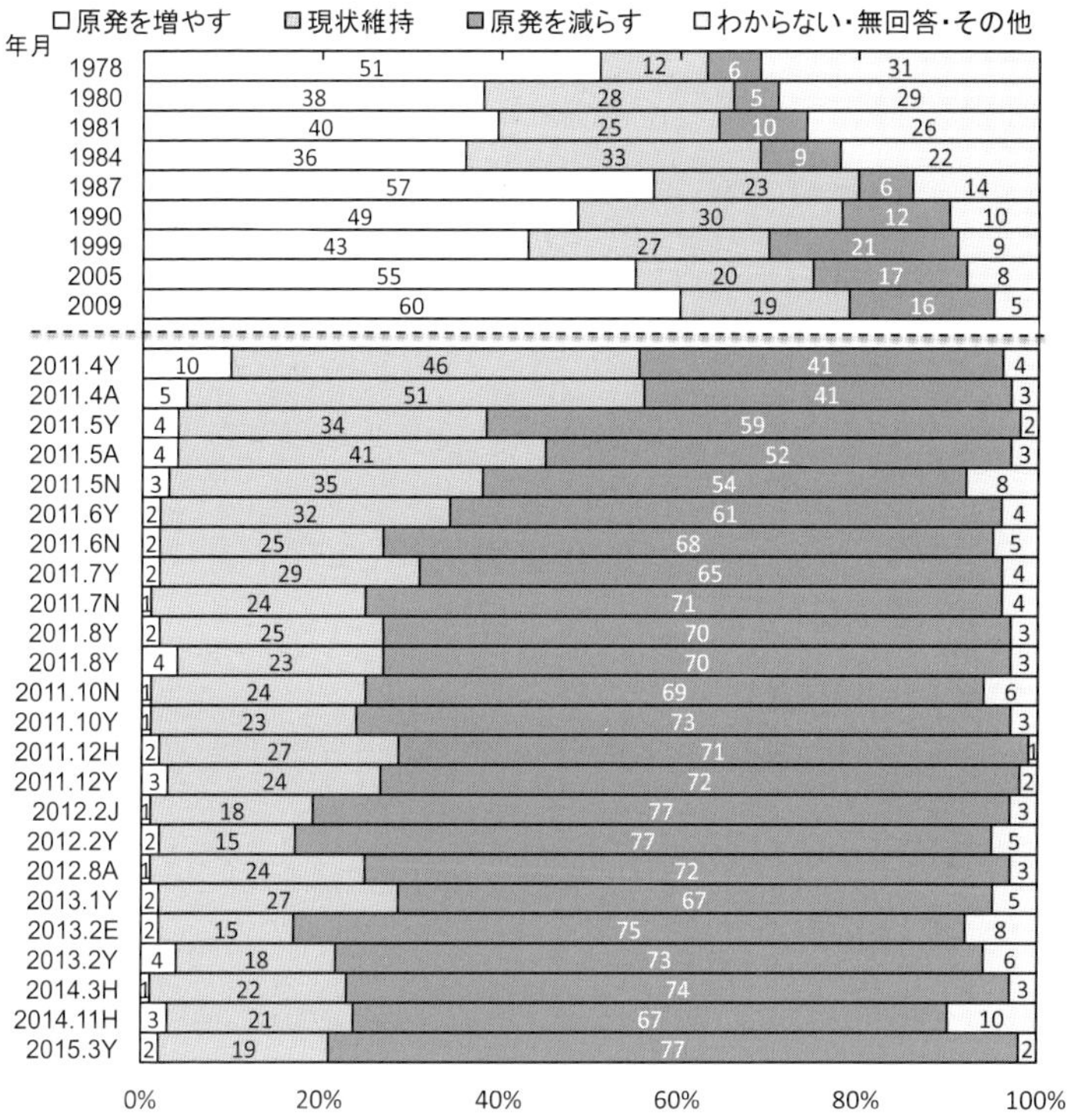

図1.4　原子力に対する世論の推移（1978〜2014 年）

（注）A：朝日新聞　Y：読売新聞　H：NHK　J：大阪商業大学 JGSS 研究センター Japanese General Social Surveys（JGSS）調査　E：国立環境研究所の調査　上記以外：内閣府の「原子力に対する世論調査」．調査によって選択肢は異なるが，方向性の一致している回答を 4 つにまとめた．
（出典）岩井・宍戸（2013: 429）をもとに 2014 年以降を追記

これを日本文化のもつ特質と理解するべきではない。その時代の社会構造に規定された組織文化と見るべきである。日本の市民社会組織への参加率自体は、市民活動が活発といわれる米国に比べて決して低くはない（ペッカネン 2008: 53–55）。問題は、その包摂のされ方だ。小熊英二が述べるように、一九八〇年代末まで工業化社会としての日本は、企業、労組、自治会といった組織に強く統合されていた（小熊 2013a: 248–253）。自発的結社とは異なる経緯で包摂されるこれらの組織において、原発という政治性を伴う争点は、地縁・社縁組織にとって直接的な課題にならない限り、個々のメンバー間の議論や意思表明は避けられる。一九九〇年代以降ポスト工業化の時代に入ると、社会全体でネットワーク型の組織が増え、また既存の組織に包摂されない人びとが増えてきた。小熊の分析によれば、震災後の首都圏のデモに多く参加してきたのは、このような既存組織から自律した自由な個人だった（小熊 2013a: 270）。

ここまで見たように、日本の原発推進体制は、⑴エネルギー資源の欠乏、⑵閉鎖的な中央政治システム、⑶孤立した立地自治体に限定された建設計画の正当化、⑷孤立した脱原発運動と原発を許容する世論、⑸個人の意思表示を阻む組織の存立構造という、いわば「五重の壁」に守られてきた。他方で、いま日本の社会構造は過渡的であるともいえる（小熊 2013a: 288–289）。

そのため、市民活動・脱原発運動が盛り上がっても、そのことが直ちに原発推進体制を変えると期待するのは楽観的すぎる。他方で、市民活動・脱原発運動は何ももたらさないとするのは悲観的すぎる。市民社会が社会のあり方を変える原動力の一つとなることは疑いようがなく、その変える力がいまどこで起きているのかを、腑分けして捉えることが大切だ。震災後の市民活動・脱原発運動は何をもたらしたのか、日本社会はどのように変わっていくのか。この問いは本書全体を貫く通奏低音となっている。

第二章　原発・エネルギー問題に取り組む市民活動

——活動の全体像と団体6類型

佐藤　圭一

写真2.0　9.11 新宿　原発やめろデモ !!!!!

（素人の乱ほか呼びかけ，東京都新宿区 2011.9.11 陳威志撮影）

「今回もすごい人数が集まり，新宿一周デモとアルタ前広場大集会，盛大に開催できました !!!　9・11 は事故から半年のタイミング！「半年経っても問題は全く解決してねえぞコノヤロー !!」っていう主張が大きくできて，またも大群衆による意思表示ができて大成功でした！ところが！今回はデモ自体への規制が非常に厳しく，合計 12 人の逮捕者が出ました !!!! 原発よくないって言ってるだけなのにこれは冗談じゃないよ，本当に！」（以下略）

（出典）9.11 新宿・原発やめろデモ !!!!! 報告 !!!!!

1　新しい市民活動

3つの観点、6つの類型

福島第一原発事故を契機に、原発・エネルギー問題に取り組むようになった市民は数多い。未曾有の危機を前にして、対面やインターネット上でそれまでの友人・知人関係を越えたやりとりがなされた。多くの人びとが事故の状況を知ろうと情報を探し、自ら放射能の測定をする人びともいた。原発避難者たちを支援しようと各地でボランティア活動が展開し、脱原発を求める集会や署名活動やデモが毎日のように行われていた。それは市民パワーの噴出ともいうべき事態だった。

これらの市民活動は、互いの方法や考え方の違いを内包しながら、全国的に大きなうねりを生み出したが、その全体像は明らかになっていない。どれほどの数の団体が新たに結成されたのか。市民はどのような活動を行ったのか。これまでの活動とどのような違いがあったのか。

本章では、本調査の回答団体の全体像を俯瞰することをめざす。まず震災後に市民活動団体がどのような活動をしていたのかを包括的に捉えるために、3つの観点からその特徴を述べていこう。すなわち(1)結成時期（問3）、(2)活動課題（問5）、(3)活動内容（問9）である（問いの番号は巻末の調査票の設問番号を示す）。その上で、市民活動団体には、「原発反対・重点型」「エネルギーシフト・重点型」「被災者・被災地支援・重点型」「健康リスク・多方面型」「原発反対・多方面型」「全方位型」の6つの類型があったことを示したい。

2　震災前と震災後――団体結成時期

3つに1つの団体が震災後結成

はじめに、団体の結成時期から見ていこう（問3、表2・1）。表に示されているように、回答した326団体のうち3つに1つは、震災後に結成された団体であった。震災を機に全国で非常に多くの団体が新たに結成されたことが示唆される。

結成からどれほどの時間が経ったのかは、団体の制度化の度合いに大きな違いをもたらす。回答団体のうち震災前に結成された団体には、多様な法人格をもつものが含まれる。だが、震災後に結成された団体には、特定の法人格をもたない任意団体が圧倒的に多い。これらの団体は、いわゆる「草の根グループ」であり、市民活動団体の原初形態といってもよい。

「提言する」団体の増加

制度化の度合い以外に、震災前後の団体の特徴を分かつものとして、組織文化がある。震災後の市民社会の変化としてしばしば指摘されるのは、デモをはじめとして人びとが原発・エネルギー問題に対して声を上げるようになったというものだ。団体の結成時期別に、政府や政治家に提言活動を行う活動を比べると、非常に興味深い違いが見られる。

震災前結成団体のうち、「要望書の提出や直接交渉などの提言活動をした」（問21）のはおよそ3割程度で

表 2.1　回答団体の結成時期と法人格

結成時期 / 法人格	合計	(%)	震災前	(%)	震災後	(%)
	326	(100.0)	216	(66.2)	110	(33.7)
任意団体	188	(57.7)	99	(45.8)	89	(80.9)
NPO法人	45	(13.8)	39	(18.1)	6	(5.5)
認定NPO法人	8	(2.5)	8	(3.7)	0	(0.0)
協同組合	11	(3.4)	10	(4.6)	1	(0.9)
労働組合	9	(2.8)	9	(4.2)	0	(0.0)
公益社団・財団法人	3	(0.9)	3	(1.4)	0	(0.0)
学校法人	1	(0.3)	1	(0.5)	0	(0.0)
宗教法人	4	(1.2)	4	(1.9)	0	(0.0)
一般社団・財団法人	12	(3.7)	7	(3.2)	5	(4.5)
特例社団・財団法人	3	(0.9)	3	(1.4)	0	(0.0)
株式・有限会社	10	(3.1)	9	(4.2)	1	(0.9)
その他	28	(8.6)	21	(9.7)	7	(6.4)
無回答	4	(1.2)	3	(1.4)	1	(0.9)
合計	326	(100.0)	216	(100.0)	110	(100.0)

表 2.2　団体の提言活動（複数回答）

「要望書の提出や直接交渉などの提言活動をした」

結成時期	震災前（211）		震災後（108）
提言時期	震災前	震災後	
提言先	%	%	%
市区町村	28.9	31.8	50.9
都道府県	24.6	30.8	43.5
政府省庁	30.3	35.5	31.5
政党・議員	25.1	30.8	40.7

ある（表2・2）。この割合は震災前後を通じて大きく変化していない。つまり、震災前に提言活動を行わなかった団体は震災後もあまり行わず、逆に震災前から行っていた団体は震災後も続けていた。震災前結成団体の中で提言活動を行う団体は、ほぼ固定化していると見ることができる。

　これに対して、震災後結成団体では4～5割が、表にあるすべての宛先へ提言活動を行っていた。このほか第3節で見る「記者会見等での意見表明」「審議会への参加、パブコメ（意見の提出）」など、自分たちの声を政治に届けようと活動する団体の割合も、震災後結成団体の方が顕著に高かった。

　二〇一一年九月、東京・新宿の「9・11新宿　原発やめろデモ!!!」において、柄谷行人は「デモをすることに意味がないという人もいる。でもデモをすることによって、人がデモをする社会に変わる」と演説した（2011.9.11）。この「デモのある社会」というフレーズは、市民活動団体の間でしばしば聞かれる。このような社会的な雰囲気の中で結成された新しい団体が、それを組織文化に内在化させたのか。あるいは「政治に声を届ける」必要に駆られたからこそ、そのような団体が多く結成されたのか。その因果関係は定かではない。いずれにしろ、震災前後の結成団体を分かつ基本的な違いであることは間違いない。

これまで、日本の市民社会は、組織内部のメンバー間のつながりの促進（社会関係資本の創出）には熱心だが、組織外部の政治への働きかけ（提言活動）はあまり行わない「二重構造」であるとの見解が示されてきた（ペッカネン 2008）。

だが、少なくとも原発・エネルギー問題に関しては、震災後結成団体を中心として、以前よりも活発に「政治に声を届ける活動」が見られた。この活動がどれほど持続するのかは未知数だが、デモの定着と相まって、この傾向は日本の市民社会に新たな変化をもたらした可能性がある。

3　5つの活動課題群

活動課題のクラスター分析

震災後、原発事故を引き起こした構造的な問題が次々と明らかになっていった。その中で原発・エネルギーに関わる課題がさまざまな課題とつながりあう連関が発見されてきた。

だが、課題連関の発見がランダムに起きたわけではない。市民活動団体は自らの状況に応じて、原発・エネルギーに関わる課題を解釈し、活動に取り組んだ。そして、それはある種の傾向性を持っていた。

ここからは、クラスター分析を用いて分析を進める(1)。クラスター分析とは、傾向の似た回答をまとめ上げる統計手法の一つである。ある活動課題と別の活動課題が同時に行われる組合せが広く見られる場合、それらが一つのクラスター（まとまり）と見なされる。この分析手法の利点は、分析者があらかじめ上位概念を設定するのではなく、実際の回答からボトムアップ式にまとまりを抽出できることにある。

震災前に活動していた188団体、震災後に活動した317団体の回答をもとにクラスター分析を行い、図2・1のような活動課題のまとまりが導かれた。

原発反対　「原発事故についての情報提供」「原発建設反対・削減・廃止」「反核・平和」が含まれる。

エネルギーシフト　「再生可能エネルギーの普及」「省エネの促進・普及」「エネルギー政策転換、決定過程改革」が含まれる。

被災者・被災地支援　「被災者・避難者支援」「被災地の復興支援」「中間支援・ネットワーキング」が含まれる。

健康リスク　「放射線量測定」「子どもの健康・学校給食の安全」「食品・飲料水の安全」が含まれる。

原発被害対応　「除染活動」「がれき処理・受け入れ問題」「風評被害対策」「原発被害への賠償問題」などが含まれる。

震災前はいわば「反原発」「エネルギーシフト」が2大テーマだったが、震災後、福島第一原発事故に対処するなかで新たな課題群が浮上し、「被災者・被災地支援」「健康リスク」を加えた4大テーマになった。「原発被害対応」は「がれき問題」を除いて取り組む団体があまり多くなかった。

団体の活動はこれらの5群にそっていたが、共通して取り組まれた活動課題として「原発事故の情報提供」がもっとも多く（62・5％）、「被災者・避難者支援」が次に多かった（60・6％）。つまり、これらが

震災前（188）

		%
原発反対	原発事故の情報提供	37.8
	原発建設反対・削減・廃止	44.1
	反核・平和	50.0
エネルギーシフト	再生可能エネルギーの普及	36.7
	省エネの促進・普及	28.2
	エネルギー政策転換，決定過程改革	28.7
その他		15.4

震災後（317）

		%
原発反対	原発事故の情報提供	62.5
	原発建設反対・削減・廃止	49.2
	反核・平和	40.4
エネルギーシフト	再生可能エネルギーの普及	35.6
	省エネの促進・普及	26.5
	エネルギー政策転換，決定過程改革	31.9
被災者・被災地支援	被災者・避難者支援	60.6
	被災地の復興支援	39.7
	中間支援，ネットワーキング	34.1
健康リスク	放射線量測定	37.5
	子どもの健康・学校給食の安全	36.3
	食品・飲料水の安全	32.8
原発被害対応	除染活動	8.8
	がれき処理・受け入れ問題	27.4
	風評被害対策	15.1
	原発被害への賠償問題	19.2
	原発労働者への支援・情報提供	10.1
	原発の安全性向上	9.5
その他		20.8

図 2.1　震災前後の活動課題群の変化（クラスター分析）

活動課題のハブ（結び目）として機能していた。もともと性格の異なるこれらの課題が、震災後、被災地を越えて全国の団体にとって切実なものとして急浮上し、原発・エネルギー問題に関わる共通の接点を形成したことが推察される。

ところで「被災者・避難者支援」が共通課題とされたのは、原発事故対応として当然といえる。だが、特に「情報提供」が重視されたのはどうしてだったのか。

震災後、政府・電力会社・マスメディアは事故の深刻さ、懸念されるリスク、事故の原因等について十分な情報を提供していないとの批判を浴びた。既存の情報源への信頼が失われ、さまざまな団体が、主要に扱う活動課題に加えて、事故情報を収集する必要があった。情報収集の必要性は、異なる課題に取り組む市民活動団体間の連携・連帯を促すことになった。逆説的だが、政府・電力会社・メディアが十分な情報公開を進めなかったことが、運動の広がりを促進する効果をもったといえるだろう。

結成時期別に異なる活動課題

前項では、結成時期が団体の特徴を分けるポイントの一つであることを述べた。このことは、団体の活動課題についても当てはまる。表2・3のA列は、326団体の活動課題を結成時期別に示す。

震災前結成団体は〈原発反対〉〈エネルギーシフト〉課題群で割合が高い。ただし「原発事故の情報提供」は震災後結成団体でも高かった。震災前結成団体が震災後に取り組んだ課題群を見ると、〈被災者・被災地支援〉が高い。なお、震災前に行っていた課題を、震災後に外した団体はほとんどない。

震災後結成団体は、〈健康リスク〉課題群が相対的に高く、「被災者・避難者支援」「原発建設反対・削減・廃止」にも取り組んでいた。一方、〈エネルギーシフト〉は低めだった。

中心課題、限界のある課題

団体は活動課題のすべてに同じように注力できるわけではない。表2・3のB列には、A列で挙げられた課題のうち、団体がもっとも力を入れてきた課題（以下、中心課題）をB列に示した（問5右側、単一回答）。市民活動団体の間で、その活動課題がどの程度確固とした輪郭を持つのかが明らかになる。

A列では最大の187団体（62・5%）が「原発事故についての情報提供」を挙げたが、このうち中心課題とするのはわずか18団体（9・6%）しかない（B列）。市民活動団体の間で原発事故情報は広範に流通したが、独自に提供できる情報量や、発信源となる専門情報の蓄積には限界があるようだ。

表 2.3　震災後の 5 つの活動課題群と中心課題（団体結成時期別，複数回答）

		A 震災前結成(216)				震災後結成(110)	B もっとも力を入れた課題（単一回答）	
		活動あり	震災前から活動	震災後活動	震災後活動なし	活動あり		
		%	%	%	%	%	*n*	%
原発反対	原発事故の情報提供	62.5	35.9	26.6	1.1	66.7	18	(9.6)
	原発建設反対・削減・廃止	54.9	40.8	14.1	2.7	45.4	53	(35.3)
	反核・平和	53.3	50.0	3.3	0.0	25.0	20	(16.0)
エネルギーシフト	再生可能エネルギーの普及	45.1	34.2	10.9	2.2	24.1	14	(12.8)
	省エネの促進・普及	33.7	26.6	7.1	1.6	17.6	3	(3.7)
	エネルギー政策転換，決定過程改革	39.1	27.7	11.4	0.5	24.1	5	(5.1)
被災者・被災地支援	被災者・避難者支援	59.8	16.8	42.9	1.1	61.1	34	(19.3)
	被災地の復興支援	44.0	9.8	34.2	0.0	30.6	12	(10.5)
	中間支援，ネットワーキング	33.7	23.9	9.8	1.1	39.8	5	(4.8)
健康リスク	放射線量測定	33.2	6.0	27.2	2.2	46.3	17	(15.3)
	子どもの健康・給食の安全	29.3	17.4	12.0	3.8	53.7	12	(10.7)
	食品・飲料水の安全	31.0	15.8	15.2	2.2	39.8	8	(8.0)
原発被害対応	除染活動	9.2	0.0	9.2	0.5	7.4	1	(4.0)
	がれき処理・受け入れ問題	26.6	2.2	24.5	0.5	31.5	4	(4.8)
	風評被害対策	13.6	2.2	11.4	0.5	15.7	5	(11.9)
	原発被害への賠償問題	20.1	0.5	19.6	0.0	19.4	5	(8.6)
	原発労働者への支援・情報提供	10.9	7.1	3.8	2.2	11.1	1	(3.1)
	原発の安全性向上	12.0	8.2	3.8	1.6	6.5	0	(0.0)
	その他の活動	20.7	13.6	7.1	1.6	23.1	27	(42.9)

B列では「原発建設反対・削減・廃止」「被災者・避難者支援」「反核・平和」「放射線量測定」が中心課題とされる割合が高い。「風評被害対策」も挙げた団体は少ないが（A列）、中心課題とされる割合は高い（11・9%）。これらの活動課題は、市民社会が関わる問題圏として定着したと見るべきだろう。

（n＝321）

群	活動内容	%
直接行動	インターネットによるデモ情報提供	27.1
	サウンドデモ，パレードへの参加	24.3
	デモ・街頭行動の主催	23.1
	訴訟・裁判	17.8
	サウンドデモ，パレードの主催	8.4
	座り込み，スペースの「占拠」	8.1
ロビー活動	デモ・街頭行動への参加	47.4
	署名，住民投票を求める活動	46.1
	陳情・請願など政治家への働きかけ	43.6
	直接交渉，対案提示，抗議文・意見書	38.6
	記者会見，Web上や新聞での意見表明	34.9
	審議会参加，パブコメの提出	32.1

群	活動内容	%
調査・教育活動	シンポジウム・勉強会の開催	74.5
	研修・講習会の開催	47.4
	専門情報の収集・蓄積・提供	45.5
	調査・測定活動の実施	35.2
支援活動	物資提供・募金呼びかけ，供出	50.5
	支援イベントやチャリティーの開催	41.1
事業活動	ボランティア活動の実施，派遣	29.6
	行政・NPOの支援事業への協力	28.8
	物品・刊行物製作・販売	26.8
	支援団体・センターの設立・運営	22.7
	文化イベントの開催	22.1
	専門技能・サービス提供	17.8
	アート（映像・音楽・デザイン）による表現	13.1
	公的事業・業務の受託	7.8

図 2.2　震災後の 5 つの活動内容群（クラスター分析）

4　5つの活動内容群

団体の活動内容を詳しく見てみよう（問9、複数回答）。これまでの分析と同様、クラスター分析を用いて、321団体の活動内容を5つに分類した（図2・2）。

直接行動　「インターネットによるデモ情報提供」「デモ・街頭行動の主催」「座り込み、占拠」などが含まれる。なお、訴訟や裁判もここに含まれる。

ロビー活動　「署名、住民投票を求める活動」「直接交渉・抗議文の手渡し」「審議会への参加・パブコメの提出」などが含まれる。なお、「デモ・街頭行動への参加」を〈直接行動〉ではなく〈ロビー活動〉に振り分けたのは、デモの参加団体が〈直接行動〉より〈ロビー活動〉を同時に行う傾向があることを意味する。

なおデモの主催・参加には特筆すべき結果が見られた。これまで日本では特定の団体以外、デモを活動内容とすることは少なかったと思われるが、回答団体の2割がデモ・街頭行動を

「主催」、5割弱が「参加」していた。デモが活動の一つとして定着したことをうかがわせる。

調査・教育活動　「シンポジウム・勉強会の開催」「専門情報の収集・蓄積・提供」「調査・測定活動の実施」などが含まれる。特に「シンポジウム・勉強会を開催」は8割弱に上り、市民活動のもっとも基本的内容である。

支援活動　「物資提供・募金呼びかけ」「支援イベントの開催」などが含まれる。

事業活動　「ボランティア活動の実施」など〈支援活動〉と重なるものも含まれるが、「行政・NPOの支援事業への協力」「物品製作・販売」など事業性の強い活動が多く含まれる。

5　活動課題に基づく団体6類型

団体6類型の特徴

ここまで市民活動団体と活動の特徴を、団体結成時期（震災前と震災後）（表2・1）、活動課題（図2・1）、活動内容（図2・2）の3つの観点から概観してきた。各団体は、多様な活動課題をどのように組み合わせて活動したのだろうか。具体的な活動課題に基づく団体の類型化を行ってみよう。

団体を対象にしたクラスター分析によって、6つのクラスター（まとまり）が析出された。これによって317団体を「原発反対・重点型」（14・2％）「エネルギーシフト・重点型」（13・9％）「被災者・被災地支援・重点型」（21・1％）「健康リスク・多方面型」（18・0％）「原発反対・多方面型」（20・8％）「全方位型」（12・0％）の6類型のいずれかに振り分けた（表2・4の最左列）。具体的にどのような団体が含まれるのか、順に見ていく〈調査票の自由回答欄も参照した〉。

原発反対・重点型　脱原発デモに参加する団体、原子力行政の監視を行う団体、原発の勉強会や映画上映等を行う団体が多く含まれる。なお図2・2のように〈原発反対〉課題群には、「原発事故の情報提供」も含まれる。このため核と平和の展示施設や、原発写真展の開催団体など、原発反対を明確に打ち出すよりも、原発について考える機会を提供する団体まで幅広く含まれることに注意されたい。全体としては、原発反対を訴える団体が多かったため、「原発反対・重点型」とした。

エネルギーシフト・重点型　エネルギーシフト、再生可能エネルギーの普及、市民共同発電所の運営、省エネ促進等を行う団体が含まれる。これらの活動を事業として行う団体も多い。また、電力システム改革やエネルギー政策決定過程への提言を行う団体なども含まれる。

被災者・被災地支援・重点型　被災地の復興ボランティア活動の実施、被災者・避難者の仮設住宅への定期的訪問や生活情報誌の発行、雇用支援、県外への自主避難のサポート、被災農家の支援などを行う団体が含まれる。被災地に取り残された動物を救う団体や、支援活動のネットワーキングを進める中間支援組織も含まれる。

健康リスク・多方面型　食品や土壌などの放射線量測定、学校給食・飲料水・食品の安全性情報、内部被ばくに関する情報発信、福島県内の子どもが県外で夏休みを過ごす保養活動の実施・支援、放射能について自由に語り合える場の提供などを行う団体が含まれる。被災地を中心とする団体から、がれき処理・受け入れ問題など全国各地で活動する団体もある。〈健康リスク〉を中心課題としつつ、他の多様な課題も同時に行う団体が多いことが特徴である。

表 2.4　震災後の活動課題に基づく団体 6 類型の特徴（活動スコア・団体結成時期）

	団体数 n	%	A 活動課題群別 活動スコア平均 原発反対	エネルギーシフト	被災者・被災地支援	健康リスク	原発被害対応	B 結成時期 震災前 %	震災後 %
原発反対・重点型	45	14.2	○	△	△	△	△	73.3	26.7
エネルギーシフト・重点型	44	13.9	△	○	△	△	△	68.2	31.8
被災者・被災地支援・重点型	67	21.1	△	△	○	△	△	65.7	34.3
健康リスク・多方面型	57	18.0	○	△	○	◎	○	42.1	57.9
原発反対・多方面型	66	20.8	◎	○	○	△	○	74.2	25.8
全方位型	38	12.0	◎	◎	◎	◎	◎	76.3	23.7
合計	317	100.0						65.9	34.1

（注）活動スコア平均　◎2点以上，○1点以上2点未満，△1点未満

原発反対・多方面型　〈原発反対〉課題群を中心課題としつつ、〈被災者・被災地支援〉や〈健康リスク〉などの課題群にも取り組む。ここには、憲法・人権・ジェンダー・宗教など、他の社会問題・課題と原発を結びつけて活動する団体がしばしば見られる。なお、「原発反対・重点型」と同様、「原発反対」そのものではなく、原発や他の社会問題を幅広く考える場所を提供する団体も含まれる。

全方位型　あらゆる活動課題を行う団体が含まれる。地域政党や協同組合、株式会社、認定NPOなど活動予算規模が大きく、組織基盤もしっかりした団体が多かった。

図2・1に挙げた5つの活動課題群との関連から、団体6類型の特徴を見てみよう（表2・4のA列）。各課題を1点として団体の活動スコアを算出した。たとえば「健康リスク・多方面型」のある団体が「反核・平和」「原発事故の情報提供」も行っていた場合、「健康リスク・多方面型」の〈原発反対〉活動スコアは2点となる。このようにして団体6類型別・活動課題群別に活動スコア平均を算出し、◎は2点以上、○は1点以上2点未満、△は1点未満と指標化した。このスコア表から、団体6類型が5つの活動課題群にどの程度取り組んだかを見ることができる。グレー枠は平均1点以上の課題群を示す。

「被災者・被災地支援・重点型」・「健康リスク・多方面型」が増加

次に団体結成時期との関連から、団体6類型の特徴を見てみよう。前述の通り、震災前・震災後の結成団体は、回答団体全体ではおよそ2：1である。だが、この比率は団体6類型ごとに異なる（表2・4のB列）。「健康リスク・多方面型」は震災後結成団体が半数以上を占め、震災が契機になっていた。逆に「原発反対・重点型」「原発反対・多方面型」「全方位型」は7割以上が震災前結成団体である。「エネルギーシフト・重点型」「被災者・被災地支援・重点型」は全体の比率にほぼ等しい。

こうして見ると、震災後の市民活動・社会運動の広がりの新しい側面が明らかになる。全体として、震災後に原発・エネルギー問題に関わる団体は増えたが、それを単純な団体数の増加と見るよりも、「原発反対」以外の新たな活動課題が浮上し、それに対応して、多くの団体が結成されたことに注目したい。原発・エネルギー問題に関わる市民活動の幅が大きく広がったのである。

団体の活動歴

団体の活動歴との関連から、団体6類型の特徴を見ていく。震災前結成団体に震災前の活動歴を尋ねた（問4）。これまでと同じくクラスター分析を用い、震災前結成団体を活動歴に基づく6つの団体群（反原発・環境・ボランティア・多様な運動・まちづくり・その他）に分類した（図2・3）(2)。

どの団体群も6類型の一つに集中することはなかった。つまり、6類型のいずれにも、異なる活動歴をもつ団体が含まれる。ただし、活動歴の分野によって特定の類型に含まれる割合が特に高かった。これを「特徴的なパス」と呼ぼう。反原発・環境・ボランティアの団体群は図の点線の矢印で示したような特徴的なパ

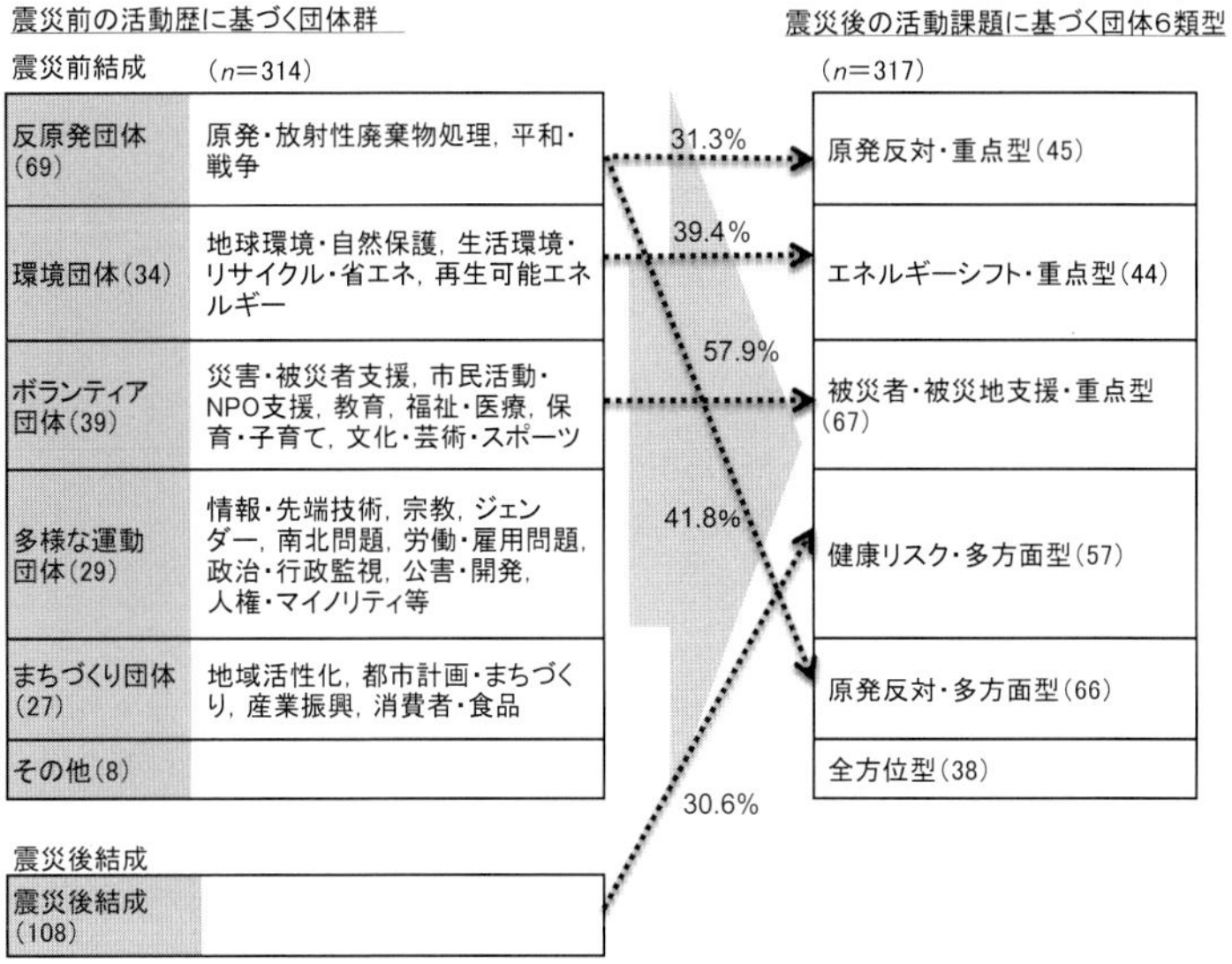

図 2.3　震災前の活動歴から団体６類型への特徴的なパス

（注）活動歴に基づく団体群はクラスター分析による。矢印は残差分析で有意（$p < .05$）

スが見られたが、多様な運動・まちづくりの団体群には見られなかった。

震災後結成団体では、「健康リスク・多方面型」に特徴的なパスが見られた。

団体6類型の活動内容

最後に、321団体の活動内容・結成時期との関連から団体6類型の特徴をまとめよう（表2・5）。グレー枠の数値は有意に高く、逆に白枠の数値は有意に低いことを示す。A列の活動内容を比較しよう。

「原発反対・重点型」は、「デモ・街頭行動への参加」が顕著に高いが、「デモ・街頭行動の主催」はそれほど高くない。「原発反対・多方面型」は、〈直接行動〉〈ロビー活動〉のいずれも非常に高く活発である。「原発反対・多方面型」が原発反対のさまざまなアクションを起こし、「原発反対・重点型」が協力する役割分担が見て取れる。一方、〈エネルギーシフト・重点型〉の活動内容はいずれも有意に低く、全体としてあまり活発ではなかった(3)。

「被災者・被災地支援・重点型」の活動内容は〈事業活動〉が中心であり、「原発反対・多方面型」と対照的である。つまり両者の活動内容群は、相互補完関係であることが読み取れる。これまで日本の市民社会組織の活動は、「サービス提供か、運動か」という二者択一が続いてきた（第1章補論1）。この結果はそれを反映しているように思われる。

これに対して、「健康リスク・多方面型」の活動内容は新しい領域を切り開いているように見える。〈調査・教育活動〉を中心に、「直接交渉、意見書・抗議文の手渡し」「公的事業などの受託」を行うなど、〈ロビー活動〉と〈事業活動〉にまたがるからだ。原発事故がこのような運動性と事業性の両方を同時に行う必要性をもたらした。

〈全方位型〉の活動内容は、活動課題の多様性とも相まって非常に広範囲に及ぶ。

表2・5B列の結成時期の比較も見ておこう。2節で触れたように、震災後結成団体の方が〈ロビー活動〉や〈調査・教育活動〉を活発に行っていることが、この結果からもうかがえる。

表 2.5　団体 6 類型の特徴（活動内容・団体結成時期）

		全体	A 団体6類型：原発反対・重点型	A 団体6類型：エネルギーシフト・重点型	A 団体6類型：被災者・被災地支援・重点型	A 団体6類型：健康リスク・多方面型	A 団体6類型：原発反対・多方面型	A 団体6類型：全方位型	B 結成時期：震災前	B 結成時期：震災後
	n	321	44	44	66	56	66	38	212	109
		%	%	%	%	%	%	%	%	%
直接行動	インターネットによるデモ情報提供	27.1	15.9	11.4	4.5	33.9	43.9	57.9	24.5	32.1
	サウンドデモ，パレードへの参加	24.3	29.5	6.8	4.5	19.6	36.4	57.9	25.5	22.0
	デモ，街頭行動の主催	23.1	25.0	6.8	4.5	17.9	42.4	44.7	23.1	22.9
	訴訟・裁判	17.8	15.9	4.5	4.5	10.7	37.9	31.6	15.6	22.0
	サウンドデモ，パレードの主催	8.4	4.5	0.0	0.0	8.9	15.2	23.7	7.5	10.1
	座り込み，スペースの「占拠」	8.1	11.4	0.0	3.0	7.1	15.2	13.2	7.1	10.1
ロビー活動	デモ，街頭行動への参加	47.4	65.9	18.2	9.1	48.2	71.2	81.6	47.2	47.7
	署名，住民投票を求める活動	46.1	56.8	20.5	13.6	50.0	69.7	76.3	46.7	45.0
	陳情・請願など政治への働きかけ	43.6	36.4	18.2	21.2	53.6	57.6	78.9	37.3	56.0
	直接交渉，意見書・抗議文	38.6	27.3	15.9	25.8	51.8	45.5	68.4	30.7	54.1
	記者会見やWeb上の意見表明	34.9	31.8	13.6	15.2	46.4	50.0	57.9	30.2	44.0
	審議会参加，パブコメの提出	32.1	22.7	25.0	13.6	30.4	45.5	63.2	28.8	38.5
調査・教育活動	シンポジウム・勉強会の開催	74.5	65.9	59.1	57.6	89.3	84.8	94.7	70.8	81.7
	研修や講習会の開催	47.4	38.6	38.6	27.3	64.3	54.5	73.7	46.2	49.5
	専門情報の収集・提供	45.5	31.8	29.5	36.4	69.6	43.9	65.8	36.8	62.4
	調査・測定活動	35.2	25.0	25.0	15.2	67.9	22.7	65.8	28.3	48.6
支援活動	物資提供・募金呼びかけ，供出	50.5	29.5	20.5	71.2	50.0	57.6	57.9	55.7	40.4
	支援イベントの開催・参加	41.1	15.9	11.4	63.6	51.8	36.4	55.3	42.0	39.4
事業活動	ボランティア活動の実施，派遣	29.6	9.1	18.2	47.0	26.8	28.8	39.5	32.5	23.9
	行政・NPOの支援事業への協力	26.8	9.1	25.0	51.5	26.8	12.1	26.3	25.0	30.3
	物品・刊行物の製作・販売	26.8	15.9	13.6	21.2	30.4	34.8	47.4	24.5	31.2
	ネットワーキングのための施設運営	22.7	11.4	13.6	34.8	25.0	16.7	28.9	19.3	29.4
	文化イベントの開催	22.1	15.9	6.8	27.3	26.8	19.7	34.2	19.3	27.5
	専門技能・サービス提供	17.8	2.3	11.4	30.3	28.6	9.1	21.1	17.5	18.3
	アートによる表現	13.1	13.6	2.3	12.1	14.3	10.6	28.9	12.3	14.7
	公的事業・業務などの受託	7.8	2.3	11.4	15.2	7.1	3.0	5.3	8.0	7.3

（注）グレー枠：残差分析で有意に高い（$p<0.05$）　白枠：残差分析で有意に低い

表 2.6　団体 6 類型の基本的特徴

	結成時期	活動課題	活動内容
原発反対・重点型	震災前	〈原発反対〉	〈デモへの参加〉中心
エネルギーシフト・重点型	震災前	〈エネルギーシフト〉	少ない
被災者・被災地支援・重点型	震災前	〈被災者・被災地支援〉	〈支援活動〉〈事業活動〉中心
健康リスク・多方面型	震災後	〈健康リスク〉中心 多様な課題	〈調査・教育活動〉中心 〈ロビー活動〉〈事業活動〉あり
原発反対・多方面型	震災前	〈原発反対〉中心 多様な課題	〈直接行動〉〈ロビー活動〉中心
全方位型	震災前	上記すべての課題	上記ほぼすべての活動

6　市民活動はどのように広がったのか

ここまで見たように、震災後、原発・エネルギー問題に関わる市民活動団体は、活動課題に応じて6つの類型に分類することができた。表2・6に、ここまで見た各類型の特徴をまとめた。なお、この特徴は、調査データからマクロに導いたものであり、個々の団体にはこの特徴に収まらない多様性があることに注意されたい。

震災前の原発反対運動と比較すると、震災後の活動には大きく二つの特徴があった。第一に、活動課題の幅が大きく広がったことだ。震災前は原発反対とエネルギーシフトが中心課題であったが、震災後は健康リスクや被災者・被災地支援という新たな課題が浮上した。これらの課題に取り組むために、これまで原発・エネルギー問題には関わってこなかった団体や、多くの新規結成団体が活動を始めた。担い手も多様化し、全国的に運動が広がった。

第二に、とりわけ震災後結成団体を中心に、自分たちの声を政治に届ける活動が広がったことだ。情報共有や相互支援など団体内部に向けた活動を重視する一方、外部への働きかけを伴わないこれまでの日本の市民活動とは異なる様相が見られた。

震災後の市民活動・脱原発運動の盛り上がりは、これらの点に関連する。まず活動が多様化したことで、社会のあらゆる場で市民が原発・エネルギー問題にふれる機会が増えた。デモに象徴される脱原発運動の活発化は、こうした市民活動団体の多様化によって支えられている。だが、多様化だけでは活動が社会に広く認知されることはない。声を上げ、政治に届ける活動が活発化することによって、社会的に存在が可視化されるようになった。

市民団体の多様な活動がどのように展開したのか。第二部では、各章のテーマに即して、震災後の活動過程が明らかにされる。これらの市民活動団体は「脱原発」への態度をどのように決めた／決めなかったのか。これは、第七章で詳細に検証する。

注

（1）以下の分析においてクラスター分析はすべて、2値型のデータを対象に、ユークリッド距離に基づいて、Ward法を用いて分類を行った。分類の基準は、デンドログラムの形状、およびフィールドワークの知見をもとに意味があると考えられる類型の細かさで区切った。分析にはSPSS ver.21（日本語版）を用いた。

（2）震災前結成団体には、23項目の活動分野の中で、⑴取り組んだことのある分野すべて（複数回答）、および⑵もっとも力を入れていた分野（単一回答）を選んでもらった（問4）。分析では、はじめに⑴の回答を結果にクラスター分析を行い、活動歴に基づく5つの分野群（その他を除く）を抽出した。次に、⑵の回答結果に基づいて、各団体を5つのいずれかに振り分けた。

（3）エネルギーシフト・重点型の不活発さは、調査時期が反映されている可能性もある。第五章でも触れるように、その後この類型の活動は急速なネットワーク化が進み、活発化している。

補論3

被災地との意識のズレ

――「脱原発」「復興」では解けない問い

佐藤　圭一

悲痛な声

「行政は福島県民を一切守ろうとしない。だから市民団体が一生けんめい動いている」

「何十人もの学者、有識者にお逢いいたしました。最後は『お気の毒です』でした」

「福一の放射能問題は今後30年以上続きます。今親達はガンバラなければいけない時代になっています。正確な放射能のデータが国や自治体から出てこない今、自分たちで食べる食品の安全を確認しなければなりません」

「高線量にぐるっと囲まれてしまい交通の便も最悪。まるできんちゃくの紐がじわじわと〆られている現状です」

「被災地においても、震災や原発事故が風化しつつあるのを感じます。私たち母親は、これからも変わらず、子どもの健康を守りながら、楽しく安全に笑って子育てをしていかなければと思っています」

被災3県に拠点をおく市民活動団体の自由回答欄には、悲痛な声が並んでいる（原文ママ）。

震災後盛り上がる脱原発運動に対して、しばしば指摘されてきたのは、福島を中心とする被災地との意識のズレだった。一方、被災地で市民活動を行う団体の間でも、被災者と支援者の意識は一様ではない。

被災地で活動する団体

本調査では、各団体の事務所所在地（拠点）と活動地域を尋ねた（団体の概要）。回答を整理すると図のようになる。宮城・岩手・福島の被災3県を地元として活動する41団体（以下「被災地団体」）、他地域を拠点に被災地で活動する26団体（以下「県外支援団体」）。被災地以外の245団体（以下「その他の団体」）となった。県外支援団体の70・8％が「被災者・被災地支援・重点型」であり、福島を中心とする被災地で地元の「被災地

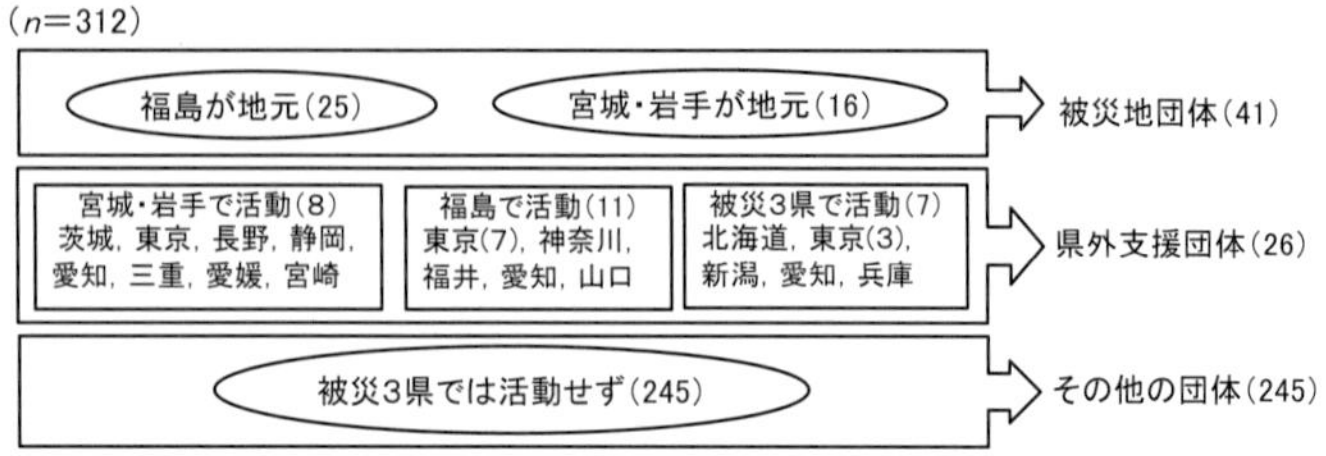

野菜カフェはもる（2012.9.25 福島市）
福島市の市民団体が運営する八百屋。放射能や日常生活について話せるスペースもある

団体」と、東京など都市部から来た「県外支援団体」が市民活動を行っていたことがわかった。

　なお、地震・津波や原発事故の被害を受けた「被災地」とはどこか、行政区分では実態を把握することはできない。ここで被災地を3県として論述を進めるが、あくまで便宜的なものである。

原発に対する意識のズレ

　被災地で活動する団体と、「その他の団体」では、原発への態度は異なる（第七章）。「その他の団体」は74・7％が、団体として原発再稼働に反対しており「原発・エネルギー問題に関わる団体は、原発再稼働に反対」という仮説がほぼ成り立つ。だが、「被災地団体」では46・2％、「県外支援団体」では46・3％に減少する。脱原発運動と、被災地で活動する市民団体の間には、確かに意識のズレが存在する。

日本の政治や企業統治に対する意識のズレ

　しかし「被災地団体」「県外支援団体」の間にも認識のズレが存在する。

原発・エネルギー問題に関わる市民活動団体は、社会全体への疑問の感覚と接続することで、活動を広げた（第四章）。実際、「被災地団体」の51・4%、「その他の団体」の51・9%が、「日本の政治や企業統治のあり方に疑問を感じたこと」を活動のきっかけとしていた（問8・C①）。しかし「県外支援団体」でこの意識を共有するのは19・2%と有意に少ない（$df=2, \chi^2=10.099, p<.01$）。

n=307	n	被災地と他地域の認識のズレ	事業運営に忙殺され理念追求が困難	活動資金不足
		%	%	%
被災地団体	39	53.8	25.6	46.2
県外支援団体	26	26.9	3.8	69.2
その他の団体	242	17.8	10.7	45.9
$\chi 2(df=2)$		24.820***	8.837**	5.189†

（注）†<.10, ** p<.01, *** p<.001

　この齟齬は、「活動で直面する課題・問題点」の違いにも見られる（問34、複数回答）。統計的に有意な差のあった項目のみをまとめると表のようになる。「被災地団体」のうち、53・8%が被災地と他地域の認識のズレを課題と考えている。また事業運営に忙殺され理念追求ができないという悩みも25・6%あった。これに対して、「県外支援団体」がおもに課題と考えるのは、活動資金の不足（69・2%）という、より実務的なものであり、理念追求はほぼ皆無であった（3・8%）。つまり活動のきっかけ、課題とも社会全体への疑問や理念追求が乏しいという違いがあった。

　被災地では原発・エネルギーより、目前の復興の課題が優先されるが、被災者たちは「誰が放射能汚染をもたらしたのか」という根源的問いを抱え続ける（コラム被災地・福島の市民活動）。県外支援団体は東京と福島を架橋する位置にあるが、上で見た意識のズレからこうした問いは共有されにくいのではないか。

放射能とともに生きる不安、焦り、いらだち

冒頭に引用した「被災地団体」の自由回答欄の声には、放射能とともに生きる不安や、記憶が風化することへの焦り、そしてそれに抗しようと活動するなかで感じるいらだちが表現されているように思われる。それは、活動がめざす「脱原発」でも「復興」でも解けない困難な問いである。

第三章　市民活動の空間と時間

——地理的分布と時間的推移

辰巳　智行

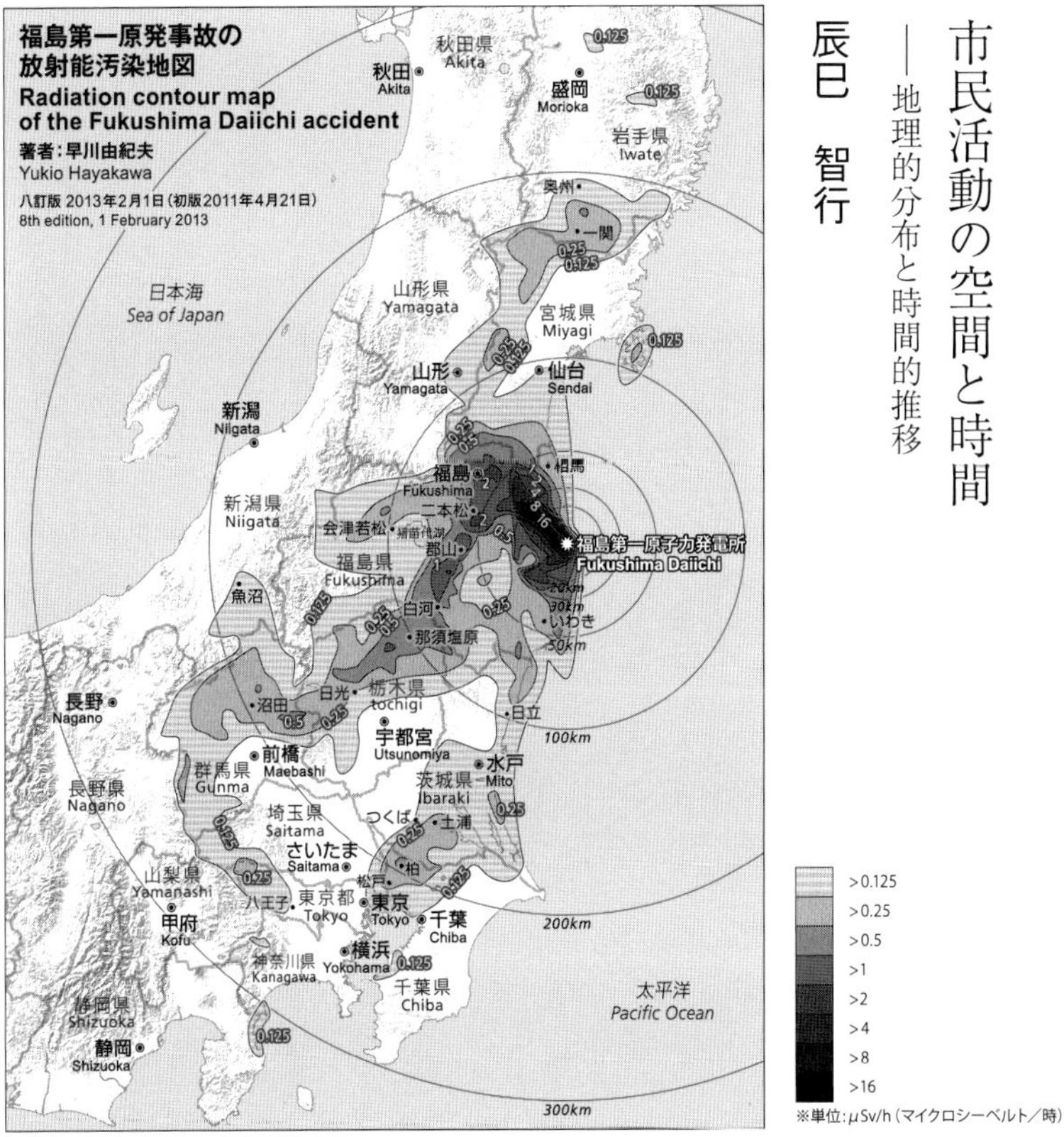

図3.0　放射能汚染地図（8 訂版，早川由紀夫，2013.2.1）

「この地図は 2011 年 3 月に地表に落ちた放射性物質がそのままの状態で保存されている場所の放射線量率を示す（2011 年 9 月，芝生あるいは草地の上 1m の値，μSv/h）……放射性物質はセシウム 134（半減期 2 年）とセシウム 137（半減期 30 年），線量率は 2011 年 9 月時点 88%」（一部略）（出典）早川由紀夫の火山ブログドイツの社会学者ウルリッヒ・ベックは『危険社会』の中で、原子力リスクが地域や国を越えたグローバルなリスクとなっていると指摘していた（ベック 1998）。それを裏づけるかのように、福島第一原発事故の影響は、原子力発電所の所在地（原発立地点）を越え、広範囲に及んだ。放射性物質による大気や海洋の汚染予測は、日本政府の発表よりも早く、アメリカ・ドイツ・スイスなどの海外研究機関によって地図に示され、そのインパクトは海を越えアジアへヨーロッパへと波及した。ドイツ、イタリア、スイスは国の方針として脱原発を決定した。原発事故に直面して、原発・エネルギー問題は確実に国境を越えて「問題」として認識されるようになったといえよう。

だが、この原子力リスクに対する認識、それに対処しようとした市民活動は、日本国内で一様に広がったのだろうか。第1～2章で確認した日本各地の市民活動はどのような空間的・時間的広がりをもっていたのか。本章では、調査の回答をもとに「市民活動の空間と時間」を明らかにしていく(1)。

1　震災前後の活動空間の変化

反原子力の運動空間

反原子力運動を含む市民活動の空間について、福島第一原発事故以前の状況をまず確認しておこう。環境社会学者の長谷川公一は、原子力の民生利用に反対する原発反対運動の内容や担い手に応じて、次の三つの空間範域の存在を指摘している。第一に、原発の建設予定地もしくは立地点周辺の住民運動である。原発建設反対や稼働停止をおもな目的として、住民・漁業者によって構成される。第二に、原発立地県や原発から

50キロ程度離れた地方中核都市における支援活動である。運動の専門家がこれを担い、裁判闘争や原発監視活動を通じて原発立地点の運動を支える役割を果たしている。第三に、首都圏など大都市圏を拠点とする科学者や運動の専門家集団の活動である。全国各地の住民運動や支援活動に資金や知識などの資源を提供したり、原発に関する情報を集積して社会全体に向けた広報活動を展開する原発反対運動のセンターとしての役割を果たす。原発反対運動の空間的な分化は、原発建設計画が本格化する一九六〇年代から、「反原発ニューウェーブ」が台頭する一九八〇年代に至るまで基本的に変わらない（長谷川 2003b: 127）。

一方、原発問題以外の反原子力運動に目を向ければ、広島・長崎の原爆投下やビキニ環礁水爆実験を契機とした核兵器廃絶を訴える全国規模の平和運動、そしてチェルノブイリ事故後の「市民」主体による放射線量測定・監視活動（たんぽぽ舎やR－DANなど）が、全国各地で展開してきた（本田 2005）。

福島第一原発事故以前は、原子力災害のリスクを潜在的に抱える原発立地点から広がる運動と、原水爆や原発事故などで実際に起こった被ばく・放射能汚染を発端とした運動の二つの反原発運動が、重なり合った空間で展開されてきたといえよう。では、震災後の反原子力運動・市民活動の空間は、どのような変化を見せたのだろうか。

原発との「距離」をめぐる政治

原発事故の影響と事故後の対策を考察するとき、行政区分と並んで「距離」が重要な指標となる。東日本大震災以前から原発立地点を中心とする10キロ圏を目安に「防災対策重点地域（EPZ）」が指定され、原子力災害対策や電源交付金配分の根拠のひとつとなっていた。福島第一原発事故直後、環境への影響を予測する緊急時迅速放射能影響予測ネットワークシステム（ＳＰＥＥＤＩ）の結果を政府が公表せず、実際の測定結果の公表も遅れたことから、行政区分ではなく、原発との「距離」という表現が多用されることになった。とりわけ、汚染の可能性がある東日本では、事故直後から数週間、人びとは自らの生活圏と福島第一原発との距離を否応なく意識させられた。

福島第一原発事故後、原発との「距離」をめぐる政治が展開する。政府は原子力災害対策の空間的枠組みを再構築することを迫られた。原子力安全委員会（当時）はＥＰＺに代わる区分の目安として、原発5キロ圏を「予防的防護措置を準備する区域（ＰＡＺ）」、同30キロ圏を「緊急防護措置を準備する区域（ＵＰＺ）」、同50キロ圏を「プルーム通過時の被ばくを避けるための防護措置を実施する地域（ＰＰＡ）」とした。この地域区分案は、原子力規制委員会によって『原子力災害対策指針』（平成24年10月31日策定）に組み込まれた。なお、ＰＰＡの明示的な距離基準は、二〇一五年一二月現在も保留のままである。

自分たちの自治体・地域は新たにどの区域に当てはまるのか。政府の基準で安全は確保されるのか。福島第一原発やチェルノブイリ事故の実態にどこまで即しているのか。東日本大震災の津波被害によって土地の海抜に関心が集まったように、福島第一原発事故は原子力発電所と日常生活の距離を意識させる契機となった。放出された放射性物質の飛散範囲が数百キロに及ぶことが、現実の出来事として経験され、それまで原発と無縁であった多くの人びとが、原発問題を切実な課題として考えるきっかけとなった。原発との「距離」への関心は、専門家や防災担当者だけでなく、市民の間にも広がった（図3・0）。

「距離」をめぐる政治は、市民活動にも影響を及ぼしたと考えられる。福島第一原発の周辺に限定された活動、原発立地点から離れた都市部で可能になった活動とは何か。次節では地理情報システム（Geographic

Information System: ＧＩＳ）を用いて、原発・エネルギー問題に関わる市民活動団体の地理的分布から、市民活動の空間を検討してみよう。

2　全国に広がった活動空間

団体拠点の地理的分布

団体拠点を手がかりに市民活動の地理的な「広がり」を確認していこう。本章では、団体が主要な事務所を置く市区町村を団体拠点として理解する（団体基本情報）。

図３・１では、３１５団体の拠点を日本地図上に示した。震災後、原発・エネルギー問題に関わる団体拠点は、北海道から鹿児島まで全国各地に及ぶ（第１章表１・０・２）。東京圏や京阪神の人口集中地域、そして被災地である福島県に団体拠点が集積している。一方で、東北地方の日本海側や西日本の太平洋沿岸など、原発立地点から離れた県にも団体が存在する。

「最も近い原発との距離」と「福島第一原発との距離」

団体拠点と原発立地点はどのような関係があるのだろうか。団体拠点から最も近い原発との距離と、福島第一原発との距離の二つを指標として検討してみよう(2)。

図３・２は、縦軸方向に「最も近い原発との距離」を、横軸方向に「福島第一原発との距離」をとり、各団体拠点の位置を散布図(3)として示した。散布図の下方向ほど原発立地点に近く、左方向ほど福島第一原

発に近い位置に団体拠点があることを意味する。ただし、縦軸と横軸ではスケールが異なることに注意されたい。さらに、団体拠点の分布特性を示すために、団体拠点の集積度を示す「等高線」を計算で求め、それを図に重ねた。これにより、団体拠点の立地状況を、地形図のように示すことができる。

散布図からは、人口の集中した東京圏に団体拠点の大きな集積があること、被災地である福島周辺のエリアにも団体拠点の集積があること、団体拠点は福島第一原発から離れた地域にも広がっていることがわかる。ただし、福島第一原発から500キロ離れた地点にある団体拠点も、その多くは「最も近い原発との距離」が100キロ未満と、原発まで比較的近接している。たとえば京都市は、団体拠点の主要な集積地のひとつであるが、福島第一原発と約530キロ離れているが、日本最大の原発密集地である福井県若狭湾の原発群とは60キロ弱である。

他方で、福島第一原発から800キロ以上離れた地域、最も近い原発と200キロ離れた地域にも、数は少ないが団体拠点が存在している。日本各地で原発・エネルギー問題が市民活動の課題とされたことが示されている。

しかし、第二章で明らかにしたように、それぞれの団体が設定した活動課題は多岐にわたっていた。したがって、震災後の市民活動は全国規模の「均質」な運動ではなかったと考えられる。活動課題の違いによって団体の地理的分布は異なっていたのだろうか。

団体6類型別にみた団体拠点の分布

活動課題による団体の類型として、第二章で検討した6類型（「原発反対・重点型」「原発反対・多方面

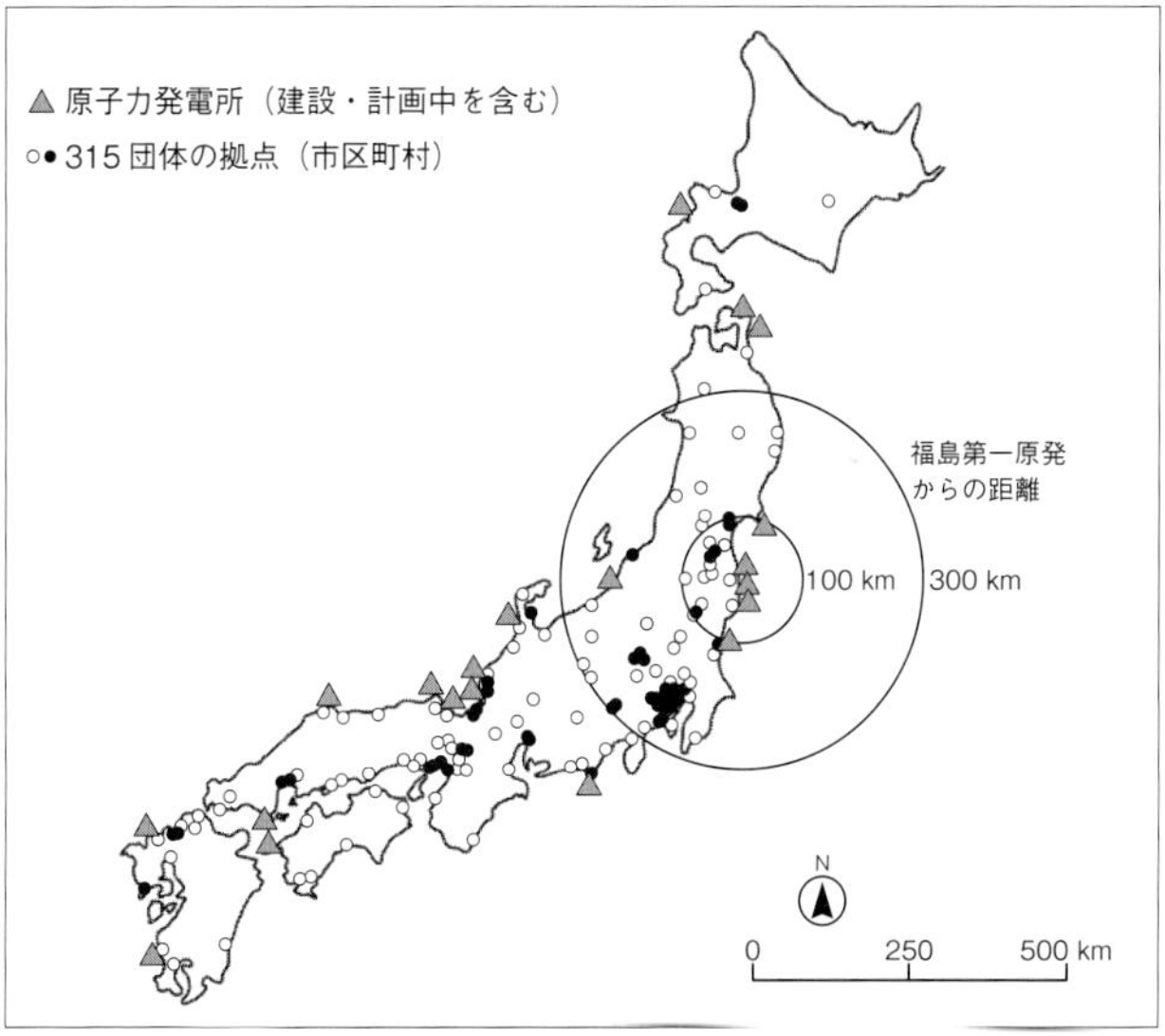

図3.1　回答団体拠点の地理的分布

（注）多数の団体拠点が集積した地点は●で示した

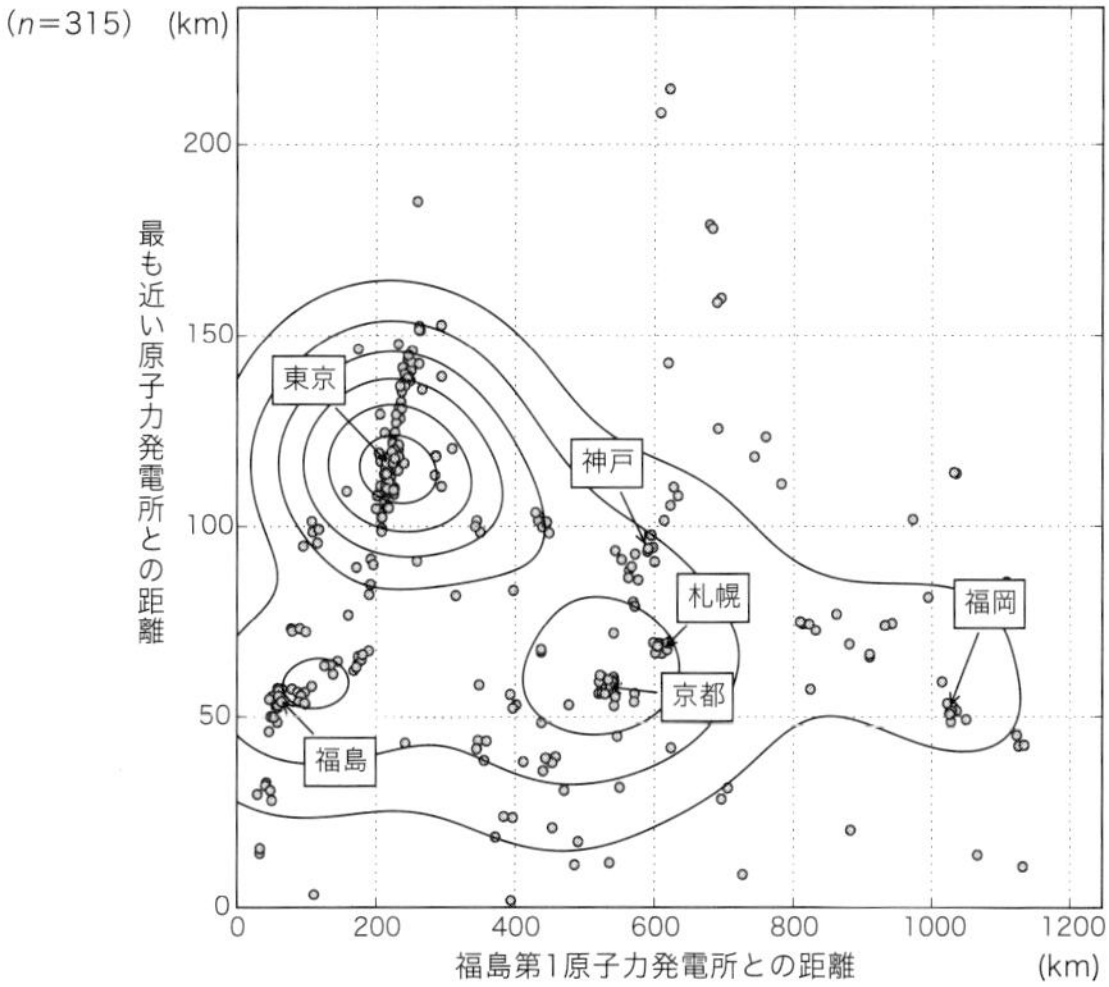

図3.2　原発との距離（最も近い原発，福島第一原発）と団体拠点の分布

型」「健康リスク・多方面型」「被災者・被災地支援・重点型」「全方位型」「エネルギーシフト・重点型」）別に、団体拠点の分布を検討していこう。

図3・3は団体6類型別に315団体の拠点の分布を散布図として示したものである。図3・2と同じように縦軸に「最も近い原発との距離」を、横軸に「福島第一原発との距離」をとった上で、類型別に団体拠点の分布密度から算出した「等高線」を図に引いた(4)。

いずれの類型でも、団体拠点の絶対数が多い東京圏で団体拠点の分布密度が高い。ただし「裾野」の広がりは団体類型によって異なっており、大別すると三つのパターンがある。(1)全国各地へ分散、(2)被災地・福島から東京圏に集中、(3)東京圏と京阪神地域の大都市部へ集中、である。

全国各地への分散は、「原発反対・重点型」（図3・3(a)）と「原発反対・多方面型」（図3・3(b)）に見られる。どちらも、団体拠点が全国各地に分布しており、「福島第一原発との距離」に応じた偏りは他の型より少ない。これらの活動課題は、震災前からある原発立地点を基点とする原発反対運動の流れをくむためと解釈できる。ただし「原発反対・重点型」は「最も近い原発との距離」が50～150キロ程度離れた都市部に集中するのに対して、「原発反対・多方面型」では分布が下方に広がり、何らかの原発立地点に近い。また「原発反対・多方面型」は、他の5つの型に比べて東京圏への集中は弱い。同じ原発反対運動に取り組んだ団体でも、原発立地点に近い団体は複数の活動課題を持ち、都市部の団体は原発反対に重点をおく傾向があったといえよう。

被災地・福島から東京圏への集中は、「健康リスク・多方面型（図3・3(c)）と「被災者・被災地支援・重点型」（図3・3(d)）に見られる。団体拠点は「福島第一原発との距離」が300キロ圏内に集中してお

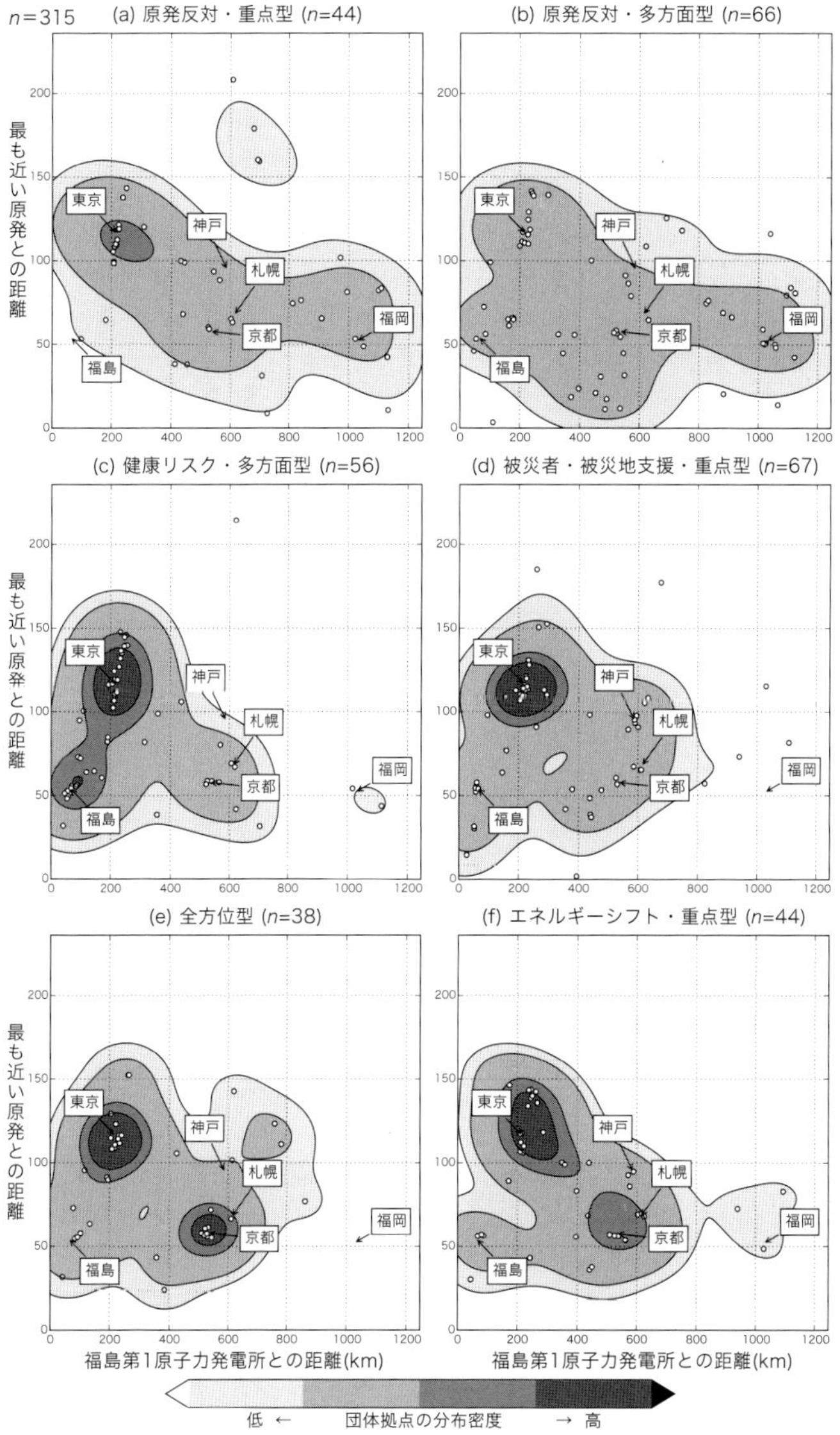

図3.3　原発との距離（最も近い原発，福島第一原発）と団体拠点の分布（団体6類型別）

り、とりわけ東京圏に集積が見られる。これらの活動課題は、福島第一原発事故の影響を直接受けていると考えられる。「健康リスク・多方面型」はこの傾向が顕著で、放射性物質による汚染が懸念された福島から関東、東海にかけて集中する。「被災者・被災地支援・重点型」は神戸にも集積地があり、阪神・淡路大震災の経験が支援活動に結びついた可能性が読み取れる。

東京圏と京阪神地域の大都市部への集中は、「全方位型」(図3・3(e))と「エネルギーシフト・重点型」(図3・3(f))に見られる。幅広い活動課題に取り組む「全方位型」は、人材や資金などの資源が質・量ともに必要であり、資源が集まる大都市部に集中すると考えられる。

3　活動空間の再編

震災後に活動した市民団体について、活動課題と団体拠点分布との関係を分析してきた。この結果をもとに、福島第一原発事故が原発・エネルギー問題に関わる団体の活動空間に及ぼした変化を考察しよう。

福島第一原発周辺地域では、避難、風評被害、子どもの健康リスク、除染など緊急事態への対応を迫られた。その他の原発立地点では、福島第一原発事故の被害を念頭におき、最も近い原発を対象とする事故防止や安全対策に重点がおかれ、運転停止や再稼働阻止の運動が展開されていたことを確認できた。

震災以前、いくつかの事故や事件によって原子力発電の安全神話は綻びを見せていた。だが、原発のリスクは立地点周辺に偏在し、全国的には軽視されてきた。それゆえ原発反対運動は、リスクが高い原発立地点の住民運動と、都市部の専門家・運動家の支援活動によるネットワーク状の活動空間を形成していた。

福島第一原発事故による汚染リスクは、福島から日本全国、そして海外まで波及した。しかし、事故に対処するリスク認識は一様ではなかった。福島第一原発周辺では「現に起きてしまった事故」に対処する活動が活発化した一方、それ以外の原発立地点周辺では「同様に起こりうる事故」のリスク認識が高まり、安全対策や運転停止を求める運動が活発化した。原発立地点周辺の市民活動にこのような分岐が生じたのである。

これまで原発立地点の運動を支援してきた東京圏や関東の都市部も汚染を受けた。原発立地点から電力供給を受けながら、そのリスクから「一切切り離されてきた」東京では、震災直後から供給不足を防ぐために計画停電が実施され原発立地点から電力供給を受けながら、そのリスクから「切り離されてきた」東京では、震災直後から供給不足を防ぐために計画停電が実施され、水道水から放射性物質が検出され、「ホットスポット」が身近な生活空間において確認された。こうした体験は、東京もまた原発依存によるリスクの影響下にあることを市民が認識する契機となった。

震災後の市民活動の空間は、従来の「原発との距離」を軸とした空間的構成に加え、「福島第一原発との距離」という新たな軸によって再編されたといえる。

4　活動はいつ盛り上がったのか

市民活動の時間的推移

次に市民活動のもうひとつの「広がり」である時間的推移を見ていこう。

福島第一原発事故に端を発する原子力災害の特徴として、二〇一一年三月一一日を起点として、さまざまな出来事が連鎖的に引き起こされたことが挙げられる。地震・津波被害の把握もままならないなかで原子力緊急事態宣言が発令された。その直後から一部の周辺市町村では住民の避難が開始された。翌一二日に1号機、一四日に3号機が爆発、セシウム134等の放射性物質が大気中へ飛散した。事態が緊迫したまま、二三日には隣接都県の水道水や食品からも放射性物質が検出され始めたことで、汚染と被害への懸念は急速に高まった。だが、その全容が公開されるまでに、さらに数ヵ月の時間を要した。

震災直後から原子炉の稼働停止を求める運動が燃え上がった（第七章を参照）。五月上旬、中部電力は政府の「要請」を受けて浜岡原発を停止した。震災から1ヵ月半後のことである。そのほかの稼働中の原発も、法定点検のために稼働を順次停止し、二〇一二年五月には国内の商業用原子炉の火がすべて落とされた。焦点は稼働停止から再稼働の是非へと移っていく。原発をめぐる安全性や経済性、福島第一原発の廃炉問題、次々と浮かび上がる争点や課題の多くは解決されぬまま、時間の経過とともに積み重なっていった。

このような原発をめぐる状況の変化のなかで、市民活動はどのように推移したのだろうか。

市民活動の「活性量」の推移

本調査では、市民活動の時間的推移を捉えるために、団体が「特に力を入れていた時期」を月単位で尋ねた（問19）。本章では、年月別の回答団体数の総計を市民活動の「活性量」と呼ぶことにする。多くの団体が活動に力を入れた時期は活性量が多くなり、逆に活性量が少ない時期は活動団体数が減少したことを表す。団体の構成人数や力の入れ方には差があるため、この指標が活動の全体像を網羅するわけではない。だが、活性量の変化を時系列で捉えることで、震災後の市民活動全体の推移を計量的に把握する手がかりとなるだろう。

　全体像から見ていこう。２９６団体の活性量を年月別に示したものが図３・４である。震災直後の二〇一一年三月、94団体（31・８％）が活発な活動を開始しており、翌四月には１４３団体（48・３％）に急増する。その後も活性量は増え続け、三ヵ月後の二〇一一年六月に最大の１７８団体（60・１％）となった。それ以降は増減を繰り返し、いくつかの小ピークを描きながら、全体として減少した。震災から二年経過した二〇一三年二月でも、１２４団体（41・９％）が活動に力を入れたと回答している。

　二〇一一年六月以降の小ピークに注目すると、震災から半年が経過した二〇一一年九月、一年後の二〇一二年三月、官邸前抗議活動が活発化した二〇一二年六月前後の三つの期間で活性量が増加している（写真３・１、３・２）。一方、活性量の減少が顕著に見られる月は二〇一一年七月と同年一〇月である。それぞれ震災からの「節目」となる三ヵ月後と半年後の翌月である。前述の小ピークとなった二〇一二年三月、九月の翌月も活性量は減少している。つまり、震災・原発事故から大きな「節目」を迎えると、イベントの開催や祈念行事などで市民活動が活発になる。同時にこの「節目」は、団体が活動に区切りをつける契機でもあることがうかがえる。

　市民活動の全体的な推移の特徴は、震災直後に急増し、ゆるやかに減少していく長期的傾向と、震災・原発事故の「節目」ごとに増減する周期的傾向が重なっていたことである。次節では、団体の活動課題とデモ参加経験から、活動別の活性量の推移を比較検討していこう。

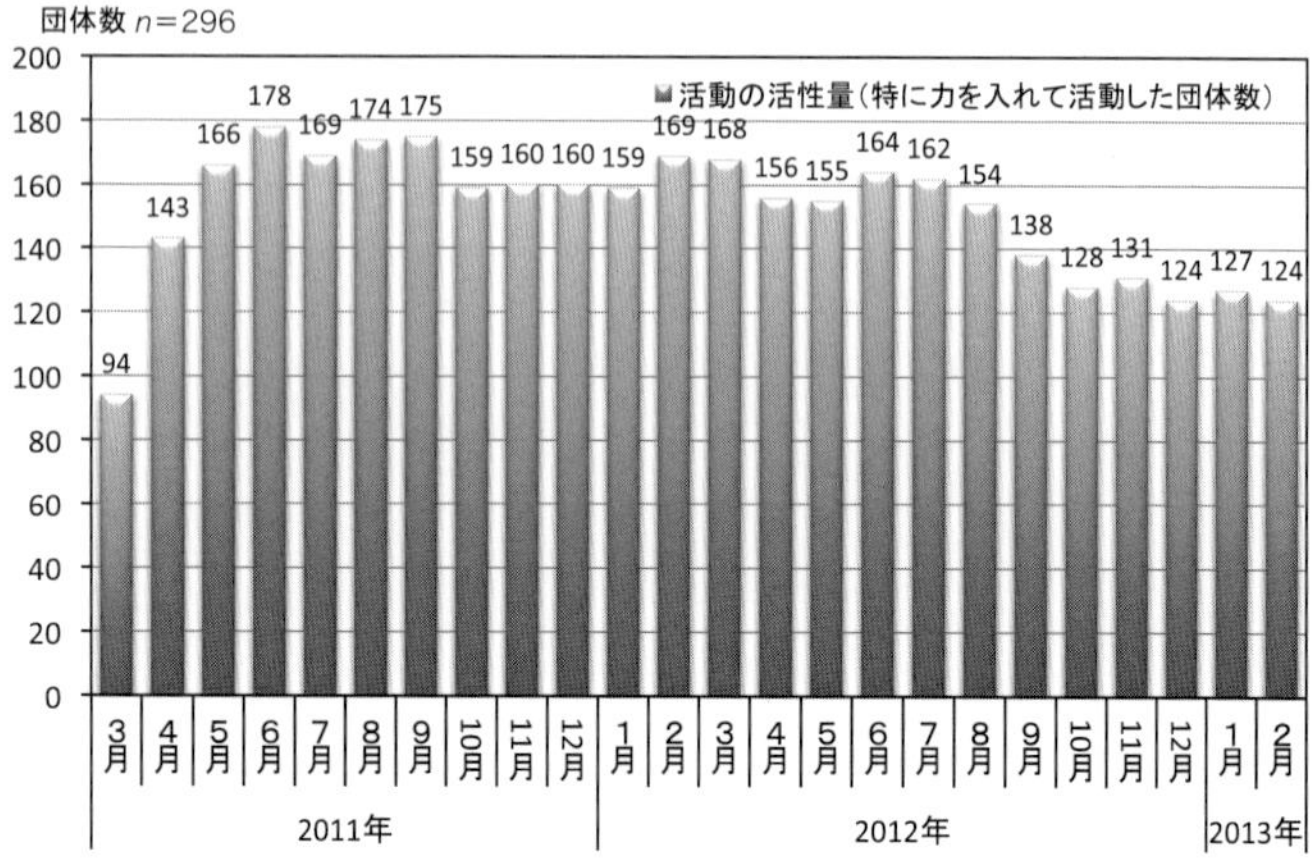

図3.4　活動の活性量の推移（全体，2011年3月～13年2月）

写真3.2　金曜官邸前デモ（首都圏反原発連合主催，東京都千代田区・国会議事堂前 2012.7.13 同右）

写真3.1　9.11 新宿・原発やめろデモ !!!!!（素人の乱ほか呼びかけ，東京・新宿駅周辺 2011.9.11 陳威志撮影）

5 活動課題によって異なる推移

活動課題と活性量

震災から時間が経ち、原発・エネルギー問題の争点が累積していくなかで、活動課題の違いによって活性量にはどのような傾向が生じたのだろうか。団体6類型別に活性量の推移を見ていこう。図3・5は、活動課題別の289団体の活性量の推移を示したものである。活性量の推移を類型別に比較するために、震災から1ヵ月後の二〇一一年四月の活性量を100として指数化した。

全体的な傾向として、どの類型も二〇一一年二〜六月に活動が活性化していた。震災や原発事故によって蓄積されていた個々人の不安や不満が、震災から2〜3ヵ月の間に市民活動として一挙に噴出したと考えられる。この同時性はデモの空間に現れており、二〇一一年六月の脱原発100万人アクション（序章）には、「原発反対・重点型」だけでなく、「エネルギーシフト・重点型」や「健康リスク・多方面型」など活動課題の異なる団体が参加していた（問13）。

だが、その後の活性量は6類型別に異なる傾向を示した。なかでも「健康リスク・多方面型」と「原発反対・重点型」は、それぞれ特徴的であった。

「健康リスク・多方面型」は、二〇一二年一月まで長い期間にわたり活性量を増大させ、その後も高い水準を維持した。事故直後、給食や食品の安全性を求める動きから始まったが、一部の団体は放射線量測定機器を導入するなど事業化が進み、継続的な活動となった。

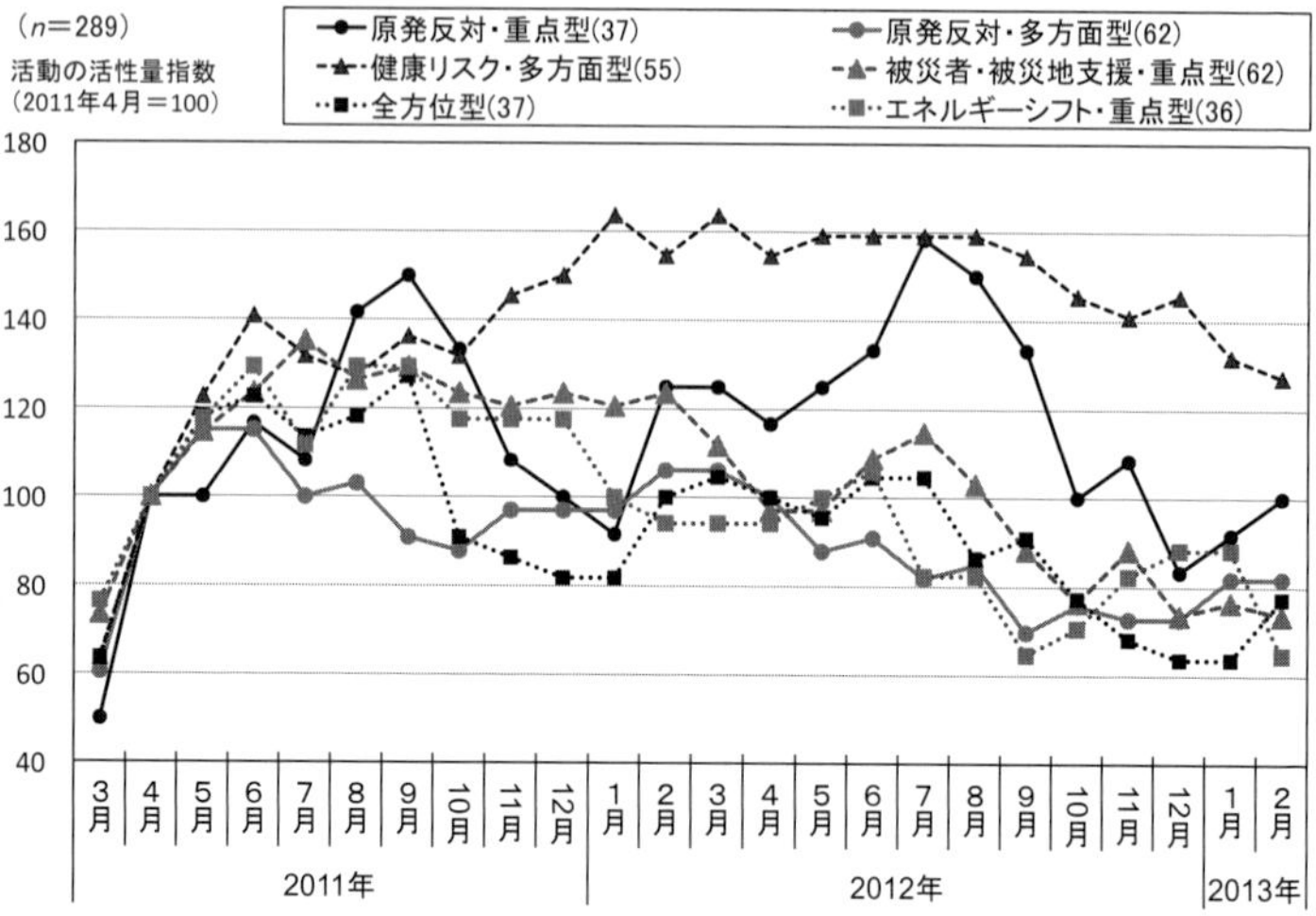

図3.5　活動の活性量指数の推移（団体6類型別，2011年3月〜13年2月）

「原発反対・重点型」は、時期によって活性量の変動が大きい。二〇一一年九月の全国規模の抗議活動が終わると、活動水準は一一年四月の水準まで低下したが、二〇一二年に入ると再び上昇に転じ、官邸前抗議活動が大きな盛り上がりを見せた二〇一二年七月には一一年を上回るピークを示した。原発事故後「原発の稼働停止」を争点としていたが、浜岡原発の停止、それに続いて他の原発も稼働を停止したことで、運動は一段落した。だが、二〇一二年夏以降「原発の再稼働問題」という新たな争点が生じたことで、活性量が再び増大した。

活性量の推移は、継続的な活動課題、争点に合わせた短期的な活動課題など、類型ごとに異なる傾向を見せた。この活動類型別の異なるパターンの重なりが、活動全体の推移として現れたのである。

デモ参加と活動の継続性

震災後の市民活動の特徴となったデモ・街頭イベントへの参加を見ていこう。図3・6は、震災後に団体とし

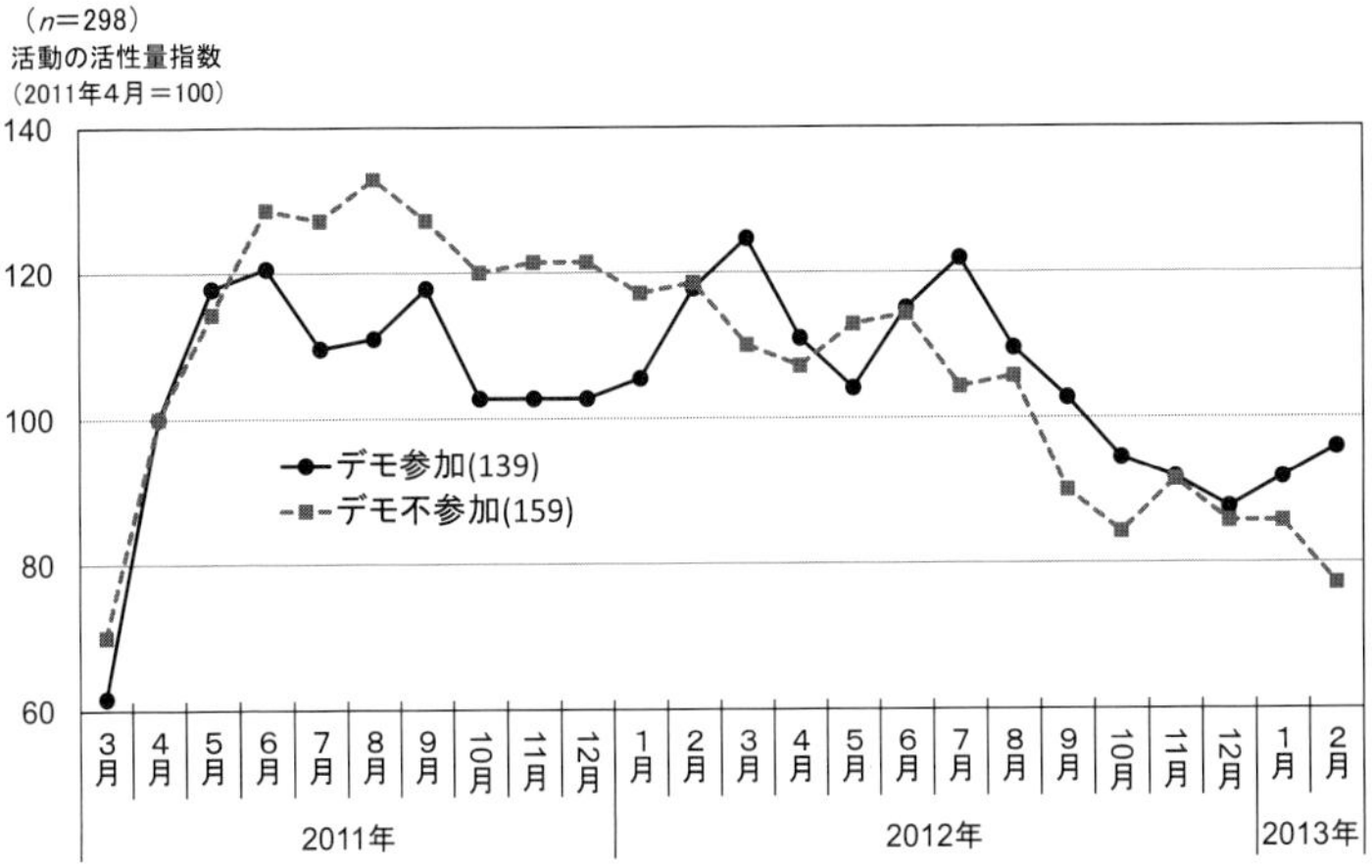

図3.6　活動の活性量指数の推移（デモ参加・不参加別，2011年3月〜13年2月）

てデモの主催・参加経験がある団体（デモ参加団体）とない団体（デモ不参加団体）別に、298団体の活性量を示した(5)。

デモ参加団体は、139団体と全体の半数弱を占めた。デモ参加団体の活性量は4つのピークを描く。ピークは大規模デモの時期と一致する。また、活性量全体の推移（図3・4）における小ピークとも対応しており、デモ参加団体の動向が活動全体の周期を形成した要因となっている。他方、デモ不参加団体の活性量は、震災直後に急増した後、二〇一一年八月をピークに低下傾向を示す。

興味深いことに、デモ参加団体のピークは二〇一一年よりも、二〇一二年の方が高い。これは、原発・エネルギー問題の争点が次々と積み重なったことで、より多くの団体を巻き込んだことを示している。震災から一年以上を経て、活動全体の減少傾向のなかで、大規模デモ・街頭イベントに合わせて、活動全体が再活性化していたことがうかがえる。

他方でデモ・イベントがない時期でも、二〇一一年四月と同じ水準の活性量が維持されていたことを指摘するべきだろう。デモ参加団体の活動をくわしく分析すると、3割程度はもっぱら大規模デモや「節目」イベント前後の時期に活発に活動していたが、残りの7割の団体は、それ以外の時期も交互に活動を行い、活動を継続していた。争点は変化しながらも繰り返し開催されたデモによって、市民活動は原発・エネルギー問題を政治の議題設定に成功し、震災後の活動を創り上げていった。

6　活動の広がりと分岐

本章では、原発・エネルギー問題に関わる市民活動が、原発事故という共通の出来事に端を発しながらも、団体拠点の分布や「特に力を入れていた時期」が決して均質ではなかったことを見てきた。

震災前、原発反対運動を中心とした活動空間は、活動の担い手から「最も近い原発との距離」にもとづいて構成されていた。震災後、この活動空間に「福島第一原発との距離」という新たな軸が加わった。それによって、原発立地にとどまらない活動空間の「広がり」が生じた一方で、福島を中心とする被災地とその他の地域の間に、市民活動が対応すべき課題・内容や認識のズレが「分岐」として生じていった。

団体が「特に力を入れていた」期間にも広がりと分岐が見られる。震災から三ヵ月の間に全体の活性量が急増したが、半年を過ぎる頃からゆるやかに減少し始めた。一定の成果を挙げ、元の活動に戻ったり、団体としての活動を終えるなど、分岐が生じた結果であろう。だが、「健康リスク・多方面型」の団体は長期にわたり活動を継続した。また、デモ参加団体は一度活動を停滞させても、周期的に再活性化していた。活動課題によって団体の活動はさまざまな変動パターンを持っていた。

震災から二年余りの間、さまざまな地域で、さまざまな活動パターンの団体が脱原発をめざす市民活動に関わっていった。時には原発に対する立場・態度を違えながらも、同じ場所や時間を共有するなかで、膨大な数の市民活動団体が原発・エネルギー問題に関わる重層的な活動空間を形づくっていった。

注

（1）本調査の対象は、二〇一一年三月～一二年三月の新聞記事から抽出した団体と脱原発世界会議2012 YOKOHAMAの賛同団体である。したがって、それ以後に結成された団体の動向は含まれていない。

（2）本調査では、団体の主要な事務所がある市区町村名を尋ねた。距離などを計算するために、団体の事務所がある市区町村の庁舎所在地を代表点とした。また、原子力発電所は二〇一一年の段階で稼働中、停止中、建設中、計画中の全国20ヵ所（68基）の商業炉施設とした。なお、沖縄県先島諸島などでは、海外の原子力発電所が最も近い原発となるが、本調査では該当する団体がなかった。地理情報は、国土交通省「国土数値情報（公共施設）」、経済産業省『電源開発の概要』『電気事業便覧』を原典とした国土交通省「国土数値情報（発電所データ整備年：平成19年度2012.12.13修正版）」（http://nlftp.mlit.go.jp/ksj/）をもとに筆者が加工したデータを用いた。地図の描出や計測にはQGIS 2.6（http://qgis.org/）を利用した。

（3）散布図では、同一の市区町村に複数の団体が存在すると、それらがひとつの点に重なり、集積状況がわかりにくくなる。これを回避するために、重なった点をずらして示した。また、団体拠点の密度推定には、カーネル密度推定法を用いた。バンド幅は0・45、等高線はスムージング処理を行って表示した。ラベルの地名は、それぞれ市役所の所在地。ただし「東京」は東京都庁の所在地とした。

（4）散布図の作成方法は、注2を参照。なお、6つの散布図では同じ密度を同じ濃淡で塗り分けた。色が濃いほど団体拠点の集積密度が高いことを示す。

（5）「デモ、街頭行動」「サウンドデモ、パレード」「座り込み、パブリックスペース・オープンスペースの『占拠』」に団体として参加・主催した団体（問9）、もしくは、「二〇一一年六月一一日前後、同年九月一一日前後に行われた脱原発100万人アクション、二〇一二年毎週金曜日官邸前デモ」のいずれかに参加・実施した団体（問13）を「デモ参加団体」とした。

付記　本章は、町村・佐藤・辰巳・菰田・金・金・陳（2015）の筆者執筆部分を加筆修正したものである。

第四章　担い手はどこから現れたのか
――活動のきっかけと団体結成過程

金《キム》　知榮《チヨン》

写真4.0　「9.11 新宿・原発やめろ広場」
（素人の乱ほか呼びかけ，東京・新宿駅東口アルタ前 2011.9.11 佐藤圭一撮影）
ポスターに絵を描く若者たち。アニメのキャラクター画も見られる。広場を拠点に「原発やめろデモ!!!!!」の集会が夜まで続いた

市民活動団体を人びとの集まる「場」ととらえれば、ある思いをもった個々人が集まりそれを共有してはじめてその「場」が可能になるだろう。震災後、自分たちの力ではコントロールできない危機に対して「不安」を感じた人びとが、さまざまな団体を起ち上げて活動を繰り広げていった。震災前には存在していなかった新しい担い手が現れ、日本の社会・経済・政治に対して感じた疑問と地元で目にした危機を結びつけて声を上げ、市民活動という新たな実践に発展させることができた理由は、何だったのだろうか。

本章は、震災後全国各地で市民活動団体が結成され、個人ではなく団体やグループとして活動できた理由を、主体すなわち活動の担い手が所属する団体の結成過程から解き明かしたい。彼／彼女らは震災後どのように感じていたのか。その感情はなぜ個人的、一時的にとどまらず、実践のレベルまでつながったのか。

こうした問いに答えるために、震災後の市民活動団体がどのようなきっかけで問題・課題を発見し、活動したのか（1節）、震災前後の時期の違いに留意しながら団体結成の多様な過程を明らかにする（2、3節）。さらに、団体で中心的な役割を果たしたリーダー層の活動歴、影響を受けた出来事、メンバーの特徴から、震災後に盛り上がった市民活動／脱原発運動と、そこで積極的に活動した担い手の原動力の源をつかみたい（4節）。

1　問題・課題の発見

震災後の活動のきっかけ

社会運動をここでは、「現状への不満や予想される事態に関する不満にもとづいてなされる変革志向的集団行為」と定義しておこう（長谷川 1993）。第1章で概観したように、福島第一原発事故後の原発・エネルギー問題をめぐる社会運動は、幅広い市民活動によって支えられていた。したがって、こうした市民活動のきっかけとして「現状や予想される事態への不満」が何に起因するのかを考察することが重要である。それらは、被災者の不満のみならず、他地域の人びとが接したメディア情報などさまざまな不満が含まれる。本調査では市民活動団体が原発・エネルギー問題に関わったきっかけを、A（活動メンバーや関係者）、B（地元地域）、C（日本全体の社会・政治・経済）の3つのレベル別に尋ねた（問8、表4・1、複数回答）。

314団体のうちA、Bに該当すると回答したのは全体の1〜3割程度、Cは項目により4〜6割見られた。被災地だけでなく全国対象の調査であったためCが高いのはもちろんだが、AやBが3割もあったことは、震災後の市民活動の特徴といえるだろう。

他人事から自分の事へ

震災後、活動の担い手はどの範囲まで視野に入れ、活動に込めた思いはどのようなものだったのか。326団体の活動のきっかけを組合せて分類したのが表4・2である。

A、BのみまたはAB両方は4・8％（16団体）にすぎない。全体の73・0％がAないしBまたはAB両方と、Cを挙げており（238団体）活動のきっかけは重層的であったことがわかる。Cのみも16・3％（53団体）に上り、活動の重要なきっかけとして作用している。

以上の結果は、日本社会全体に対する疑問、政府の被災地支援や災害対策を不十分と感じたことが、活動を引き出すもっとも重要な原動力になっていたことをうかがわせる。自分の身近に直接起こった出来事は確

表4.1　震災後の活動のきっかけ（複数回答）

レベル	活動のきっかけ	全体	震災前結成	震災後結成
	n	314	209	105
		%	%	%
A メンバー・関係者	被災者がいた	29.0	28.2	30.5
	被災地の出身者がいた	20.7	21.1	20.0
	その他	31.8	30.6	34.3
B 地元地域	地震や津波の被害があった	14.6	12.9	18.1
	放射能やがれきの問題が起きた	33.1	28.7	41.9
	被災者・避難者が地元にいた	31.8	30.1	35.2
	その他	15.9	14.4	19.0
C 日本の社会・政治・経済	政治や企業統治に疑問を感じた	48.7	51.2	43.8
	被災地支援が足りないと思った	41.4	41.6	41.0
	原発・災害対策が不十分と感じた	67.8	65.1	73.3
	その他	17.5	16.7	19.0

表4.2　団体結成時期（震災前後）と活動のきっかけ

きっかけのレベル	全体 326	震災前結成 216	震災後結成 110
	%	%	%
A	1.8	2.3	0.9
B	1.2	0.9	1.8
A＋B	1.8	2.3	0.9
C	16.3	18.5	11.8
A＋C	15.0	16.7	11.8
B＋C	12.3	11.1	14.5
A＋B＋C	45.7	40.7	55.5
A〜Cのいずれも当てはまらない	5.8	7.4	2.7

(注)A＝メンバー・関係者　B＝地元地域　C＝日本の社会・政治・経済。無回答を除く

かに重要なきっかけであったが、それ以上に、日本社会全体への疑問が噴出したことが背景にあった。

活動の担い手は具体的に何をきっかけとしたのか。各団体は問題・課題をどのようにとらえたのか。自由記述（問8）も見てみよう。

目につくのは、「原発は危険なものと分かり、一日も早く止まってほしいと思ったから」「事実が知らされていないと思っ

た」「原発をはじめとするエネルギー問題に対する情報発信が不十分だと感じたから」「原発への危機感」など、原発事故に関わるきっかけであった。事故が起こったのは福島だが、その被害は日本全体に及ぶという認識が浮き彫りになっている。事故後の事態を十分に把握できないこと、どのような危険があるか予測できないこと。現在と未来双方の危険への「不安」やその対策への「不満」が幅広く見られた。

団体とその担い手が共有するこうした感情は、「不安」の領域にとどまらない。「阪神大震災でのボランティア活動」など震災前から行ってきた市民活動が「共感」を呼び起こす基盤になっていた。また、「原発事故を自分のこととしてとらえた」「自分の問題でもある」「何かしないといられなかった」「被災地の状況に心が動かされたので」など、被災者・被災地を「他人事」ではなく「自分の事」としてとらえたことがきっかけになっていた。

以上のように、震災と原発事故がもたらした危機に対する「不安」や被害者への「共感」など、活動のきっかけには感情的基盤が大きな位置を占めていた。震災後の運動の盛り上がりは、遠く離れた多くの人びとが、震災と原発事故を「自分の事」と認識することによって可能になったといえるだろう。

2　団体結成の特徴

結成時期によるきっかけの違い

団体の結成時期によって原発・エネルギー問題に関わる活動のきっかけがどのように異なるのかを見てみよう（表4・1、4・2）。震災前と震災後で大きな違いはないが、A、Bのきっかけは震災後結成団体が多く挙げ、Cの「政治・企業統治への疑問」は震災前結成団体が多かった。再び自由記述（問8）を見ると、震災後結成団体では地域を襲った危機への「不安」が活動のきっかけになっていた一方、震災前結成団体では「これまでの継続」「もともと原発問題に取り組んでいた」「本来の活動の延長線上にあったから」「従来の活動の強化・拡大」などが挙げられていた。すなわち、震災後の市民活動は、震災前から日本社会全体に疑問をもって活動していた既存団体のすばやい対応によって後押しされたといえよう。このように震災前後という団体の結成時期は、活動のきっかけを説明する重要な手がかりである。

ただ、団体結成時期を唯一の基準にして活動の担い手を分析することは、十分ではない。なぜならば、上述したように団体の多くは不安や共感といった感情を共有しているものの、さまざまな異なる結成過程をもつためだ。震災後の市民活動団体とその担い手の全体像をつかむ一歩として、以下では震災前後別に団体の結成過程の特徴を見ることにしたい。

団体はどのようにして活動に踏み出したのか

図4・1の左側は、震災前後別に見た団体の結成過程である。本調査では、各団体が震災後に、どのような形で関連の問題・課題に取り組んできたかを、8つの過程に分けて尋ねた（問6）。

団体結成過程は、結成時期が震災前か後かで大きく異なる。震災前結成団体は、①「以前の活動の延長」②「以前の活動と並行」③「以前の活動を休止して新たに」④「その他」の4つに分かれる。②③のように震災後あえて活動領域を部分的・全面的に移行して新たに原発・エネルギー問題に取り組んだ原動力はどこにあるのだろうか。それらの団体の自由記述（問8）には「デモや集会で知り合った原発事故の被害者や仲間がいた」「メンバーや関係者が以前原発関連に係わっていた」「メンバーや関係者に被災地ボランティアに行った者がいた」「関連団体が支援活動を行った被災者」「共に活動していた関連問題に積極的に取り組んでいる」「原発の被災地である」「自らの団体も被災団体」等が見られた。見慣れない領域の活動が団体メンバーや他団体の影響によって始まったことをうかがわせる。

一方、震災後結成団体の結成過程は、⑤「既存の団体から独立」⑥「既存の団体が複数集まって新しい団体を結成」⑦「個人が新たに集まって新しい団体を結成」⑧「その他」の4つに分かれる。⑤~⑧の団体の自由記述には「これ以上原発による被害が広がるのを防ぎたいと思った」「何かとしないといられなかった」「原発事故に日本中すべて被害を受けている」「原発事故は北海道でも起こりうると会を発足させた」など、原発事故への「不安」や被災者への「共感」が見られた。

さらに、「市内の空間線量、給食に使用される食材の放射能汚染の度合いなど市民として入手できる情報不足」「将来に原発事故のなんらかの影響があるのかということ、特にメンバーの子どもたち」「学校給食用に汚染牛を市が買い占めた。200頭の汚染牛を給食で提供してしまった」「核のゴミを受け入れない抵抗運動が近年あった」「中央政府、地方行政そしてマスメディアの情報の質の悪さと不信」など、より具体的なきっかけも見られた。

団体結成過程に基づく4つの団体型

結成時期（震災前後）別の312団体の8つの結成過程を、4つの型にまとめることができる（図4・1右側）。順に説明していこう。

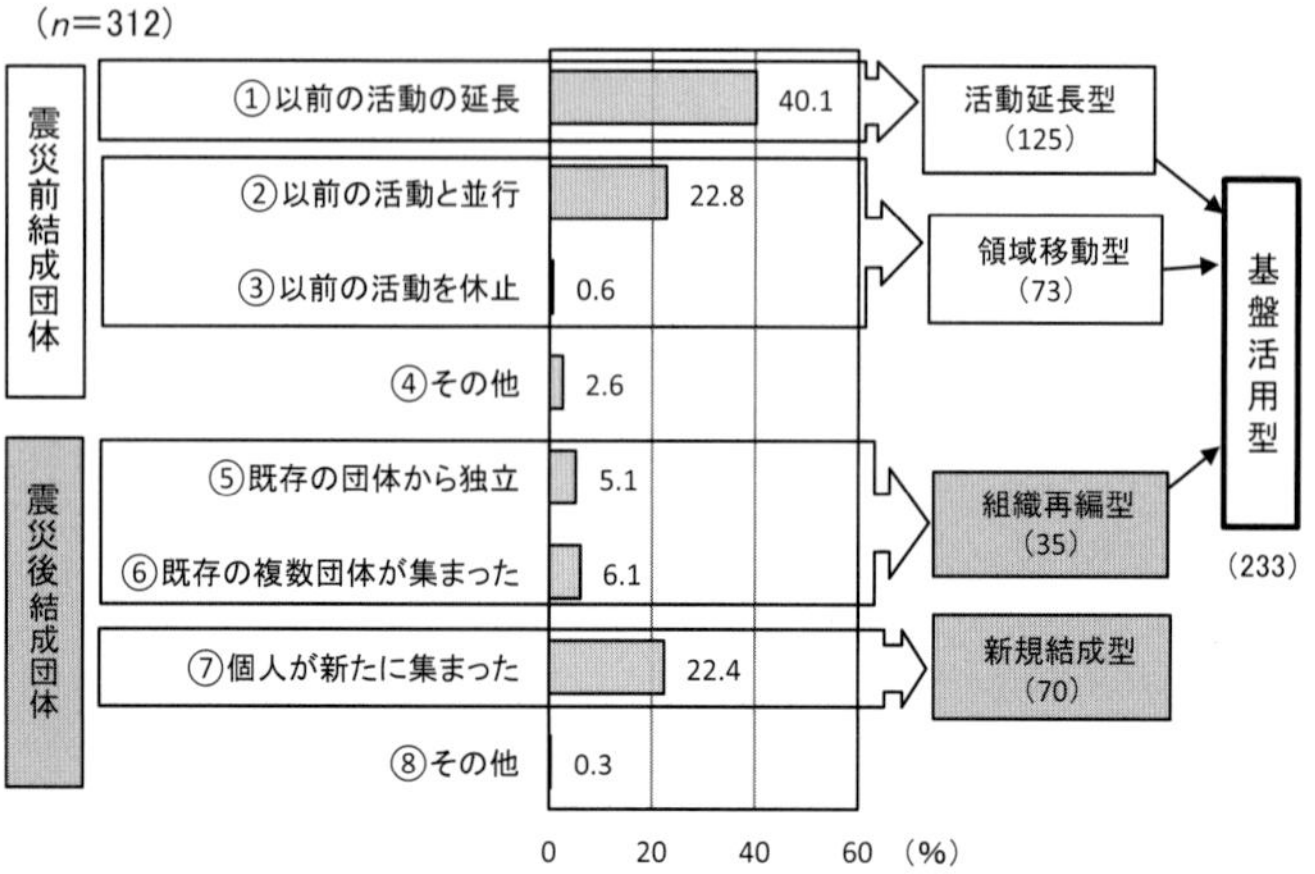

図4.1　結成過程に基づく4つの団体型（結成時期（震災前後）別）

①は、震災前から原発・エネルギー問題に関わり、その延長として震災後も活動する団体であり、40・1%（125団体）に上った。震災前結成団体のなかでももっとも多く、「活動延長型」と名づける。

②と③は、ともに震災前の他の活動と並行した②、以前の活動を休止して新たに始めた③を合わせると、23・4%（73団体）であった。活動課題が移行したという意味で「領域移動型」と名づける。

⑤と⑥は、ともに震災・原発事故に対応するため、従来の団体をベースに新たに結成した団体であり、11・2%（35団体）であった。既存団体のネットワークや運営のノウハウといった組織基盤を活用したという意味で「組織再編型」と名づける。

⑦は特定の組織基盤に頼ることなく新たにメンバーを集めた団体であり、22・4%（70団体）であった。震災後、個人が集まって新たに結成したという意味で「新規結成型」と名づける。

以上の4つのなかで、「新規結成型」を除く3つの型は、

表4.3　団体結成型とメンバーの基盤（複数回答）

	創設メンバーの人的基盤 *n*	全体 294	新規結成型 69	基盤活用型 全体 225	基盤活用型 活動延長型 121	基盤活用型 領域移動型 71	基盤活用型 組織再編型 33
		%	%	%	%	%	%
新しいつながり	特になし・新しくメンバーを集めた	37.4	59.4	28.8	31.4	33.8	21.2
	インターネット上の掲示板・ブログ・ML・SNSのメンバー	6.1	8.7	9.1	1.7	4.2	21.2
公式のつながり	同じ職場や仕事の仲間（労働組合・　同業者・専門職仲間）	15.6	8.7	17.6	16.5	21.1	15.2
	同じ学校の在学生・卒業生	5.1	7.2	3.9	5.8	2.8	3.0
	町内会・自治会・PTAなどの地域住民組織	4.1	2.9	4.4	3.3	7.0	3.0
	同じ運動団体・NPO・生協・ボランティア団体	32.3	15.9	39.6	36.4	33.8	48.5
非公式のつながり	昔の活動仲間・運動仲間	25.9	21.7	27.9	26.4	26.8	30.3
	同じサークル・趣味の会・スポーツ同好会・市民講座	5.4	2.9	6.9	5.8	5.6	9.1
	同じ宗教団体や教会	3.1	1.4	4.1	3.3	2.8	6.1
	普段からつきあいのあった友人や遊び仲間	13.6	15.9	11.6	15.7	9.9	9.1

既存団体がもっていた組織基盤を活用したと見ることができる。これらの3つの型をまとめて「基盤活用型」と名づける（図4・1右側）。

創設メンバーの人的基盤　一時的な感情から持続的運動へ

「新規結成型」は、どのようなつながりでメンバーが集まり、団体を起ち上げたのであろうか。そこでは、自分が感じている疑問が正しい、いまの日本社会に問題があるという思いが確認され、強められたのではないだろうか。個人の「思いの確認作業」はどのように正当性を得られ、活動に至ったのか。

「新規結成型」と「基盤活用型」（「活動延長型」「領域移動型」「組織再編型」）の団体結成の違いを創設メンバーの人的基盤から分析してみよう。本調査では団体結成にあたって創設メンバーがそれまで所属していた団体を尋ねた（問7、複数回答）。

「基盤活用型」は、既存の団体活動の経験から少なからず影響を受けている。そこで表4・3では、「新規結成型」「基盤活用型」別に294団体の創設メンバーの背景を「新しいつながり」「公式のつながり」「非公式のつながり」の3つに分けて示した。ここから次の特徴を見いだせる。

「新規結成型」では6割が「新しくメンバーを集めた」を挙げた。一方、「基盤活用型」では「公式のつながり」である「同じ運動団体、NPO、生協、ボランティア団体」が多い。「新規結成型」も何らかのつながりが団体結成に一定の役割を果たしていたが、公式、非公式のつながりを問わずに新たにメンバーを集めて活動を開始したことがわかる。

3　活動の担い手の形成

震災後の市民活動を、活動のきっかけ、団体結成過程、創設メンバーの人的基盤という三つの側面から見てきた。最後に、震災後の活動を担った団体のリーダー層（代表者、事務局長など）と団体メンバーについて、その属性や社会的経験などの特徴を明らかにしたい。

リーダー層の特徴

本調査では、調査票に回答した団体リーダー層への設問をおいた（問37〜42）。326団体のリーダー層の性別は6：3・5（不明0・5）で男性が高く、年齢層は60代（30・1％）、50代（25・8％）の順であった。

表4.4　結成時期（震災前後）とリーダー層が影響を受けた社会的出来事（複数回答）

リーダー層が影響を受けた 戦後の社会運動・市民活動・出来事		全体	震災前 結成	震災後 結成
	n	318	211	107
		%	%	%
原水爆禁止運動		40.3	43.6	33.6
60年代の安保闘争・大学闘争・ベトナム反戦運動		40.3	45.0	30.8
チェルノブイリ原発事故・反原発運動		60.4	64.0	53.3
阪神・淡路大地震		56.6	62.6	44.9
イラク反戦・反グローバリゼーション運動		42.5	45.5	36.4
反貧困運動		40.3	42.2	36.4

リーダー層の年齢層は団体結成時期によって大きな差が見られた。震災前結成団体、震災後結成団体の順に、20～40代のリーダーは26・6％対46・3％、60代以上のリーダーは46・4％対28・3％であった。この違いは、各リーダーが団体を起ち上げる前に影響を受けた社会運動・市民活動や社会的出来事にも表れているだろうか。表4・4を見てみよう（問39、複数回答）。

震災前結成団体では、チェルノブイリ原発事故・反原発運動64・0％、ついで阪神・淡路大震災62・6％の順で回答が多かった。この出来事に影響を受けたリーダー層は、その経験をもとに従来の活動の延長として震災後の市民活動に取り組んだと考えられる。福島第一原発事故は地震と津波に起因することを考えると、阪神・淡路大震災の影響を受けた人びとが東日本大震災後の活動に中心的役割を果たしたことは不思議ではない。

2節で見た活動のきっかけの自由記述（問8）にも、「チェルノブイリ原発（事故）後より活動している」「メンバーに阪神大震災ボランティアが何人かいた」「もともと原発問題に取り組んでいた」「阪神・淡路大震災以後、自然災害に対して支援活動を行ってきた延長」「阪神大震災を経験した事務所である以上、今回の震災についても支援等で関わるのは当然」などが見られた。

震災後結成団体でも、震災前結成団体と同じ傾向が見られた。リーダー層は、チェルノブイリ原発事故・反原発運動53・3%、阪神・淡路大地震44・9%の順で影響を受けていた。

「新しいつながり」に大きく依存していた震災後結成団体のリーダー層も、震災前結成団体ほどではないが、戦後の社会運動や出来事から刺激を受けており、共通していた。見方を変えると、震災後結成団体は、戦後の社会運動の経験を新しい参加者や若い世代へ継承する「潜在的な接続」の役割を果たすのではないか。

リーダー層の職業

表4・5に、先に見た「基盤活用型」(「活動延長型」「領域移動型」「組織再編型」)と「新規結成型」別に、297団体のリーダー層の職業分布を示した。

「基盤活用型」は、「NPO・団体の有給職」がもっとも高かった(33・8%、77名)。震災前から蓄積されてきた活動・運動の経験が震災後に活かされ、運営のノウハウをもつリーダー層によって支えられていたといえよう。「年金生活・定年退職」も含まれており(17・1%、39名)、太平洋戦争、一九六〇年代安保闘争、ベトナム反戦運動などを実体験として記憶する世代が一定数を占めていた。一

表4.5　団体結成型とリーダー層の職業分布

おもな職業 n=297	基盤活用型 228	新規結成型 69
	%	%
NPO・団体の有給職	33.8	4.3
専門職	13.6	29.0
管理	7.9	5.8
事務	5.7	7.2
営業販売	3.1	2.9
生産工程	0.4	0
サービス	3.5	5.8
公務	2.6	7.2
農業・漁業	4.4	5.8
家事	3.1	14.5
学生	0.4	2.9
年金生活・定年退職	17.1	7.2
その他	4.4	7.2
合計	100.0	100.0

方、「新規結成型」では3割が「専門職」（20名）、主婦を含む「家事」が1割強（10名）であり、専門家・女性リーダーの存在がうかがわれる。

このように「基盤活用型」と「新規結成型」で異なるリーダー層が共存していたことがわかった。

結成時期によるメンバーの特徴

本節の最後に、結成時期（震災前後）別に団体メンバーの特徴を見てみよう。表4・6に、268団体のメンバーの年齢層や性別構成をまとめた（問26）。

表4.6　結成時期（震災前後）とメンバーの属性（年齢・性別）

メンバーの属性	全体	震災前結成	震災後結成
n	268	176	92
最も多い年齢層	%	%	%
20代以下	3.0	3.4	2.2
30代	11.9	6.8	21.7
40代	19.8	16.5	26.1
50代	31.7	34.1	27.2
60代以上	33.6	39.1	22.8
性別　*n*	308	203	105
女性がほとんど	11.0	11.3	10.5
女性が多い	26.6	22.2	35.2
男女ほぼ同数	25.6	23.2	30.5
男性が多い	25.6	31.0	15.2
男性がほとんど	11.0	12.3	8.6

もっとも多い年齢層は、震災前結成団体では60代以上、次に50代であった。これに対し、震災後結成団体では30～60代以上の間で特定の世代に集中することなく、幅広い年齢層に分布していた。第二章で見たように、震災後結成団体に若い世代が多く参加していた理由は、団体の活動課題が身近な安全・健康リスクに関わっていたことによる。また、放射能の危険から子どもを守ろうとする親世代がおもに30～40代であることも、影響を及ぼしている。

次に性別を見ると、震災前結成団体、震災後結成団体の順に、「男性が多い」「男性がほとんど」は43・3％、23・8％であった。「女性が多い」「女性がほとんど」は33・5％、45・7％であり、震災後結成団体では「男女ほぼ同数」も合わせると8割に上る。

震災後結成団体の多くが女性メンバーを担い手として身近な安全や健康リスクに取り組んだと考えられる。震災後の市民活動が核・平和といった政治問題のみならず、放射能の危険から自分と家族を守る生活レベルまで広がったことがうかがわれる。

4 「未知」と「経験知」が生み出す力

本章は、震災後盛り上がった市民活動・脱原発運動がどのようにして可能になったのかを、団体結成と活動の担い手に焦点を合わせて見てきた。団体結成過程に基づく4つの型や創設メンバーの人的基盤、結成時期別のリーダー層やメンバーの特徴を通して明らかになったのは、「不安」と「共感」という感情と、運営のノウハウなど「経験知」のもつ潜在力が新しい活動の担い手を生み出す原動力になったことである。

こうした活動・運動は、将来起こるかもしれない原発事故のリスクに対する「不安」や、被災者・被災地が直面した悲劇を他人事ではなく「自分の事」と認識する「共感」の力に支えられて広がりをもつことができた。しかし、それだけでは十分ではない。

震災後に広がった市民活動のなかには、災害が引き起こした「非日常」を生きる人びとの不安、不満の感覚を一時的なものにせず、何らかの実践につなげることによってもう一度「日常」を取り戻そうとする試みが存在した。震災後の市民活動・脱原発運動は「非日常」から生まれた日本社会全体への疑問が「日常」のなかで共有されることで、一回性のイベントではなく実践として持続してきたのではないか。それが可能になったのは、チェルノブイリ原発事故や阪神・淡路大震災などの影響の下でさまざまな団体が活動の「経験知」を活かし、共有された感情を身近な人びとのつながりを介して繰り返し確認するプロセスがあったためであった。

また、震災前後の団体結成時期、多様な団体結成過程の型によってリーダー層やメンバーの特徴に違いが見られ、震災後の活動の広がりと多様性を説明する重要な手がかりであることがわかった。

すでに述べたように、「経験知」の異なる活動の担い手が、他団体と連携し「未知」の活動を持続していくことは簡単ではない。団体結成時期によって多様な活動の担い手が形成されたことと、震災から時間を経た後も活動が持続することは、どのような関連をもつのだろうか。続く章では、市民活動団体が組織を進化させ、活動を持続するプロセスを見ていく。

第五章　市民活動団体の組織進化論

——団体組織化の5段階

佐藤　圭一

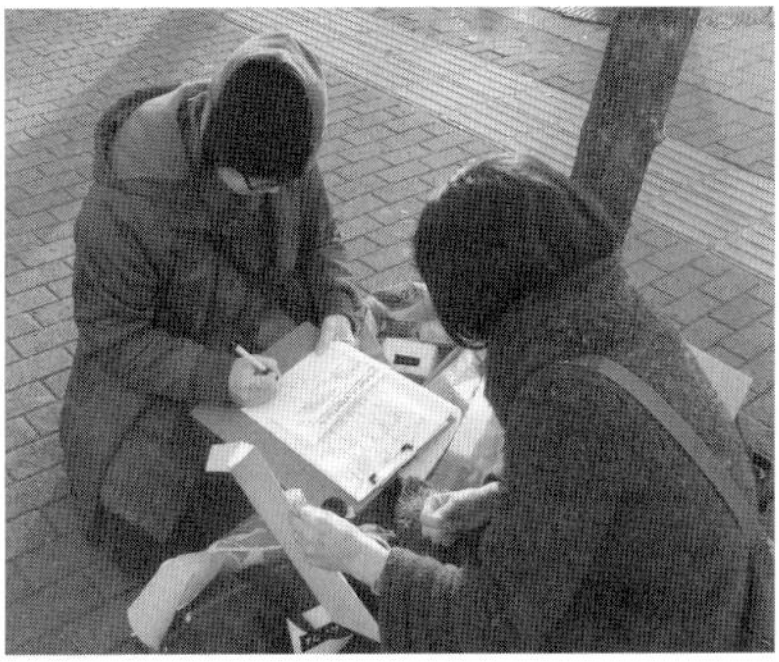

写真5.0.1　「原発都民投票」直接請求運動
（東京都調布市仙川駅前 2012.1 月頃　原発のない暮らし@ちょうふ提供）
街頭で署名を集める。署名活動終了後に新しい団体が起ち上った

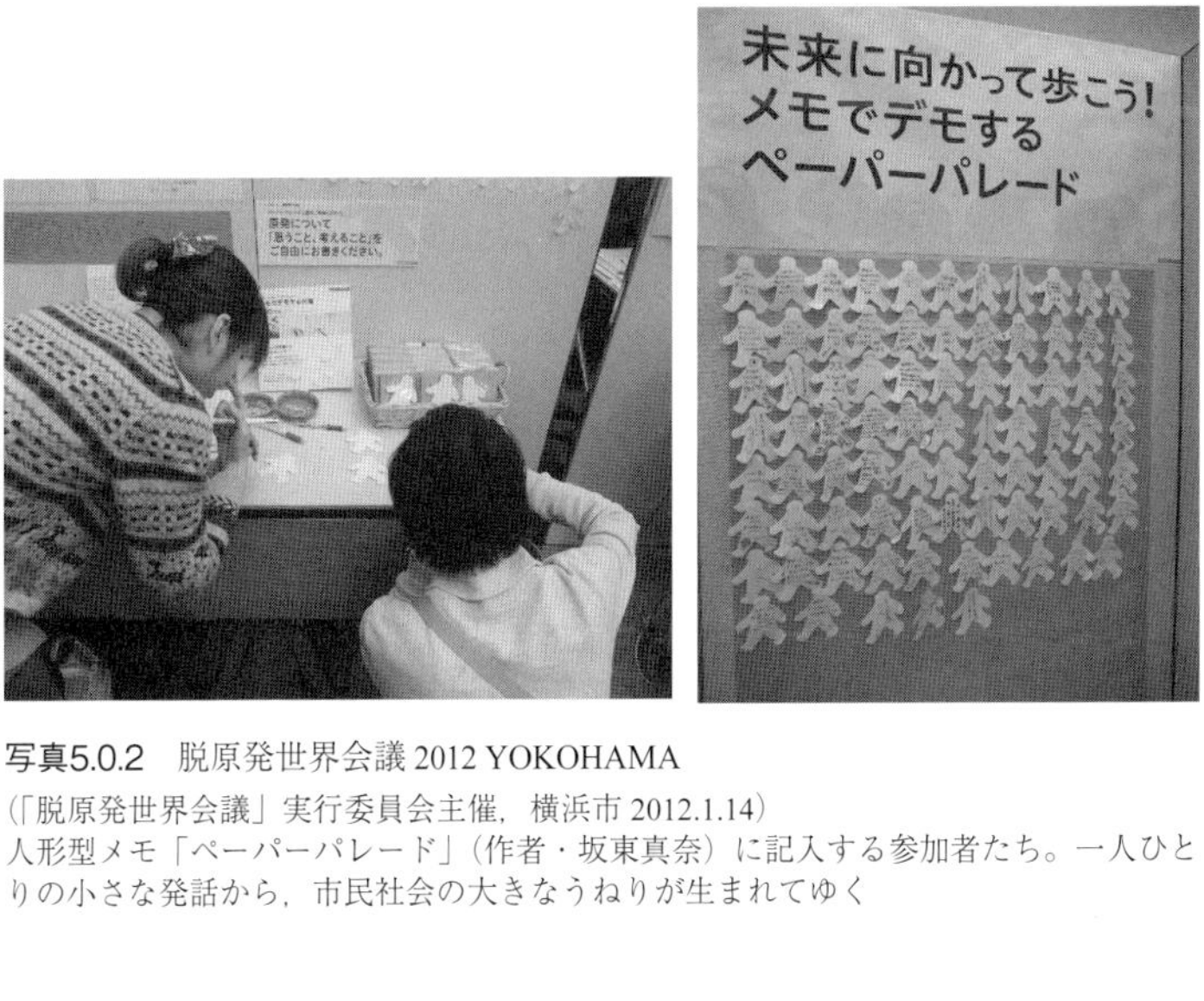

写真5.0.2　脱原発世界会議 2012 YOKOHAMA
（「脱原発世界会議」実行委員会主催，横浜市 2012.1.14）
人形型メモ「ペーパーパレード」（作者・坂東真奈）に記入する参加者たち。一人ひとりの小さな発話から，市民社会の大きなうねりが生まれてゆく

1　団体が生まれる

「普通の専業主婦」が起ち上がる

東京都調布市に住む50代の女性Cさんが原発に関係する市民活動に関わるようになったのは、二〇一一年一一月頃からだ。当時東京都では、原発再稼働を住民投票によって決める条例の制定を求める市民によって直接請求の準備が進められていた。Cさんは初めて開かれた準備会合に参加。署名を集める「受任者」になった。一ヵ月の準備期間を経て、一二月から二ヵ月間、署名を求めて連日街頭に立った（写真5・0）。当時を振り返ってCさんは「自分が、人生でこんなことをするなんて思ってもみなかった」と語る。「普通の専業主婦だった」という彼女は、これまで政治に大きな関心をもってきたわけではなかったと言う。

「それまでは社会活動を思ってもいなくて、PTAすらもやったことがなかった。ただ一〇年くらい前に偶然見たBBCの原発ジプシー〔下請け労働者〕のドキュメンタリーは、なぜかすごく残っていた。でもその時は何もしなかった。でも3・11が起こった時に、ああ、これはまずいなって」

直接請求運動は必要な署名数を集めたものの都議会で否決され、住民投票の実施には至らなかった（コラム原発都民投票）。その後、Cさんは運動を通じて知り合った仲間とともに新たな団体「原発のない暮らし@ちょうふ」を起ち上げた。メーリングリストで情報交換、ブログや瓦版の発行、勉強会「ここカフェ」の定期的な開催、自治体選挙立候補者へのアンケートと回答の公開配布、年一回の総会と講演会などの活動を継続している。毎月一一日地元駅前で市内の他団体と脱原発を訴える共同行動を行い、数十人が参加している。今後は省エネ政策など、行政と協力を進めながら、震災後の問題解決にも力を入れていきたいという（2014.6.13インタビュー）。

市民共同発電所が生むつながり

震災後、太陽光発電など再生可能エネルギーへの関心が高まったが、資金不足や賃貸住宅などでソーラーパネルを設置できない市民も多い。このような人たちが集い、少額ずつ出資して、工場、学校、施設などの屋根に共同でパネルを設置して運営するしくみが、市民共同発電所である。「こだいらソーラー」は、東京都小平市で市民共同発電を行うNPO法人である。以前から環境問題に取り組んでいた市民が震災直後から会合を重ね、二〇一三年二月に法人格を取得した。本調査の実施後、こだいらソーラーや原発ゼロ市民共同かわさき発電所（コラム参照）など首都圏を中心に市民共同発電団体のネットワーク化が急速に進み、二〇一四年二月に「市民電力連絡会」が、五月に全国規模のネットワーク組織「全国ご当地エネルギー協会」が設立された。情報やノウハウを共有し、新たな市民発電所づくりを促進する相互作用が見られる。

団体組織化の5段階

以上のような市民活動を念頭において、市民活動団体の結成から団体間の共同行動までの組織化を5段階に整理してみよう（表5・1）。ここでは市民活動が生起する場をとらえるために、個々の団体の結成に始まり、他団体と関係を築きながら社会全体へ向けた活動を展開する過程を視野におく。また法人格の取得はオプションの一つにすぎず、団体結成を柔軟にとらえることが肝要だ。

本章では、段階に従って震災後の市民活動を考察するために、第四章で述べた「新規結成型団体」(震災後個人が新たに集まった70団体(問6))を対象とする。ただしすべての団体がこの段階通りに発展するわけではない。原発事故という同じ契機を共有しつつ、多様な経路がありうる。新しい団体はどのように他団体と関係を結び発展するのか、団体が生まれる社会的なインパクトとは、そして活動はいかなる基盤のもとに維持され、縮小し、活動を終えるのか。「組織進化論」(オルドリッチ 2007)の視点に倣って見ていく。

表5.1　団体組織化の5段階

第1段階	団体を結成する
第2段階	団体の活動を行う
第3段階	団体の形を整える
第4段階	団体間で情報を共有する
第5段階	団体間で共同活動を行う

2　団体組織化の5段階

第1段階：団体を結成する

名前を付ける　人びとのつながりは交換によって生まれる。震災後交換されたのは原発事故の情報と、それに伴う感情だった(第四章)。都市部であっても「政治的」と見なされがちな原発・エネルギー問題は自由に話すことができない。「自由に情報交換できる場所が必要だった」という声が非常に多く聞かれた。団体というより「ゆるいつながり」と呼ぶのが適切な集まりやメンバーのメーリングリストやSNSで情報を共有するのみの例もある。その場合もつながりには何らかの「名前」を与える必要がある。

写真5.1　原発いらないコドモデモ Facebook「2012年冬，京都で小さな子どもたちを育てる家族が集まって，小さなデモを始めました。すべての人のために，原発のない社会を作るために，一緒に声を上げましょう！」（同ページ）

写真5.2　「くにたちで“市民エネルギー”をつくろう！」
（エネシフくにたち主催，東京都国立市 2012.11.12 永山聡子撮影）講演会の後，小グループで将来のエネルギーを話し合う

「名前」は両義的な意味をもつ。名づけられることで個々人の曖昧な「感情」は、その集まりで交換してよい「正当性」と確かな輪郭が与えられる。他方で、正当化されない感情は表立って交換されなくなる。団体の名前によって、そこで何を話してよいかが決まるため、多くの集まりは名前にこだわる。組織理論でいう「存在領域と活動範囲を定めるドメイン形成」は、市民団体ではこの名づけ作業と同時並行して定められる。

「個人」か「団体」か　名前のある団体は、別の機能も持つ。京都市のある主婦は、当初子どもの父母を中心とした脱原発デモを個人主催のイベントとしたが、のちに自分から切り離して、「原発いらないコドモデモ」という名前を付けた団体のFacebookを新しく起ち上げたという（2014.10.14インタビュー、写真5・1）。名づけられることによって「団体」が社会的に誕生する。たとえメンバーが一人でも、複数の人びとが介在する可能性がある点で「個人」とは異なる。名前のついた集まりは、市民活動団体の原初形態である。

表5.2　「新規結成型」団体主催イベントの最多参加者数の変化
（2011〜12 年度，時期別）

n＝70	1〜9人	10〜49人	50〜99人	100〜299人	300〜999人	1,000〜4,999人	5,000人以上	開催なし*	無回答
	%	%	%	%	%	%	%	%	%
2011年度前半	0.0	8.6	5.7	18.6	20.0	5.7	1.4	37.1	2.9
2011年度後半	0.0	12.9	14.3	25.7	11.4	12.9	2.9	15.7	4.3
2012年度	1.4	17.1	20.0	30.0	7.1	11.4	0.0	10.0	2.9

（注）2011 年度前半は 2011.3.11 〜 2011.9.30，2011 年度後半は 2011.10.1〜2012.3.31，2012 年度は 2012.4.1〜調査回答時点（2013.2 〜 3 月）。＊は「開催していない」と「団体が存在していない」をまとめた

第2段階：団体の活動を行う

つながりの創出　ちょうど地域に新しくお店ができたように，市民活動団体には新しい人びとが集まってくる。本調査の「新規結成型」70団体のメンバー数はかなり差があり，最小3人から最大5500人，平均317人，中央値70人であった（問26）。団体全体のつながりの効果はかなり大きい。「新規結成型」メンバー数をすべて足し上げると，のべ2万1596人になる。

イベント開催によるつながり　団体は勉強会など内部向けから，講演会，上映会，デモなど外部へ向けたイベント・行事を開催する。「新規結成型」70団体が二〇一一年度前半，後半，二〇一二年度に主催・共催したイベント・行事の最多参加者数（概数）の変化を示した（問16，表5・2）。

二〇一一年度前半は3分の1以上の団体が「開催していない・団体が存在していない」であったが，一一年度後半は4分の1近い団体が300〜5千人であった。この時期がイベント・行事のピークであり，震災後の市民活動の盛り上がりを見てとれる。一二年度は参加人数が減少し300人以下が，6割以上になった。

「新規結成型」団体が開催したイベントの最多参加者数の平均値（1000

表5.3 「新規結成型」団体の組織形態

組織形態 $n=70$	型	%
1. 幅広い関心をもつ個人・団体が，特定の課題を定めず，ゆるやかにつながる集まり	ネットワーク型	11.4
2. 特定の課題を達成するため，個人・団体が情報共有や連絡調整を目的としてつくる集まり	連絡会型	45.7
3. 情報共有や連絡調整だけでなく，一回限りのイベントやプロジェクトを遂行するための集まり	実行委員会型	8.6
4. 一回限りではなく，継続的にイベントやプロジェクトを遂行するための集まり	活動継続型	34.3

〜299人ならば200人、5000人以上は5000人）を推定参加者数とすると、70団体の参加者ののべ人数は、二〇一一年度前半は平均約650人（のべ約3万人）、同後半は平均約800人（のべ約4万5千人）、二〇一二年度は平均約500人（のべ3万人）となった。新規結成型70団体だけで、少なくとも3〜4万人がこの期間に原発・エネルギー問題のイベントに参加したことになり、効果の大きさがうかがわれる（写真5・2）。

第3段階：団体の形を整える

活動の持続性と組織形態 団体結成は新しいつながりを爆発的に生み出すが、「新規結成型」70団体の活動の持続性（一回限りか、定期化か）と組織形態（情報共有のみか、特定の課題・行事の遂行か）を見ると（問24）、特定の課題をもつ「連絡会型」がもっとも多く（45・7％）、持続度が高い「継続活動型」は3分の1程度にとどまった。ゆるやかにつながる「ネットワーク型」は1割と少ない（表5・3、3節で後述）。

活動の定期化 活動を持続するポイントの一つは、定期化もしくは反復可能な活動の発見である。新規結成団体の多くが、一度イベントを開催した後、分岐点を迎える。本調査の準備作業で調査票の郵送先を調べるため、約1600団体のウェブサイトを閲覧したが、活動記録を見る限りイベントを

1回開催しただけで実質的に活動を終えた団体が数多く見られた。多くの市民活動団体は商品販売のような事業活動を行わないため、柔軟性がある反面、持続には何らかの創造力が必要とされる。

二〇一一年九月から「金曜官邸前デモ」を主宰する首都圏反原発連合は、毎週金曜日の夜に首相官邸前・国会議事堂周辺で抗議行動を開催することで継続的な活動を実現し、数十万人規模にまで拡大させた。毎週もしくは毎月1回などの定期開催の手法は、日本各地、さらには台湾にも広がっている。二〇一一年六月から東京都国立市で原発を問うデモを開催した「原発どうする！　たまウォーク」では、デモを隣接地域の持ち回り制とすることで活動を継続した。

団体内部で持続する活動は、定期的な勉強会の開催であろう。勉強会は小規模サークル活動の基本であり、日本での歴史的な展開は天野正子（2005）に詳しい。市民活動団体のメンバーは原発・エネルギー問題にかなりの知識を持つことが多く、情報交換や外部の講師招待など、実質的な生涯教育活動の役割も果たしている。

他方で、勉強会やシンポジウムで得た知識をもとに何らかの社会への働きかけを行わない限り、活動の効果は団体内部にとどまる。本調査全体では6つに1つの団体（17・4％）が「勉強会・シンポジウムの開催」のみであった（問9）。なお「新規結成団体」ではこの傾向はやや低い（13・0％）。

運営コスト　市民活動を持続するもう一つのポイントは、運営コストである。定期的なイベント開催には年間予算（活動経費）、企画・運営の合意形成には時間や手続きが必要である。

これとは対照的に、運営コストや合意形成を最小化して、メンバーのメーリングリストやFacebook, Twitter等で情報の共有にとどめる例もある。ただし、ここでも情報の範囲についての合意は必要となる。

たとえば、原発事故を契機に始まったメーリングリストで、選挙や秘密保護法に関する投稿はどこまで許されるのか。多くの課題に関心を広げるほど、メンバーの中で異なる意見が生じうる。原発シングルイシューの限定は、多様な人びとが集まる場を持続するためのひとつの工夫である。

法人格　団体がどのような法人格を有するかも、活動の持続性に影響を与える。調査時点では「新規結成団体」は88・6％が任意団体であり、ほとんどが法人格を取得していなかった（第二章表2・1）。

任意団体は、活動の柔軟性の確保、収支報告書の作成など事務作業の負担軽減、団体情報の公開回避などのメリットがある。任意団体のメリットを利用するのは、市民活動以外ではたとえば電力会社の業界団体である電気事業連合会がある。一方、法人格、すなわち公式組織性を備えた団体は、生活防衛的な運動から日常的な常設組織に変化し、活動が継続しやすい（長谷川 2003b: 56–58）。また、団体の銀行口座の開設や資産形成が可能となるほか、行政や企業との協働も容易になるメリットがある。

運営体制　誰がどのように運営するかも、市民活動の持続性に関わる。「新規結成型」70団体のうち61団体（87・1％）が運営スタッフをもち（問25⑴）大規模イベント開催が十分可能なスタッフがいる団体もあった。およそ10人の団体が多かった（平均13・1人、中央値9人）。

他方で綿密な意見交換や集中作業のできる凝集性の高い集団は、6～8人程度といわれるが（城戸 2008: 89）、市民活動にも当てはまる。企業組織とは異なり自発的な集まりでは、メンバーには運営参加の機会が開かれる。運営に参加できること自体が、活動持続への大きな動機づけとなる。ただし、企業組織のように指揮・命令系統を強制できないため、多くのメンバーが実質的な運営に関わるほど、調整コストがかかるジレンマがある。

表5.4 「新規結成型」団体リーダー層と他団体のつながり

n=70	1	2〜3	4〜9	10〜19	20以上	特にない	無回答
	%	%	%	%	%	%	%
会の運営に関わった団体数	27.1	31.4	12.9	1.4	1.4	22.9	2.9
メンバーになった団体数	17.1	24.3	30.0	1.4	0.0	24.3	2.9
震災や事故が起こった場合いま連絡をとれる団体数	2.9	21.4	37.1	11.4	14.3	10.0	2.9

また、極力階層を設けずフラットな分業体制をとる組織では、環境変化に柔軟に対応できる利点がある反面、メンバーの意見調整がより難しくなる（田尾・吉田 2009: 87）。つまり、水平的な組織基盤をもつ団体では合意形成に時間がかかり、活動が長期化するほど外部の環境も変化し、メンバーの考え方の違いも際立ってくる。メンバー間の対立が深まると、団体の分裂や解散もありうる。

これとは対照的に代表者一人の運営では、代表者が活動を続ける限り団体を存続できる。歴史の長い反原発団体にこうした例を見いだせるが、役割分担ができないため、活動は小規模にとどまりがちである。「新規結成型」では8割が「事実上、一人で運営」ではなかった（問31④の3と4）。

第4段階：団体間で情報を共有する

他団体とのつながりの創出　市民活動団体は他団体と関わりを持つようになる。「新規結成型」70団体の85・7％が「他の団体・組織と連携したことがあった」と回答した（問14）。ただ、多くの団体は「連絡会型」を除いて関連団体を公式には持たないことが多いため、団体間の関係の実態はとらえにくい。

実際の団体間の関係は、ゆるやかな場合が多い。日常生活や何らかの機会に異なる団体のメンバーが情報を共有することが団体間の実質的な関係となる。リーダー層と他団体との関わりを尋ねると（問41、表5・4）、個人的関係を含む他団体とのつながりの一端が見られた。実際にはリーダー以外のメンバーも他団体とのつながりを持つ。リーダー層が「震災や事故が起こった場合いま連絡をとれる団体数」（問41③）は「4～9団体」がもっとも多く、「メンバーになった団体数」（問41②）も「4～9団体」であった。両者の最頻値がほぼ同じであったことは、団体のリーダー層は複数の団体メンバーを兼ね、いわばコミュニティを形成しており、他団体のメンバーになることで、その団体と「連絡がとれる」関係を維持していると思われる。

団体リーダー層のメンバーシップによって形成されるコミュニティは、一つの山のような塊になっているか、小島のように分散しているか、本調査からはわからないが、かなりコミュニケーション密度が高いと考えられる。「新規結成型」は急速に他団体とネットワークを形成したといえよう。

「会の運営に関わった団体数」（問41①）は「2～3団体」がもっとも多かった。なぜリーダー層はより負担のかかる複数団体の運営をかけもちするのか。第一に、彼ら／彼女らの運営経験が必要とされた。団体運営には多くのノウハウが求められる。報酬による動機づけがない独特の経営環境のなかで、メンバーが納得のいく分業体制をどのように見いだすのか。行政とどのような関係を築くのか。暴力的あるいは極端な思想を持つ個人や組織の介入や妨害をどう防ぐのか。これらの運営技術を身につけたメンバーが、団体に後から参加することはまれであろう。中小団体では企画、広報、会計すべてを創設メンバーである代表者がこなし、負担はかなり重い。結果として団体内部で運営経験者が育たず、一部の熟練者が運営をかけもちせざるをえなくなる。

第二は、機能の異なる別団体を結成する必要があった。状況が変化すると、別の団体を起ち上げる必要が生じる。たとえば「eシフト」は震災後、原発・エネルギー問題に関わる市民団体の情報共有や連絡調整を目的として結成されたが、政党政治と距離をとるために選挙との関わりは避けてきた。だが、自民党が選挙で勝利を重ね、脱原発を掲げる政党が分散するなかで、脱原発の民意を政党政治に反映させるために、一部メンバーはeシフトと連携を図りつつ、別に政治団体「緑茶会」を起ち上げた（2013.8.20インタビュー）。緑茶会は、各選挙区の候補者を脱原発の観点から評価し、推薦する候補への投票を呼びかけている。

第5段階：団体間で共同活動を行う

連携を阻む壁　震災後多くの団体が生まれたが、他団体との連携は情報共有にとどまり、共同活動はあまり多くない。巻末にある研究文献やフィールドワークから、その理由を以下の3点にまとめる。

第一は、支持政党の違いである。とくに共産党、社民党（旧社会党）の支持層は運動の志向性が異なる。共産党支持層の方が党のまとまりを重視する。また、両党の歴史的な対立の経験を重視する人びともいる。ただ、若い層ほど両党支持層の間で抵抗感はなくなっているように思われる(1)。

第二に、組織上の限界が団体の連携を妨げる。日本の市民活動団体は、地域限定・小規模・資金力の小さい団体が多く、広く連携するインセンティブが働かない。これはNPO法制定まで市民活動団体は法人格を取得できなかったこと、地域政治で市民参加の機会があること、市民セクターの雇用が限られてきたことによる（Kawato, Pekkanen and Tsujinaka 2012: 79–80）。またカワト・ユウコらは、専門知と資金力のある国際団体に活動の主導権を取られることを恐れて、連携を断るNGOが3・11以後にあったことを報告している（Kawato et al. 2012: 89–90）。また、筆者の経験では、アメリカの団体の方が連携して多数派を形成する傾向があるが、日本の団体は運動の内部結束力を重視する傾向がある(2)。

第三に、組織には結成以来の組織文化の違いがあり、連携の障壁となることがある。日本の反・脱原発運動は、チェルノブイリ事故以前と以後で運動の流れが変化した（第三章、Hasegawa 2011: 71–72）。3・11以後の社会運動は、健康リスクなどチェルノブイリ後の流れをくむ市民活動が全国に広がり、定年退職者を中心とした高年齢層が本格的に原発・エネルギー問題に関わる活動に参入した。彼らは長く市場セクターで働いてきたため、原発維持の非倫理性よりも、経済合理性や政策実現性を重視する傾向がある。

組織文化の違い　次の例は、震災前から原発建設に反対してきたグループが、震災後に放射能から子どもを守る活動をするグループについて述べたものだ。

「こんな小さい日本、次事故が起きたらおしまいなのになぜそうは思わないのか、今ある事態のなかで必死に子どもを守ろうとしてるんだけど、そんなことしたって守り切れるものじゃないから、根本的なところ〔リスクをもたらす原因である大飯原発の再稼働〕に目を向けない限りダメじゃないのと思います。自分でわかってもらわない限りどうしようもないので、そんな説教がましいことは言いませんし、一生懸命やればいいと思いますので、否定はしませんし、交流はしていますけど……」（大阪市の市民活動団体Aのメンバー 2012.9.22 インタビュー）。

他方で、震災後に本格的に参入した若い世代は、それまでの脱原発運動が、あまりに偏狭ではないかと感じる。緑の党の共同代表である長谷川羽衣子は、次のように指摘する。

「……資金が少ないなか、日本で長く運動をやってきた人びとは、相当な信念をもってやってきた。知識も信念も「職人」たちだ。そしてだからこそ、「譲れない線」がすごくある。けれども、団体同士の協力には「妥協」がつきもので、それは本当は「創造的な」ものなのだけれど……」(2014.10.14 インタビュー)

連携を阻む壁は市民活動団体の間だけではない。多くの新しいメンバーが企業で働きながら個人として市民活動団体に関わるようになった一方で、団体運営の中心には経済に詳しい人が多くない。

「……経済をうまく使いこなすエコロジストでない限り、実効性を得ない。特に政治はそうです。経済界の人と一緒にやっていかなくてはいけない。彼らは敵ではないと私は何べんも言っています。けれどもすぐ大企業批判をしだす。批判するところはもちろんしたらいいとは思うのですが(……)。経済に詳しい人びとがNGOセクターにあまりこない……」(同上)

国レベルの政策変化につながらない限り、連携のインセンティブは働きにくい。そうしたなかで、運動団体が短期的な戦略として震災後に用いた知恵とは、逆説的だが「強く結びつきすぎない」ことだった。

「……別にかならず一緒にしなければいけないという問題ではないと思います。その時共鳴することができれば一緒にやればいい。今までで言えば、反原発だけれども別々にやってきた団体があるが3・11以降、ノンセクターなので私が呼びかけたことによって、どこも来やすかったことがあります。それで短期

9.19「さようなら原発集会」に約6万人が参加

2011年09月19日

9月19日、東京・明治公園を会場に「さようなら原発5万人集会」が開催され、約6万人の人々が参加しました。集会には、呼びかけ人から内橋克人さん、大江健三郎さん、落合恵子さん、鎌田慧さん、澤地久枝さんが参加し、俳優の山本太郎さん、ドイツの環境団体FoEドイツ代表のフーベルト・ヴァイガーさん、「ハイロアクション福島原発40年実行委員会」の武藤類子さんが発言し、脱原発を訴えました。集会後は、3コースに分かれてデモ行進に出発しました。1時間程度の集会でしたが、すべての隊列が出発するまでに2時間以上かかるほど大きなデモとなりました。

図5.1　「9.19 さようなら原発集会」(2011.9.19)
(出典) 原水禁ニュース「9.19「さようなら原発集会」に約6万人が参加」

間で2千人も集めたと思うし。みんなで協力して大きくやりましょうということもいいし、それぞれが大事だと思うことをやることもいい。無理に手をつないでいく必要はない」（大阪の市民活動団体Bのメンバー 2012.9.22 インタビュー）

連携が生み出す変化　その一方で、震災後、いくつかのイベントにおいて団体が連携して大きなムーヴメントを起こし、政治過程に影響を与えたことは重要である。

第一の例は、「6・11脱原発100万人アクション」である。みどりの未来（当時）のメンバーが東京都内でデモを主催していた素人の乱、原水爆禁止日本国民会議（原水禁）などに声をかけ、それを契機に実行委員会が設立された（園 2011: 104-128）。同実行委員会は、脱原発をめざす各団体に同日デモ開催を呼びかけ、一連の「アクション」とすることで、脱原発運動を可視化させた。福島第一原発事故直後から、各地でデモや抗議行動が噴出したが、メディアにあまり報道されなかった。ところが6・11に初めて国内・国外の団体が同時デモを開催し、メディアが一斉に報道する契機となった（Satoh 2012a）。

写真5.3　ゼロノミクマ
（脱原発ゆるキャラ）
eシフト「原発ゼロノミクス」のキャラクター。脱原発・自然エネルギーなどのイベントに出演し，人気を集めている

同年9・11〜9・19には、原水禁を母体として大江健三郎ら著名人が呼びかけ人となった「『さようなら原発』1000万人署名市民の会」などが脱原発アクション・ウィークを主催し、再び全国的に報道された（図5・1）。

第二の例は、前述の「eシフト」（写真5・3）によるパブリックコメント（国民の意見募集、以下パブコメ）への呼びかけである。民主党政権下の二〇一二年夏、政府は原発事故を踏まえた新しいエネルギー基本計画を検討していた。「国民的議論」を経て決定するとして、国家戦略室に「エネルギー・環境会議」をおき、パブコメを実施した。その検討材料として、二〇三〇年の原子力発電を(1)ゼロシナリオ、(2)15%シナリオ、(3)20〜25%シナリオ、とする3つの選択肢が提示された。当時、政府は世論を(2)に誘導しようとしていると指摘されていた。

危機感を持った「eシフト」は、独自のガイドブックをウェブサイトに掲載し、政府の示したゼロシナリオは重い経済的負担や厳しい省エネ規制を強調しすぎているとデータをもとに反論し、ゼロシナリオを求めるパブコメ提出を呼びかけた[3]。このガイドブックは繰り返し閲覧された。一二年七月二日〜八月一二日のパブコメには8万9124件もの意見が寄せられ、集計された約7千件のうち、ゼロシナリオを求める声が87%を占めた（朝日新聞特別報道部 2013: 165）。同年九月、政府の「エネルギー・環境会議」は、パブコメのほかに意見聴取会、討論型世論調査の結果も踏まえ、「二〇三〇年代中に原発ゼロ」を掲げた「革新的エネルギー・環境戦略」を決定した。これに対して原発立地自治体や経済界から猛反発が寄せられ、原文の閣議決定は見送られたが、実質的に民主党政権の原発ゼロ政策路線が方向づけられた(4)。

3　活動を持続する基盤

多数の団体が二〇一二年度に活動後退

ここまで、震災以後の団体結成から組織化の進行までの発展過程を「新規結成型」70団体に絞って考察を進めてきた。わずか70ながら社会に与えたインパクトはきわめて大きい。だが、活発化した活動を持続するのは難しい。企業組織は、通常五年以内に8割の団体が消滅するという(松山 2010: 12)。

回答団体全体と「新規結成型」別に二〇一一年度後半〜一二年度の参加人数と広報活動の変化を示した(問15、問16、問17から算出、表5・5のA列)。表5・2で見たように一一年度後半がもっとも参加人数が多く、その後減少か、変化なしがほとんどである。「ミニコミ・チラシの発行頻度」を除く「新規結成型」の減少が大きく、全体として活動が後退期に入ったことが示されている。

活動を持続する団体(重回帰分析)

では、どのような団体が活動を持続しているのか。「新規結成型」70団体を対象として、各団体の参加人数と広報活動を主成分得点によって指標化して従属変数とし、活動を支える各変数を独立変数に投入して、重回帰分析を行った(モデルⅠ)。さらに活動課題や活動内容を統制変数に組み込んだモデルで同様の分析を行った(モデルⅡ)。

表5.5 「新規結成型」団体参加者数と広報活動の変化
（2011 年度後半～12 年度，全体・新規結成型団体）

			A 2011年度後半～2012年度の変化			B 主成分分析結果a
			減少	変化なし	増加	I
		n	%	%	%	
全体	定期会合の平均参加人数	271	14.8	80.8	4.4	—
全体	イベントの最多参加人数	282	21.6	63.5	14.9	—
全体	Web・SNSの発信・更新頻度	277	10.8	84.5	4.7	—
全体	ミニコミ・チラシの発行頻度	284	4.6	90.5	4.9	—
新規結成型団体	定期会合の平均参加人数	56	35.7	58.9	5.4	0.68
新規結成型団体	イベントの最多参加人数	59	33.9	49.2	16.9	0.79
新規結成型団体	Web・SNSの発信・更新頻度	57	22.8	73.7	3.5	0.70
新規結成型団体	ミニコミ・チラシの発行頻度	60	8.3	81.7	10.0	0.57
					固有値	1.89
					累積説明率（%）	47.2

（注）主成分分析の係数の算出では，欠損値の推定に Rパッケージ mice 2.22（van Buuren and Groothuis-Oudshoorn 2011）による多重代入法（m＝10）を用いた

表5.6 「新規結成型」団体の活動の持続性（重回帰分析）

		I		II	
		β	sd	β	sd
	切片	-0.72 †	(0.38)	-0.78 †	(0.43)
組織形態	実行委員会型（ダミー）	ref.		ref.	
組織形態	ネットワーク型（ダミー）	0.44	(0.51)	0.59	(0.57)
組織形態	連絡会型（ダミー）	0.66	(0.42)	0.74	(0.48)
組織形態	活動継続型（ダミー）	1.07 *	(0.42)	1.08 *	(0.48)
組織資源	運営スタッフ数（log）	-0.02	(0.13)	-0.01	(0.14)
組織資源	メンバー数（log）	-0.15	(0.13)	-0.09	(0.16)
組織資源	年間予算（8階級）	0.04	(0.15)	0.11	(0.17)
組織状況	「メンバーの入れ替わりが大きい」	-0.32 *	(0.12)	-0.25 †	(0.13)
組織状況	「不特定多数への参加呼びかけより現在のメンバー参加を重視する」	0.24 *	(0.12)	0.30 *	(0.13)
活動課題群スコア	原発反対			0.30 †	(0.17)
活動課題群スコア	エネルギーシフト			-0.16	(0.13)
活動課題群スコア	被災者・被災地支援			-0.10	(0.14)
活動課題群スコア	健康リスク			0.12	(0.15)
活動課題群スコア	原発被害対応			-0.03	(0.14)
活動内容群スコア	直接行動			0.21 †	(0.19)
活動内容群スコア	ロビー活動			-0.31	(0.16)
活動内容群スコア	調査・教育活動			-0.06	(0.20)
活動内容群スコア	支援活動			0.01	(0.14)
活動内容群スコア	事業活動			-0.10	(0.15)
	n	70		70	
	R^2	0.31		0.44	
	調整済みR^2	0.22		0.25	

（注）† $p<.10$，* $p<.05$，** $p<.01$（両側検定） 各ケースの欠損値の推計に表5.5と同じ多重代入法（m＝10）を用いた

まず各団体の「定期的な会合への参加人数」「イベント・行事への最多参加人数」「Ｗｅｂ・ＳＮＳでの広報活動」「ミニコミ・チラシでの広報活動」（問15〜17、６択と９択）の二〇一二年度の数値から一一年度後半の数値を引き、どの程度変化したのかを数値化する。次に、単位を揃えるためにこれを標準化した数値を対象に主成分分析を行い、合成指標を作成した（表５・５のＢ列）。統制変数の「活動課題」（問５）「活動内容」（問９）は、第二章のクラスター分析（図２・２）の結果を踏まえ、各活動課題群・活動内容群の回答項目を足し合わせた。たとえば、ある団体の活動課題を「原発事故の情報提供」と「反核・平和」とすると、その団体の活動課題群スコアは２点となる。独立変数は「組織形態」（問24）、「組織資源」（問25・問26・問29）、「組織状況」（問31）である(5)。

結果を表５・６に示した。βがプラスの方向に大きいほど、当該変数が活動持続にプラスに働き、マイナスの方向に大きいほど、活動持続を下げる効果を持つことを意味する。「組織形態」は「実行委員会型」を基準にすると、「活動継続型」がもっとも活動を持続しており、「ネットワーク型」や「連絡会型」も持続につながっている。逆に運営スタッフ数、メンバー数、年間予算（活動経費）といった組織資源は参加人数に有意な影響がない。適した組織形態をとれば、活動は持続できることが示唆される。

活動の持続にとって、現在のメンバーが参加し続けることができるかどうかも重要である。「組織状況」に示されるように、「メンバーの入れ替わりが大きい」は持続度を下げ、「不特定多数への参加呼びかけより現在のメンバー参加を重視する」方が持続しやすいようだ。

なお、統制変数を見ると、〈原発反対〉〈直接行動〉が活動を持続する一方、それ以外の活動課題群や活動内容群に取り組む団体の持続性は弱まったようだ。特に〈直接行動〉と〈ロビー活動〉の正負が逆であることから、声を上げ世論を喚起する活動は活発であるが、議会政治に直接働きかける活動は縮小している。

4　運動の後退期――団体の新たな分岐点

本章では、震災後に新たに個人が集まって結成された「新規結成型」70団体を対象に、結成から盛り上がりをへて縮小するまでのプロセスを5段階に分けて見てきた。新規結成団体に焦点をおいたが、同様のプロセスは他の団体類型に程度の差はありながら当てはまると筆者は考える。震災後、多くの団体が原発・エネルギー問題に関わるようになったが（第二章）、2節で見たように新規結成団体が増えると、それらのつながりを介して、運動のインパクトは指数関数的に大きくなる。

だが運動の拡大が続くわけではない。政治状況が変化し、運動が後退期に入ったときに、団体は新たな分かれ道を迎える。アメリカの女性運動団体を研究したヴェルタ・テイラーによれば、一九二〇年代の参政権獲得後の女性運動の停滞期において、いくつかの団体は細々と生き残り、それらが一九六〇年代の運動の再活性化を支えたという。運動停滞期に生き残った団体は拡大期における組織とは逆の特徴をもち、「乾眠状態」（Abeyance structure）(6)の形態をとった。新たなメンバーの受入れを制限する一方、献身的なメンバーを団体にとどめ、権限の集中する運営体制と強い組織文化を維持した（Taylor 1989）。表5・6は、テイラーの議論との親和性を示唆する。ただし一九九〇年代に日本の脱原発運動が閉塞状況を迎えたことを振り返るならば（第一章2節）、「乾眠状態」の選択はこの歴史を繰り返すリスクもはらむ。

もちろん、岐路を迎えた運動の後退期において、分裂、解散、事実上消失する団体もある。その終わり方は多様だ。メーリングリストやＳＮＳ、年に一度の懇親会など、個々人のつながりが何らかの形で残れば、何かのきっかけで再活性化がありうる。第四章では「昔の運動仲間」が新規結成団体の主要な人的基盤であったことを確認した。つながりが失われても、個々のメンバーの記憶は良くも悪くもとどまり続ける。結成時と同様、後退期もまた、個々の団体とメンバーに改めて運動の意味を刻印する。

注

（１）たとえば、杉並で行われたデモ後、30～40代の年齢層が中心の懇親会では、共産党・社民党いずれの支持者も分け隔てなく同じテーブルで冗談をまじえて語り合っていた（2012.2.19参与観察）。
（２）たとえば、気候変動政策の進展を求める環境ＮＧＯ 350.org の開催したワークショップでは、運動対象者を「賛同者」「消極的賛同者」「中立者」「消極的敵対者」「敵対者」に5区分し、「消極的賛同者」を「賛同者」に、「中立者」を「消極的賛同者」に、それぞれ1カテゴリーずつずらすことを重視して行動することを強調していた（2013.10.26アメリカ・ミネアポリスでの参与観察）。
（３）ｅシフト「『エネルギー・環境に関する選択肢』についてのガイドブック」http://e-shift.org/?p=2131（2015.7.11閲覧）。
（４）二〇一二年に政権を奪還した自民党は、「原発ゼロ」をめざす民主党のエネルギー戦略を破棄し、二〇一四年四月、原発を「重要なベースロード電源」と位置づける新たなエネルギー基本計画を閣議決定した。さらに、一五年七月一六日、経済産業省は、二〇三〇年時点の電源構成における原発の比率を、民主党政権時の「20～25％」シナリオに相当する「20～22％」とする「長期エネルギー需給見通し」を決定した（http://www.meti.go.jp/press/2015/07/20150716004/20150716004_2.pdf）。

（5）これらの投入変数の間に深刻な多重共線性はない（VIF＜2）。

（6）Abeyance Structureは「一時的停止構造」と直訳できるが、厳しい外的環境に対して身を固めて好環境の到来を待つニュアンスを活かすために、極限状態において体を変化させて生き残るクマムシの生態用語から借用して訳語とした。

第六章　ウェブメディアの活用

――インターネットが拓く新しい文化・参加のかたち

金《キム》　善美《ソンミ》

写真6.0　4.29 反原発デモ @ 渋谷・原宿情報拡散キャンペーン
（.@TwitNoNukes ツイッター有志による反原発デモ 2012.4.29）
ツイッターは重要な情報拡散ツールとして使われている
「1 周年，第 10 回目の渋谷・原宿 Twitter デモ！　…賛同の方は「ツイート」ボタンをクリックして，情報を拡散して下さい」
（出典）ツイッター有志による反原発デモ ブログ

1　市民活動・脱原発運動とウェブメディア

東日本大震災は多くの人びとの間で、物理的距離を超えてある種の「共通体験」となった災害であった。誰もがパソコンやスマートフォンなどで簡単にインターネットにアクセスできるようになった現代社会。地震や津波に続く原発事故という一連の出来事は、その発生の瞬間から多様な媒体を通じて同時多発的に記録・発信され続けた。とりわけ、Twitter, Facebook などのＳＮＳ（ソーシャル・ネットワーク・サービス）や Youtube、ニコニコ動画といった動画共有サイト、ブログなど、インターネットを媒介したウェブメディアは、震災直後からさまざまな方面において積極的に活用されてきた。

本章では、本調査のデータから、原発・エネルギー問題に関わる市民活動・脱原発運動におけるウェブメディアの役割と新しい運動の文化・参加形態をとらえてみたい。はじめに回答団体のウェブメディア利用状況を見たうえで、ウェブメディアの役割が最も顕著に現れた、デモを中心とする大規模イベントへの動員(mobilization）を論じる。原発事故が起きた二〇一一年三月以来、原発再稼働に反対するデモは何度も繰り広げられた。反原発・脱原発を訴える社会運動自体は以前から存在していたが、震災後の脱原発運動はその表現方法と参加層を多様化させながら、これまでにない盛り上がりを見せた。「脱原発」を訴える以外、共有することがない人たちが大勢集まり、多様な表現が共存するデモの風景は、震災後の新たな日常となった。

このような盛り上がりを可能にした理由として挙げられたのが、ウェブメディアである。ウェブメディアは情報共有や意見交換のプラットフォームとして、個人の自由な参加を大規模な動員につないだ（津田 2012; 平林 2012; 野間 2012）。政治学者五野井郁夫によれば、

「人びとの路上での直接行動は、インターネットを介したＳＮＳの活用による参加者への詳細な情報共有と徹底した非暴力のガイドラインの周知、そして参加者らによるネット上でのフォーラムや情報のアップロードなど、『社会運動のクラウド化』という新たな局面を見せている」（五野井 2012: 15）。

ＳＮＳなどのウェブメディアの発達によってデモ参加の敷居は低くなり、動員が容易になったといわれる。しかし、それだけではない。ウェブメディアの活用は、震災後のどのような活動・論点に影響力を与え、いかなる人びとや市民活動団体に参加を働きかけたのか。ウェブメディアという新たなツールを動員に活用することによって運動の全体像はどのように変化しているか。原発事故から数年が経ち、政治的争点をめぐって大規模デモが再活性化するなど、ウェブメディアの活用がもたらした変化の詳細を検証することは、震災後の市民活動・脱原発運動の全体像を描く上で重要な作業となる。

2　ウェブメディアの利用――活動の新たなツール

種類と利用頻度

震災後の市民活動団体は、ウェブメディアをどれほど利用してきたか。回答団体の利用状況を把握するた

めに、団体が情報発信に利用したウェブメディアの種類を尋ねた（問11、複数回答）。３０５団体のうち「団体のウェブサイト」がもっとも多く「メールマガジン・メーリングリスト」「Facebook」「Twitter」「他団体のウェブサイト」「動画発信・共有サイト」が順に続いた（表６・１）。ウェブサイトやメールマガジン・メーリングリストは、団体の情報発信にもっとも基本的なツールといえる。近年台頭したTwitterやFacebookなどのソーシャル・ネットワーク・サービス（ＳＮＳ）の積極的な利用もうかがわれる。

次に団体のウェブメディアの利用頻度を見てみよう。Ｗｅｂ・ＳＮＳを利用して広報活動を行った団体は全体の８割に達した。利用頻度を時期別に見ると、震災前は1週間に1回以上情報を発信・更新する団体は2割強であったが、震災後は約４割に増えた（問17、図６・１）。震災を機に、情報発信の手段としてウェブメディアの利用が増えたことがわかる。

では各々の団体はウェブメディアを具体的にどのように活用したのか。団体メンバーへのインタビューから、ウェブメディアが持ちうるさまざまな機能を明らかにしていこう。

共感・連携のきっかけ

「子供たちを放射能から守る福島ネットワーク」は震災後に結成され、原発事故の情報提供や子どもの健康をおもな活動課題としていた。拠点をおく地域では、震災前から複数の脱原発運動の団体があり、震災直後、それらの団体のホームページに原発事故の影響を心配した地域の人びとの書き込みが集中したことが、結成のきっかけとなった。

表6.1　情報発信に利用したウェブメディアの種類（複数回答）

n = 305

	%		%
団体のウェブサイト	77.7	他団体のウェブサイト	26.9
団体のメールマガジン・メーリングリスト	42.6	動画発信・共有サイト	20.0
Facebook	35.1	その他のSNS	4.3
Twitter	31.5	その他	4.3

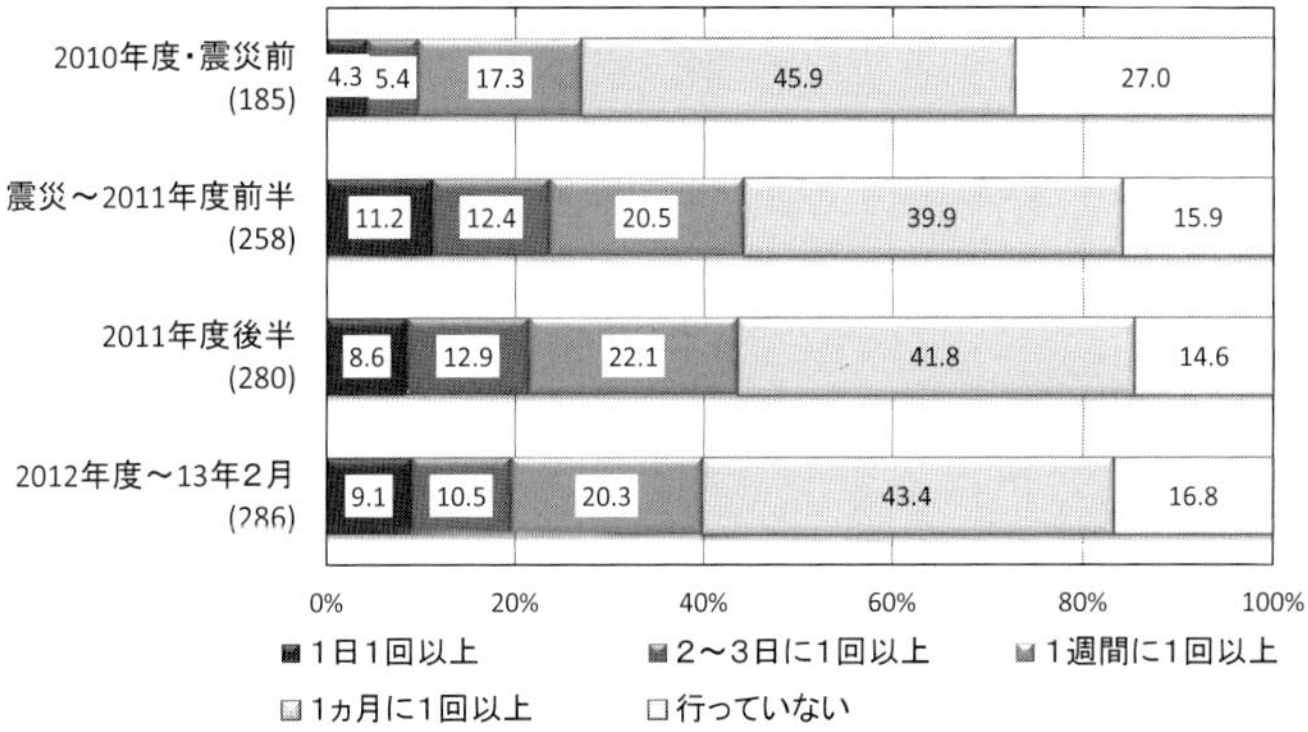

図6.1　Web・SNS による広報活動頻度（2010～12 年度，時期別）

（注）年度半期ごとの比率。2012 年度は 13 年 2～3 月までのデータ（以下同）

「原発事故直後、○○〔震災前からある「老舗」の脱原発団体〕のホームページを見た県内のみなさんの書き込みで『このままじゃまずい』が２００件ぐらい集まった。そこから『会を作ろう』という話になって〔団体結成の〕準備会を開いて話し合いをした。そこに１００人も集まってしまった。〔準備会ではテーマ別に〕４つの班を作って話し合いをして、その後またネットに〔情報を〕流した」（同ネットワークの代表2012.9.25インタビュー。〔　〕は筆者の補足、以下同）。

このように、団体の結成過程において、ウェブメディアは同じ地域に居住しながら直接つながりのなかった人びとに、漠然とした不安を共有できる場を与え、新たな連携を生み出す機能を果たしていた。

情報共有、海外との交流

「CRMS市民放射能測定所」は市民が持ち込んだ食品の放射線量をさまざまな方法で自主的に測定し、詳細な結果をホームページに掲載してきた。同測定所にとって、ウェブメディアとは放射線量の測定方法や測定結果を随時、記録・発信する媒体であると同時に、海外との情報交流や資金援助の要請において欠かせないツールであった。

写真6.1　CRMS市民放射能測定所
（福島市 2013.9.24 佐藤圭一撮影）
市民活動団体の運営する放射線量測定所が全国に開設された

「メディアの取材を受けるのは、海外の方が多い。とくにフランスやドイツなどヨーロッパの国々。〔取材でおもに聞かれるのは〕市民活動として福島の現状を知りたいというスタンスですね。インターネット上の情報やデマが本当かどうか聞かれたりもする。僕らとしては活動資金の援助も含めて海外メディアへのアピールは大事なので、そこは重視しています。〔活動予算は〕他の市民活動団体に比べると、海外からの送金は多いと思う」（同測定所の代表 2012.9.24 インタビュー）。

同測定所は特定の地域で活動する小規模の団体であるが、結成間もなく複数の海外メディアに注目され、海外から放射線量測定設備費の援助を受けることができた。国や自治体の基準値が定まる前から自主的な測定活動を行ってきたことが、ウェブメディアを通じて国際的に認知されたことが大きかった（写真6・1）。

世論の注目

「「安全・安心の柏産柏消」円卓会議」は、相対的に高い放射線量が一時期検出された千葉県柏市で、市民と農家が協力して問題に向き合った団体であった。同会議には地域で一定の影響力を持つ母体組織があったが、情報発信に積極的なメンバーの参加がさらに望まれた。

「〔創設時のおもなメンバーは〕以前から活動していた人に加えて、Twitterでフォロー数が多かった人を見つけてきた。（中略）専門家も〔メンバーの知り合いの〕○○さんを中心に紹介してもらったのが大きなルートで、あとはTwitter上の知り合いからも紹介してもらった」（メンバー 2012.8.14 インタビュー）

同会議は特定の地域に拠点をおきながらも、幅広い消費者の意識変革を訴える活動を行っていた。ウェブメディアは単にメンバーをつなぐコミュニケーション・ツールや情報発信の道具にとどまらない。母体である既存組織のメンバーに参加を限定することもできたが、ウェブメディアを通じて外部への発信力をもつメンバーを確保して持続的に情報発信し、賛否両論を含めて世論の注目を集めようとした。

ウェブメディアは特定の目的より、各団体の背景や活動に合わせて活用されていた。子供たちを放射能から守る福島ネットワークのようにウェブメディアが団体結成のきっかけを与えた団体もあれば、ＣＲＭＳ市民放射能測定所や「安全・安心の柏産柏消」円卓会議のように活動を本格化する転機になった例もあった。震災後、団体の多くは何らかの必要からウェブメディアを活用してきたが、頻度や方法はさまざまであり、ウェブメディアはデモ動員という目的に特化されない多様な機能を果たしていた。

3　「ウェブ積極型」と「ウェブ消極型」――ウェブメディア利用の2つの型

ウェブメディア多様性スコア

震災後の市民活動のウェブメディア利用は多岐にわたる。一日に何度もTwitterやFacebookに投稿する団体もあれば、チラシ、ミニコミ、対面コミュニケーションなど、従来のツールをおもに使用する団体もあるだろう。本節では、ウェブメディア利用の２つの型を抽出し、その違いを明らかにしたい。

団体のウェブメディア利用の多様性を表す指標として、「ウェブメディア多様性スコア」を算出した。団体が利用したウェブメディア（表６・１）を1つにつき1点として得点を合計する。利用するウェブメディアの種類が多いほど得点は高くなる。３２６団体のウェブメディア多様性スコアの全体平均は２・27点、団体結成時期別に見ると、震災前結成団体（２１６団体）が１・91点、震災後結成団体（１１０団体）が２・97点と、震災後結成団体の方が多様なウェブメディアを利用していた。

ウェブメディア活用スコアの点数を基準に、団体を２つの型に分けた。同スコアが平均点（２・27点）以上を「ウェブ積極型」、平均点未満を「ウェブ消極型」とする。表６・２に２つの型別の３０５団体の特徴を示した（問3、団体概要、問26、問5、問9）。

ウェブ積極型　震災前・震災後結成団体が半数ずつ、「ウェブメディアを1週間に1回以上利用」（二〇一一年三〜九月の間）が6割を超え、最多年齢層は「40代」「50代」の順で、「東京圏を拠点」が「ウェブ消極型」より高い。活動課題は「子どもの健康・学校給食の安全」「放射線量の測定」が「ウェブ消極型」より

表6.2 ウェブメディア利用型の特徴

n=305	ウェブ積極型(127)		ウェブ消極型(178)	
		%		%
団体結成時期	震災前	50.4	震災前	74.2
	震災後	49.8	震災後	25.8
Web・SNS利用頻度	1日1回以上	21.4	1日1回以上	4.9
	2〜3日に1回以上	22.3	2〜3日に1回以上	5.6
	1週間に1回以上	20.4	1週間に1回以上	21.8
	1ヵ月に1回以上	34.0	1ヵ月に1回以上	43.0
団体拠点	東京圏(東京・神奈川・千葉・埼玉)	39.4	東京圏(同左)	18.5
メンバーの最多年齢層	40代	26.0	50代	29.8
	50代	22.8	60代	26.4
	60代	18.1	40代	10.7
活動課題(上位5つまで)	原発事故の情報提供	69.3	原発事故の情報提供	59.6
	被災者・被災地支援	65.4	被災者・被災地支援	56.7
	子どもの健康・給食の安全	50.4	原発建設反対・削減・廃止	48.3
	原発建設反対・削減・廃止	48.8	反核・平和	40.4
	放射線量の測定	45.7	被災地の復興支援	37.6
活動内容(上位5つまで)	シンポジウム・勉強会開催	80.3	シンポジウム・勉強会開催	73.0
	専門情報提供・収集	60.6	物資支援・募金活動	47.8
	陳情・請願	53.5	研修・講習会開催	44.4
	研修・講習会開催	52.8	デモ参加	43.8
	デモ参加	52.9	署名・住民投票請求	41.0

(注)ウェブ積極型:ウェブメディア多様性スコア2.27点以上,ウェブ消極型:同2.27点未満。利用頻度は2011年3月〜9月

高く、健康リスクへの関心の高さが目立つ。活動内容は「専門情報提供・収集」「陳情・請願」が特徴的であるほか、「文化イベントの開催」(34・6%)、「サウンドデモ・パレードへの参加」(32・3%)など、新しい形態の活動も積極的に行われていた。

ウェブ消極型 震災前結成団体が「ウェブ積極型」より高く「ウェブメディアを1週間に1回以上利用」(同上期間)は約3割、最多年齢層は「50代」「60代」が6割、「東京圏を拠点」は2割を下回り、全国に散らばっている。活動課題は「反核・平和」「被災地の復興支援」が「ウェブ積極型」より高く、活動内容は「物資支援・募金活動」「署名・住民投票要求」が特徴的である。一九六〇年代以後の社会運動・市民活動を担い、ウェブ

写真6.2　4.30 脱原発デモ@渋谷・原宿

（.@TwitNoNukes ツイッター有志主催，東京都渋谷区 2011.4.30 町村敬志撮影）

震災後ツイッターで集まった個人有志がツイートやブログでデモ参加を呼びかけ，渋谷・原宿でデモを継続した

メディアによる情報発信には消極的で、従来のツールを重視する団体が含まれると推測される。

「ウェブ積極型」の活動課題

2つの型の違いから見えてくるのは、ウェブメディア活用の多様性だけでなく、そうした多様性が活動の質的違いと密接な関係をもっていることである。「ウェブ積極型」の約半数が原発事故がもたらした健康リスクという新しい活動課題に取り組んでいた。また文化イベント、サウンドデモ・パレードという音楽・アートによる抗議行動を主導する活動内容をもっていた（写真6・2）。

なお、この利用型の区分は必ずしも不変ではない。ウェブメディアの活用度は、団体のおかれたさまざまな内外の状況によって変わりうる。インタビューでは、団体のコアメンバーのつながりを組織基盤にしていた団体が、活動を広げるためにウェブメディアを積極的に利用する例も見られた。

4　動員過程の多様化とウェブメディアの役割――２つの動員モデル

デモやイベントの動員過程の実際

第1章で見たように、回答団体の約半数がデモ・街頭行動への参加を活動内容に挙げた（図1・1）。本調査では二〇一一〜一二年の3つの大規模デモに団体として参加・実施したか、団体内で情報が流れたかを尋ねた（問13、表6・3）。260数団体のうち、原発事故から半年以内では、団体としてのデモ参加・実施は3割程度、事故から一年以上経過した二〇一二年では2割以下に落ちたが、デモ情報は6割以上で継続して流されていた。

写真6.3　金曜官邸前デモ
（首都圏反原発連合主催，東京都千代田区・国会議事堂前 2012.7.13 町村敬志撮影）

とりわけ二〇一二年の「金曜官邸前デモ」（写真6・3）は、全国各地の同時多発的行動ではなかったが、首都圏反原発連合が呼びかけた「金曜官邸前」という特定のデモ情報が多くの団体で流れ続けたことは、注目に値する。Twitter や Facebook の「官邸前なう」といった投稿など、ウェブメディアを通じて毎週デモの様子が広く共有され、官邸前という場所は脱原発運動を象徴する空間的リアリティを獲得していった。同時期に新聞・テレビなどマスメディアがデモを報道するようになったことも、影響を与えただろう。

では、ウェブメディア利用の積極型・消極型の違いは、デモの動員

表6.3　団体のデモ参加・実施・情報伝達（大規模デモ別）

		団体として参加・実施		団体内で情報が流れた	
	n	あり	なし	あり	なし
		%	%	%	%
2011年6.11脱原発100万人アクション	260	29.6	70.4	64.9	35.1
2011年9.11脱原発100万人アクション	262	33.2	66.8	67.3	32.7
2012年金曜官邸前デモ	269	17.5	85.1	67.4	32.6

表6.4　団体のデモ主催・参加・情報提供（全体・ウェブ積極型・消極型別）

動員レベル	活動内容	全体	ウェブ積極型	ウェブ消極型
		305	127	178
		%	%	%
主催	デモ・街頭行動	22.7	22.8	21.9
	サウンドデモ・パレード	8.3	11.0	7.9
参加	デモ・街頭行動	46.6	52.0	43.8
	サウンドデモ・パレード	23.9	32.3	19.7
情報提供	インターネットによるデモ・街頭行動	26.7	45.7	15.7

過程にどのように表れたのだろうか。実際の動員過程にはさまざまなレベルがある。千人以上が参加する大規模なデモの企画・主催と、Twitterでデモ情報をリツイート（共有）するのみでは、団体運営の負担や労力は大きく異なるだろう。そこでデモ・街頭行動、サウンドデモ・パレードの「主催」「参加」「情報提供」の3つに分けて「ウェブ積極型」「ウェブ消極型」の別に305団体の活動内容をまとめた（問9、複数回答、表6・4）。

「ウェブ積極型」はデモ主催・参加・情報提供のすべてにおいて「ウェブ消極型」より回答が多い。ウェブメディアを介して不特定多数の個人・団体に流れる情報の結節点としての役割を果たしたといえよう。ただし、「ウェブ消極型」は「インターネットによる情報提供」は低いが、デモ・街頭行動の「主催」「参加」は全体とあまり変わらない。「ウェブ消極型」は他の多様なツールを使って参加を働きかけたことが推測される。実際「ウェブ消極型」の「ミニコミ・チラシでの広報活動」を見ると、二〇一〇～一二年度のすべての時期において「2ヵ月に1回以上」が6割を超える（問17）。サウンドデモ・パレードは「ウェブ積極型」と「ウェブ消極型」に差が見られた。

次に、団体が主催・共催したイベント・行事の参加者数を時期別に尋ねた（問16）。図6・2にウェブメディア利用の積極型・消極型別に、各時期の回答団体に占める千人以上の大規模イベントを主催した団体比率の推移を示した。

「ウェブ消極型」が「ウェブ積極型」を一貫して上回るが、二〇一一年度前半に「ウェブ積極型」が増加し、両者の差は縮小した。両型とも二〇一一年度後半はさらに増加し、ピークに達した。それ以後は減少傾向に転じたが、二〇一二年度でもなお1割前後に達していた。

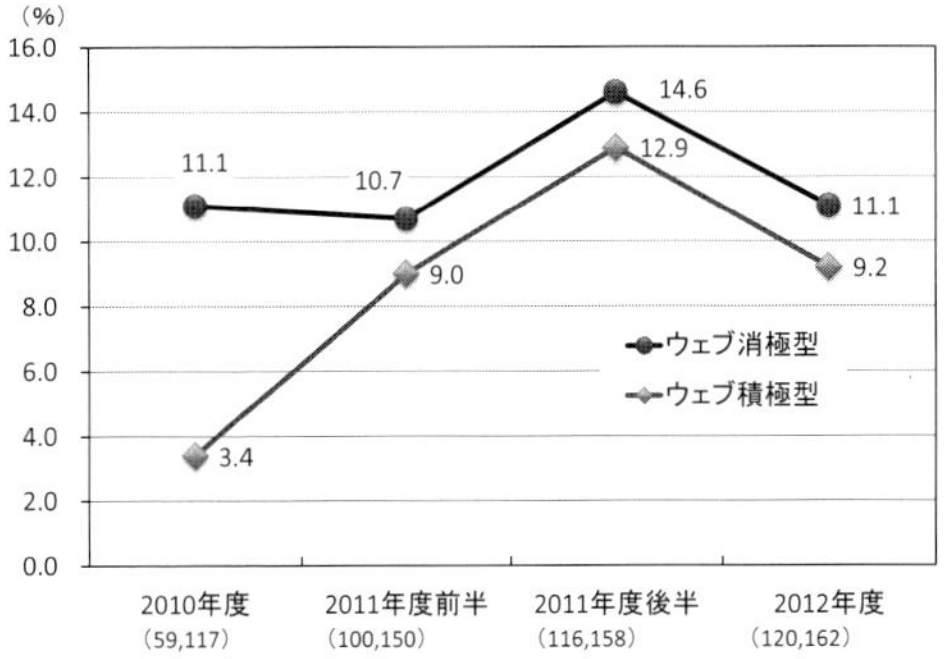

図6.2　1000人以上のイベントを主催した団体比率の推移（2010〜12年度，ウェブ積極型・消極型別）
（注）各時期の回答団体に対する比率。（　）はウェブ積極型・ウェブ消極型の順で回答団体数を示す

2つの動員モデル

以上から、2つの異なる動員モデルを仮説として導き出すことができるだろう。「ウェブ積極型」は、ウェブメディアを通して発信したデモ情報がバラバラの個人を拾い上げ、短期的ではあるが爆発的な動員を達成した。「ウェブ消極型」は、震災前から安定した組織基盤を持つ団体を中心に、ウェブメディア以外の媒体を通して長期的に動員を推し進めた。潜在的な支持層を掘り起こす「ウェブ積極型」と、従来の社会運動を持続させる「ウェブ消極型」が共存し、相互に補完して大規模デモの

動員が可能になったのではないか。

「ウェブ積極型」と「ウェブ消極型」が共存したことは、震災後の緊迫した状況の下で一時的であったかもしれないが、それまで出会うことのなかった団体や個人の間に新たな「つながり」が生まれたことをうかがわせる。この動員過程でウェブメディアは大規模デモやイベントを盛り上げる有用なツールとなり、健康リスクをめぐる新しい活動課題に強い影響を与えたのである。

5　ウェブメディアが拓く新たな可能性

本章で見てきたように、インターネット空間と現実の社会空間を行き来する多様なつながりの中で、さまざまな市民活動がなされてきた。ウェブメディアは遠くの未知の人びととの共感や連携を生み、相反する立場の人びととの論争を引き起こしながら、震災後の市民活動・脱原発運動において力を発揮した。各団体は活動課題、活動内容、結成過程などによって、ウェブメディアという新しいツールが持つ諸機能を選択して活かしてきたといえる。

市民活動団体にはウェブメディア利用の異なる2つの型が存在した。なかでもウェブメディアをより積極的に活用する「ウェブ積極型」は「ウェブ消極型」より東京圏を拠点とする震災後結成団体が多く、健康リスクの争点化に強い影響を与えてきた。とはいえ、大規模な動員は「ウェブ積極型」と「ウェブ消極型」の異なる動員過程が相互補完的に働くことで初めて可能となった。

この知見は、震災後の複雑なデモの動員過程を示している。Twitter, FacebookなどのＳＮＳを積極的に使いこなす個人や「ウェブ積極型」団体がしばしば注目されてきたが、「ウェブ消極型」もまた、ミニコミ、チラシ、対面コミュニケーションによって情報発信を行い、震災前から蓄積された組織運営のノウハウや人的基盤を活用して人びとを動かしたもう一つの力であった。つまり、動員とはきわめて重層的であり、ウェブメディアとは動員過程の特定の層に活用された媒体であった。

今日、ウェブメディアの注目すべき役割は強力な「動員力」というより、まだ認知されていない社会現象・社会問題の萌芽をいち早く見つける「発見力」にあるのではないだろうか。放射能汚染の諸問題も官邸前抗議活動も、まずウェブメディア上で注目され、やがて新聞・テレビなどのマスメディアに取り上げられることで、幅広い人びとの関心を喚起し、問題として認知された。そうした意味で、ウェブメディアの強みはマスメディアを動かす力にあり、マスメディアのオルタナティブというよりは、相互依存関係にある。このような相互作用によって、市民活動・脱原発運動にはかつてない「勢い」が開かれたのだ。

見知らぬ人びとの間に共感・意見交換の場を創り、コミュニケーションを促すことで、いま起こりつつある現象あるいは問題を具体的なかたちにしていく。このような働きこそが、ウェブメディアの新しさの本質ではないだろうか。大規模なデモの勢いが弱まり、現実政治への影響力が限定されても、それはただちに脱原発運動の衰退を意味しない。一度小休止した活動が何らかのきっかけで再活性化するとき、ウェブメディアは有効な手段となりうる。さらに近年では、ウェブメディアとマスメディアをつなぐ、新しい独立系メディアも活発に発信を行っている。原発事故や原発再稼働を含むさまざまな社会問題を市民自らが取材・発信する「8bitnews」や「Our Planet-TV」などがその例である。多様な主体によるさまざまな種類のメディアが混在する現在、市民活動・社会運動が再び盛り上がり、問題発見力を発揮する可能性は、つねに私たちの日常的なコミュニケーションの中に潜在しているといえる。

付記　本章3節は、町村・佐藤・辰巳・菰田・金・金・陳（2015）の筆者の執筆部分と一部重複を含む。

第七章　脱原発への態度

――「決める」決断、「決めない」戦略

陳《ダン》　威志《ウィジ》

図7.0　首都圏反原発連合のフライヤー（2012～13年）
（出典）首都圏反原発連合フライヤーギャラリー

震災後、原発・エネルギー問題に関わる市民活動団体の数は大きく増加した。同時に、従来の反原発、エネルギーシフトから、事故対応としての被災地の復興や避難者の支援、放射能の測定や子どもの健康問題にいたるまで、市民活動団体が関わる活動の領域も広がった（第二章）。しかしそこには、原発維持への抗議と、原発から派生する問題への対応という二つの異なる課題が混在していた。

メディア報道を含め、「脱原発運動の盛り上がり」がしばしば指摘されてきた。しかし、その内実はどのようなものだろうか。原発・エネルギー問題に取り組む市民活動団体は、脱原発の意思を示したのか。市民活動団体の間には何らかの意見の亀裂があったのか。これまで日本では、幅広い市民が集まる場において原発問題を議論することは、しばしばタブー視されてきた。市民活動団体がどのように原発をめぐる争点と向き合うのかは、震災以後の市民活動のあり方を考える上でも重要な論点である。

本章は、震災後の脱原発運動の盛り上がりを概観したのち、原発をめぐる争点への意見が活動団体の間でどのように分岐していったかを明らかにする。そのうえで、態度の分岐を生む背景として、団体の活動課題や、福島第一原発との距離がどのように関係していたかを検討する。最後に、異なる態度を取る団体が共存することは、どのような意味を持ち、運動の展開に何をもたらしたのかを考察する。

1　脱原発運動の盛り上がり

都市住民が当事者になる

震災前、原子力政策の中心的な争点は、原発の新増設、使用済み燃料の再処理に関わるものであった。これらに反対する運動は、「五重の壁」（補論2）に守られた原発推進体制によって、立地点の周辺にとどまりがちだった。もっとも、都市が無風状態だったわけではない。東京、大阪、京都などの大都会を中心に、立地点周辺の運動に微力ながらも後方支援がなされていた。しかし、立地点の地域振興とリンクして進められる原発推進に対して、都市と地方の認識は必ずしも一致していなかった。立地点からの空間的な隔たりもあり、震災前に都市部の原発反対の活動に大きな共感が寄せられることは少なかった。

　だが震災と原発事故の被害は広範囲に及んだ。震災後、情報公開が不十分など政府への批判が広がり、さらに東京の水道水が汚染されたことで状況は大きく変わった。人びとはもはや反対運動に声援を送る観衆でも事故を警告する予言者でもいられなくなり、当事者として論争のステージに立たされることになった（第四章参照）。事故から半月後の二〇一一年三月二七日、たんぽぽ舎（図7・1）、原子力資料情報室などの反原発運動組織・専門NGOが東京で抗議活動を主催した。約1200人が参加して開かれたデモの映像記録[1]には、これまで無関心だったことへの参加者たちの反省の声が記録されている。

　もっとも、怒りが反対運動の形をとって現れるには醸成の時間が必要となる。また、この時期には既存団体の間でも抗議より救援が大事だという声もあった（園 2011: 27, 98）。「自粛」を強調するさまざまな動き、たとえば石原慎太郎東京都知事（当時）による「花見の自粛」発言（終章）は、混乱期にこそ必要で

もう原発やめよう！
スペースたんぽぽ
学習会・デモの日程

たんぽぽ舎
TEL 03-3238-9035
FAX 03-3238-0797
Mail:nonukes@tanpoposya.net
〒101-0061
東京都千代田区三崎町 2-6-2
ダイナミックビル5F

週刊 金曜ビラ 発行 2015年 12月18日 （182号）

第176回行動の日

原発廃止ひと筋 26 年・たんぽぽ舎は皆さんの会費とカンパで運営されています。会員になられる方歓迎！

（たんぽぽ舎の会費は6ヶ月6000円、月2回ニュース発送）　郵便振込 00180-1-403856（加入者名　たんぽぽ舎）

12月～1月の学習会・デモ案内　参加歓迎（学習会は 4F スペースたんぽぽ）		
12/19（土）	集会	「戦争法を廃止へ！安倍内閣は退陣を！」主催:総がかり行動実行委　14:00～16:30　－屋内集会会場:北とぴあさくらホール（王子駅北口2分-先着1300人開場13:30）
12/19（土）	学習会	「核と被ばくをなくす世界社会フォーラム2016」講師:山崎久隆さん 18:30～　連続学習会第5回「安保法制と原発」　主催:反核世界フォーラム日本準備会 800円
12/24（木）	裁判	「東電株主代表訴訟第22回口頭弁論」東京地裁（103号法廷）10:30～　地裁前アピール 9:30～　報告と学習会［福田弁護士］ 13:00～参議院会館講堂
12/24（木）	学習会	電力自由化問題連続講座－「東電さん、さようなら講座第3回」19:00～21:00　講師:大沢豊さん（立川市議）「新電力から購入・自治体でやれること」　800円
12/25（金）	抗議行動	高浜原発再稼働やめろ！関電東京支社前行動　呼びかけ:たんぽぽ舎　場所:富国生命ビル前（地下鉄内幸町駅 A7出口すぐ）　17:30～17:45　《たんぽぽ舎は金曜官邸前行動の日、関電に対する抗議のアピール行動を行っています》
12/25（金）	抗議行動	川内・高浜原発再稼働やめろ！永遠に原発0に！再稼働反対！首相官邸前抗議　18:30～20:00　首都圏反原発連合
1/6（水）	抗議行動	高浜原発3，4号機再稼働阻止「関西電力東京支社抗議行動」　17:30～18:20　場所:富国生命ビル前（地下鉄内幸町駅 A7出口すぐ）主催:再稼働阻止全国ネット
1/6（水）	抗議行動	東電は原発事故の責任をとれ第28回東電本店合同抗議　東京電力本店前　呼びかけ:たんぽぽ舎/テントひろば　賛同:東電株主代表訴訟など122団体 18:30～19:30
1/8（金）	抗議行動	川内・高浜原発再稼働やめろ！永遠に原発0に！再稼働反対！首相官邸前抗議　18:30～20:00　首都圏反原発連合　1月15日、22日、29日も。
1/18（月）	学習会	「これからの市民運動・社会運動にどう取り組むか(1)」19:00～21:00　ちょぼゼミ第8回　講師:田中一郎さん 800円（学生400円）
1/20（水）	抗議行動	第4回「四国電力東京支社抗議行動」　主催:再稼働阻止全国ネット　18:30～19:30　場所:東京銀行協会ビル前（大手町駅D4出口すぐ）（参加・賛同団体募集中）
1/23（土）	学習会	槌田ゼミ「沸騰水型原子炉の欠陥」14:00～16:00　～核兵器生産可能な原子炉～　講師:槌田敦さん　参加費800円
1/30～1/31	全国相談会	再稼働阻止全国ネットワーク「全国相談会・交流会」30日(土)午後－31日(日)午前　会場:松山市「県生活文化センター」　主催:再稼働阻止全国ネットワーク
12月26日（土）～2016年1月6日（水）（訂正）たんぽぽ舎は　年末年始のお休みとなります。		

図7.1　たんぽぽ舎　週刊金曜ビラ（182号 2015.12.18）

「原発廃止ひと筋26年」の老舗団体。デモや集会で配布されている

あった人びとのコミュニケーションを制限することにつながり、沈黙が社会を覆うかにみえた。

新しい器の広がり

このような沈黙、先の見えない不安を破ったのは、東京杉並区・高円寺を中心とする自営業者のネットワーク「素人の乱」による「原発やめろデモ」（写真序・0）だった。それまでにない奇抜な切り口で社会問題に発言・行動してきた松本哉らの「素人の乱」が原発問題を本格的に取り上げるのは、これが初めてだった（園 2011: 122）。二〇一一年四月一〇日、サウンドカーを先頭にするデモ行進には、若者たちを中心に1万5千人もの参加者（主催者発表）が集まった。

同じ日、港区芝公園では「浜岡原発をすぐ止めて東京集会」が行われた。こちらは従来から原発問題を扱ってきた団体（原水禁、たんぽぽ舎、浜岡原発を考える静岡ネットワーク）による主催であった。参加者の中には、高齢者を中心としたかつての運動世代ばかりではなく、子連れの家族や若者も見られる。数日前にネット上で公開された斉藤和義の替え歌「ずっとウソだった」が会場で流され、人数は高円寺ほどではないが、活気にあふれていた。デモ行進を始めると、沿道で手を振る市民も見られた。途中、ある参加者が電話で得た情報から「高円寺でたくさんの人が集まった」と報告すると、まわりから歓声が沸きおこった（筆者の参与観察）。

四月二四日には、グリーンピース・ジャパンなどの環境NGOも東京・渋谷でエネルギーシフト・パレードを開催した。そこでは、エコロジーや自然食などを掲げて環境保護の視点から抗議がなされた（小熊 2013a: 202）。同じ日、港区芝公園ではたんぽぽ舎や原子力資料情報室などからなる「原発止めよう　東京ネットワ

写真7.1　4.24繰り返すな！原発震災
つくろう！脱原発社会
（東京都港区芝公園 2011.4.24）
平和団体などの幟が多く見られた

ーク」がデモを開催した（写真7・1）。このように、震災後一ヵ月の間に、新旧さまざまな人びとを受け入れるデモという社会的な「器」が姿を現すようになった。

盛り上がる訴えに呼応するかのように、五月、菅直人首相は浜岡原発運転停止を命じた。さらに七月六日には、国会の質疑応答で、原発再稼働の条件としてストレステスト合格が基準になることを首相が答弁した。あくまでも暫定的基準だったが、海江田経済産業省大臣との見解の不一致で、波紋を広げたこともあり、新たな争点として再稼働問題が浮上し、注目を浴びるようになった。

上記の三つのデモの潮流は、震災から三ヵ月後の六月一一日に「6・11脱原発100万人アクション」として合流した。これは、世界規模の同時行動であり、アメリカ、フランス、オーストラリア、台湾など海外でも行進が行われた。東京・新宿のデモで見られたプラカードには、「LOVE福島」や「汚された大地にヒマワリを植えよう」「おいしくて安全な食べ物をかえせ！」「今までありがとう　卒・原発」など、多様な主張の言葉が並んでいた（Tan 2011: 299-304）（写真7・2）。

二〇一一年九月一一日〜一九日の間に、東京を中心に、全国各地

写真7.2　6.11 脱原発 100 万人アクション（東京都新宿区・新宿駅周辺 2011.6.11）
手作りのプラカードで表現された個々人の思いには，原発への多様な態度が見られる

写真7.3　9.11 新宿・原発やめろデモ
（同上，新宿 3 丁目交差点 2011.9.11）

で「脱原発アクションウィーク」と呼ばれる連帯行動が再び行われた（写真7・3）。筆者は新宿駅の南口を出てデモ隊に合流した直後、指定された車線の内側に入るようにという警察の指示に抗議した人びとがその場で逮捕されるのを目撃した。この事件を機に、二〇一一年の東京での脱原発集会は下火に向かう（小熊 2013a: 217）[2]。

大規模な集会が再び現れるのは、半年後の二〇一二年三月一一日に「首都圏反原発連合（以下、反原連）」（写真7・0）などが共催した「東京大行進及び国会包囲」である。その後三月二九日から、「反原連」は毎週金曜日に「首相官邸前抗議活動」を開始した。これは原発というシングルイシューで賛同者を集める二〇一一年の合同デモの精神を引き継いだものだった。さまざまな団体の連合体である「反原連」は、原発反対の声を上げ続ける場所を確保することが第一だと考えていた（野間 2013）。そして二〇一二年六月から、大飯原発再稼働をめぐって、多くの人が官邸前に押し寄せるようになった（写真3・2、6・2）。最大時20万人（主催者発表）もの人が集まることで、マスコミもこれを取り上げるようになり、金曜日アクションは全国各地に拡散していった（小熊 2013a: 242）。

過去の運動蓄積が震災後のデモの隆盛を支える

3・11以後、大都市を中心にデモは頻繁に開催され、ある種の日常風景となった。しかし、「デモのある社会」（柄谷行人）の現れや原発問題への関心の高まりは、決して事故から自動的に生まれたのではない。ここまで見た東京の動きは、原発について議論し、それを表現するデモという器を提供する団体の存在の重要性を示す。器となる場を提供する市民活動団体の自発的な活動があって初めて、デモに人は集まる。

こうした団体の動きは、過去の運動の蓄積の上に成り立つ。震災前から原子力施設の立地問題への関心が高まる兆しはあった。二〇〇六年、鎌仲ひとみ監督の映画『六ヶ所村ラプソディー』が公開された。その自主上映会をきっかけに、全国的に六ヶ所村と原子力問題への関心が喚起され、各地で草の根グループが作られた。この映画上映をきっかけに始まった動きに呼応して、首相官邸前抗議活動の中心メンバーとなるミサオ・レッドウルフも団体を起ち上げ、震災前から原発問題に取り組んできた(3)。

最後の立地闘争といわれる山口県の上関《かみのせき》原発建設問題では、二〇一〇年に公開された纐纈あや監督の映画『祝の島』と鎌仲ひとみ監督の映画『ミツバチの羽音と地球の回転』が、同じく全国自主上映会を通じて、人びとの関心を呼び起こした。映画をきっかけに祝島を訪れる人が増え、対応できないほどだったという話を島の住民から聞いた（2011.6.28インタビュー）。震災前から運動の地平には変動がすでに起きており、その上で人びとを震撼させる福島第一原発事故が起きた。

2　原発をめぐる争点への態度——賛成・反対以外の「選択」

7割の団体が「脱原発」

先述のように、福島第一原発事故後の脱原発運動の高揚は、事故以前からの運動の蓄積の上に成り立っていた。そうであるならば、次に来たる運動は、幅広い市民が参加した震災後の運動の上に進められることになる。はたして現在の市民活動団体の間に、「脱原発」の裾野はどの程度広がっているのだろうか。もし団体ごとに意見の違いがあるならば、いったい何がその違いをもたらすのだろうか。また、団体はそうした違いにどう対処したのか。

震災以後、原発事故のもたらした被害への対応という現在の課題と、原発の是非をめぐる将来の課題が同時に進行している（第三章）。原発をめぐる争点が、このように複雑な様相を帯びるなかで、それぞれの団体はどのような立場をとってきたのだろうか。この点を明らかにするため、本調査では原発をめぐる4つの争点に対する各団体の態度を2つの段階に分けて尋ねた（問35左）。

まず各争点に対して団体としての立場を定めているかを尋ねた。ここで①「立場を議論したことがない」②「立場は定めていない」と回答した団体は〈賛否を表明しない〉態度と見なし、争点への賛否の回答は求めなかった。一方、③「立場はおおむね共有されている」④「立場を定めている」と回答した団体に、各争点への賛否を尋ねた（問35右）。「賛成」「どちらかといえば賛成」は〈賛成〉、「反対」「どちらかといえば反対」は〈反対〉と見なし、「立場をどちらとも決めない」は〈賛否を表明しない〉態度と見なした。

図7・2に、4つの争点への態度分布を示した。「震災がれきの広域処理」を除き、「原発の再稼働」「原発の新設・稼働」「使用済み核燃料の再処理」という3つの争点に対する311団体の態度分布は、同じ傾向を示す。〈賛成〉はごくわずかで、〈反対〉が7割近くを占める。立場を定めている団体の大半は、〈反対〉であった。

本調査とほぼ重なる時期、二〇一三年六月八〜九日に朝日新聞が実施した世論調査では、「いま停止して

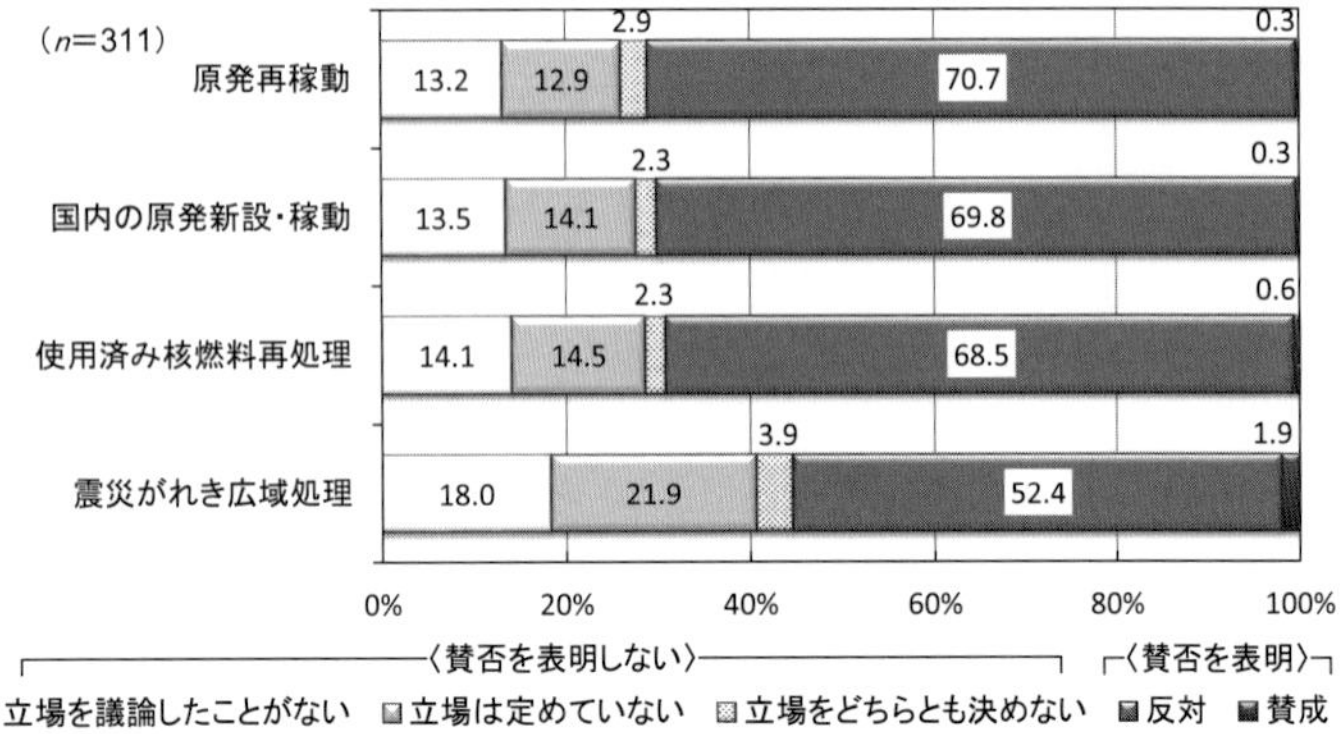

図7.2　原発をめぐる4つの争点への団体の態度

いる原子力発電所の運転を再開する」ことの賛否は、「反対」58%、「賛成」28%という結果であった。震災後の個人レベルの「脱原発の世論」は、脱原発の意思をもつ多様な市民活動団体の活動に下支えされていたことを、この結果はうかがわせる。

〈賛否を表明しない〉団体の存在

しかし、ここで注目したいのは、むしろ賛否を表明しないことを選択した団体である。団体として「立場は定めていない」と回答した団体、および「立場は共有されている」「立場を定めている」とした上で団体として「立場をどちらとも決めない」と回答した団体をまとめると、結果的に3～4割の団体が、争点に対して賛否を表明していない。もちろん厳密に言えば、「立場を議論したことがない」や「立場は定めていない」と、「立場を定め」た上で「どちらとも決めない」では、その含意が異なる。この点は本章の最後でふれる。まず全体的な傾向とその要因を分析するために、以下ではこれらをまとめて〈賛否を表明しない〉団体として扱う。

原発をめぐる争点への態度において、賛否自体ではなく、団体としての立場を定めて反対するか、それとも立場を留保して〈賛否を表明しない〉ことに団体の分岐軸があったことは、興味深い。

原発事故の直後、日本国内の世論は「脱原発」に大きく振れた。それにもかかわらず、態度の分岐が直接的な賛否の意思表明ではなく、賛否自体の表明を留保することにあったことは、市民社会のあり方を考える上で多くの示唆を与えてくれる。なぜ賛否自体ではなく、一歩引いて〈賛否を表明しない〉なのか。震災後の主要争点である「原発再稼動」への賛否表明を、原発への態度の指標として、〈賛否を表明する〉団体と〈賛否を表明しない〉団体の違いが、どのような背景から生まれるのかを見ていこう。

3　態度の分岐をもたらす背景

団体6類型別の態度―活動課題との関連

人びとは共通の目標を達成するために、結集して団体を組織する。その意味で、原発反対運動の広がりを見るためには、原発反対を目標として掲げる団体だけを見ればよいようにも思われる。しかし、3・11以後の市民活動は複合災害への対応として動き出したため、そういう単純な見方は通用しない。

実際、震災後の原発・エネルギーに関わるさまざまな活動課題の中には、原発をめぐる争点にかかわりなく進められるものもあれば、意思表明しないと進められないものもある。ここでは原発反対を直接活動課題としない団体が、再稼働に対してどのような立場をとるかを焦点とする。

図7・3に、第二章で示した活動課題に基づく団体6類型別に、303団体の原発再稼働への態度をまとめた。再稼働への態度には大きく3つの群があることが見て取れる。

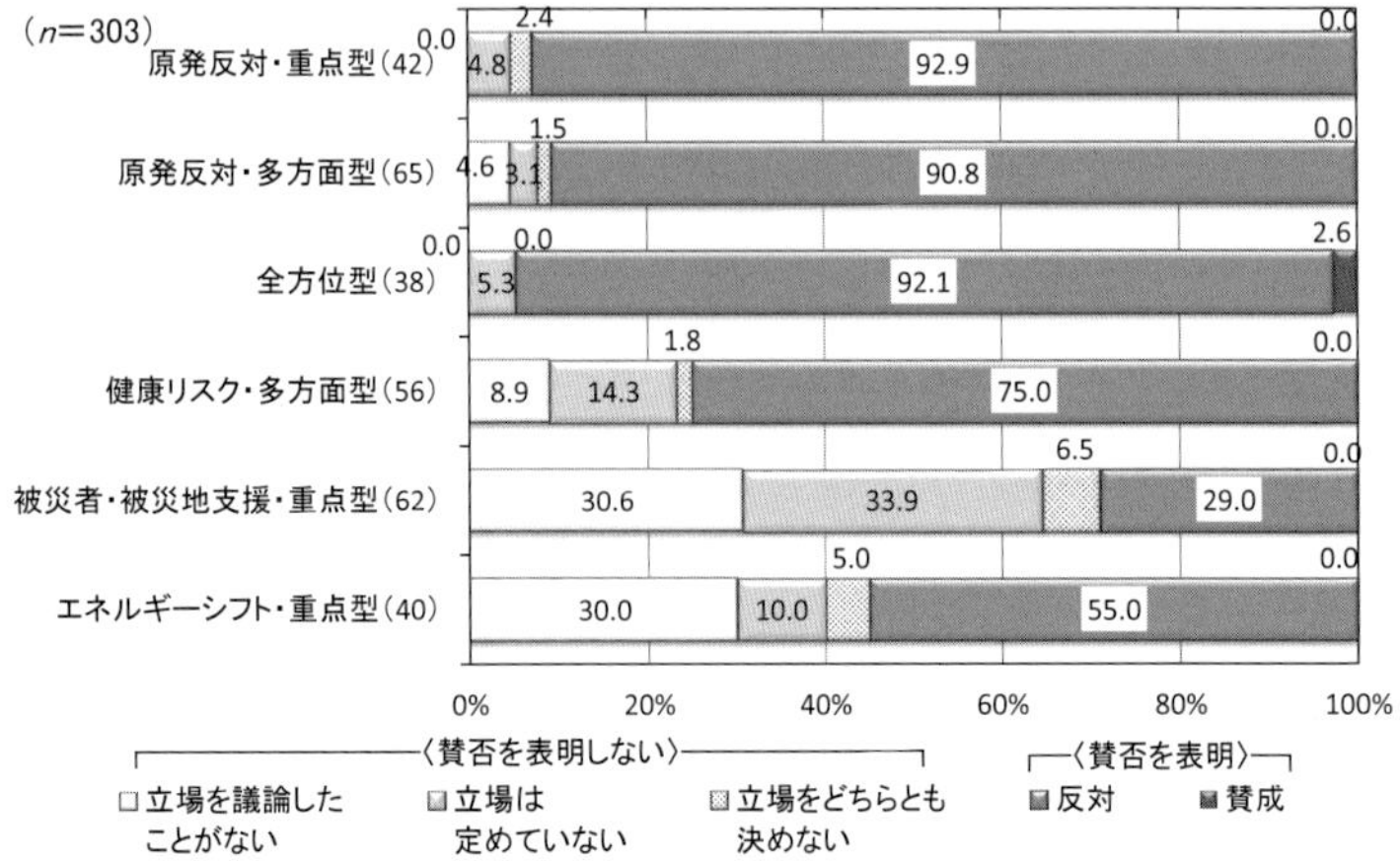

図7.3　原発再稼働への団体の態度（団体6類型別）

第1群は〈賛否を表明する〉傾向の団体群である。「原発反対・重点型」、原発反対を中心として他の活動も行う「原発反対・多方面型」、すべての課題に取り組む「全方位型」は9割以上の団体が〈賛否を表明する〉かつ〈再稼働反対〉であった。これより低い「健康リスク・多方面型」でも75％であった。第2群は〈賛否を表明しない〉傾向の団体群である。「被災者・被災地支援・重点型」は7割の団体が〈賛否を表明しない〉と回答した。第3群は〈中間的〉傾向の団体群である。「エネルギーシフト・重点型」は〈賛否を表明する〉団体と〈賛否を表明しない〉団体が拮抗した。なぜこのような違いが表れたのだろうか。

〈賛否を表明する〉第1群から見てみよう。「原発反対・重点型」「原発反対・多方面型」が、賛否を表明するのは当然の結果である。「健康リスク・多方面型」は「子どもの健康・学校給食の安全」「食品、飲料水の安全」などを課題としており、原発反対を中心課題としないが〈賛否を表明する〉傾向が強く、〈賛否を表明しない〉は3割弱と低かった。実際に過去の運動でも、チェルノブイリ事故を契機とする「反原発ニュー・ウェーブ」は同じように放射能、子どもの健康といった身近な関心から巻き起こった運動だった。

次に〈賛否を表明しない〉第2群を見てみよう。「被災者・被災地支援・重点型」の活動は、大きな困難・葛藤を抱え込んでいる。除染と早期帰還を進める政府の復興政策に対して、被災地では住民間の対立と逡巡があり、支援団体には悩ましい問題となる。また、原発を中心に地域社会が形成されてきた歴史があったことも影響している。緊迫した状況下で活動する団体には、論争を呼ぶ原発再稼働への賛否に関わる余裕はなく、活動に支障をもたらしかねないという危惧もあったことが、反映されている。

実際私たちは、被災者・被災地支援に取り組む団体の代表者から次のような話を聞いた。一九九〇年代にプルトニウム輸出反対の運動に関わってきたその代表者は、震災後、被災者支援団体の代表を務めるようになった。その際、団体としては原発反対を掲げず、支援活動を優先した（2013.7.4 首都圏で原発避難者への支援活動を行う団体の代表へのインタビュー）。このように多様な既存団体が震災後に被災者支援に取り組むなかで、反原発運動を担ってきた人びとも、原発と共存してきた被災者の複雑な事情を考慮し、活動を円滑に進めるために団体として原発への〈賛否を表明しない〉判断があったと考えられる。

最後に〈中間的〉な第3群を見てみよう。「エネルギーシフト・重点型」が中間的であるのは一見不思議な結果かもしれないが、原発中心のエネルギー政策の転換にはさまざまなシナリオがありうる。すべての原発再稼働に反対するのではなく、個別に判断する立場もあるだろう。また「省エネの促進・普及」や「再生可能エネルギー普及」の課題達成には、再稼働への賛否表明は必ずしも必要とされないことが考えられる。

以上、各団体が取り組む活動課題や個別の事情によって、原発再稼働への〈賛否を表明する・しない〉傾向には違いがあることを見てきた。脱原発を主要な活動課題とするいわば「コア」団体と、脱原発も視野においているが中心課題とせず、団体としての態度を定めない「周辺」団体が共存していることがわかる。

被災地との温度差

脱原発運動が全国的に勢いを増す一方で、被災地・福島では大都市中心の「脱原発運動」に違和感があることが指摘されてきた（開沼 2012: 112-113; 山本 2012: 28-29）。しかし個人レベルで原子炉を廃止すべきとの意見は、被災3県の方が高い傾向にあることが明らかになっている（二〇一二年ＪＧＳＳ〔日本版総合的社会調査〕、岩井・宍戸 2014: 432）。このように相反する結果に対して、市民活動団体ではどのような傾向が見られるだろうか。

ここでは、団体拠点（おもな事務所の所在地）を福島第一原発との距離に応じて、１００キロ圏内（福島、仙台、いわきなど）、１００〜３００キロ圏（東京圏を含む）、３００キロ圏外の３つに分類し、それぞれの再稼動への態度を見た。

図７・２で見たように３１１団体の７割の団体が、原発再稼働に〈賛否を表明する〉〈再稼働反対〉であったが、図７・４で明らかなように、福島第一原発の「１００キロ圏内」では5割、「３００キロ圏外」では8割近くとなり、明確な対照をなす。逆に福島第一原発までの距離が近いほど〈賛否を表明しない〉団体は高くなる。そのうち「立場は定めていない」団体が特に高い。この結果から、事故を起こした福島第一原発の周辺地域に拠点をおく団体ほど、再稼動への議論・判断を躊躇する様子がうかがえる。

ところで、福島から東京圏にかけて「健康リスク」や「被災者・被災地支援」などの活動課題をもつ団体

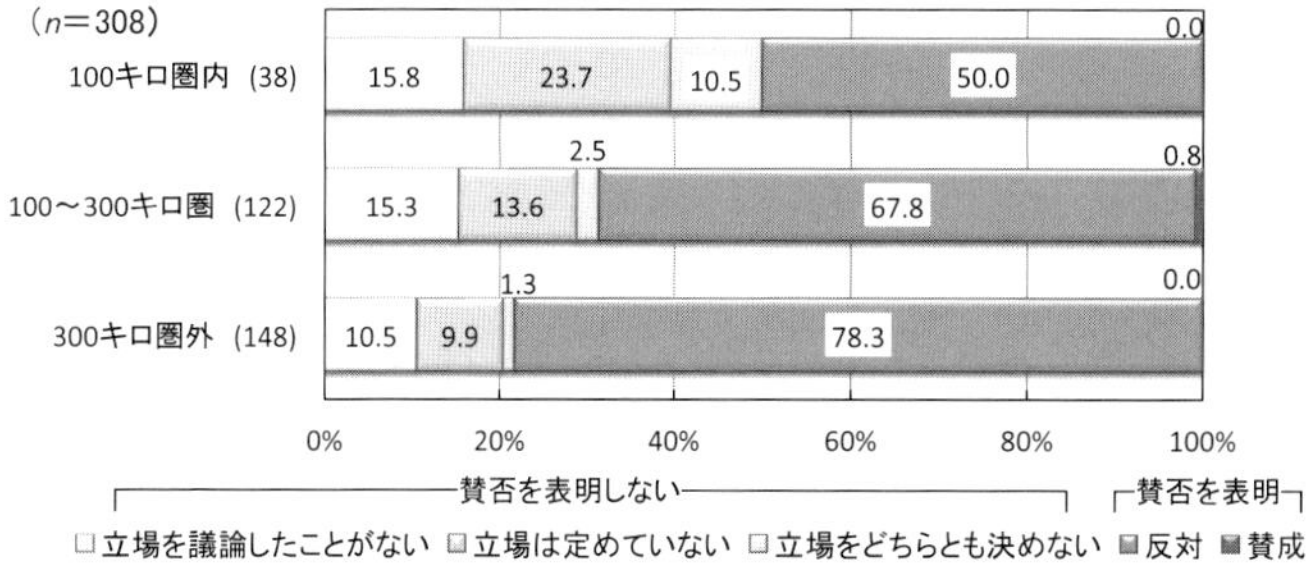

図7.4　原発再稼動への団体の態度（福島第一原発までの距離別）

表7.1　原発再稼動への団体の態度
（ロジスティック回帰分析）

	モデル	I		II		III	
		exp(β)		exp(β)		exp(β)	
団体6類型	原発反対・重点型	ref.		ref.		ref.	
	エネルギーシフト・重点型	0.09	***	0.10	***	0.16	**
	被災者・被災地支援・重点型	0.03	***	0.04	***	0.05	***
	健康リスク・多方面型	0.23	*	0.36		0.23	*
	原発反対・多方面型	0.76		0.82		0.43	
	全方位型	1.38		1.79		0.53	
福島第一原発との距離	100キロ圏内			0.46	†	0.27	*
	100～300キロ圏			ref.		ref.	
	300キロ圏外			1.59		1.30	
活動内容群スコア	直接行動					2.34	**
	ロビー活動					1.18	
	調査・教育活動					1.31	
	支援活動					0.96	
	事業活動					1.07	
	n	303		301		300	
	Nagelkerke R^2	0.38		0.41		0.52	

† $p < .10$, *$p < .05$, **$p < .01$, ***$p < .001$.
（注）係数はオッズ比を示す

が集積しているという知見が得られた（第三章）。１００キロ圏内で〈賛否を表明しない〉団体が多いのは、「被災者・被災地支援・重点型」団体が多いことの反映にすぎないという疑問もありうる。言い替えれば、原発までの距離による態度の分岐は結局、活動課題の優先度の違いに規定されるとの見方である。

そこで、福島第一原発との距離が独自の影響を与えるかを検討するため、団体の態度を従属変数（賛否を表明する＝1、表明しない＝0）として、ロジスティック回帰分析を行った（表7・1）。その結果、団体類型を制御変数として投入しても、距離には一定の有意な効果が見られた。

つまり、活動課題の違いとは別に、被災地に地理的に近い場所に拠点をおく団体は全体として、原発再稼働への〈賛否を表明しない〉傾向があることが確認された。この結果は、福島を中心とする被災地とそれ以外の地域の間で、脱原発への態度に何らかの「落差」が確かに存在することをうかがわせる。

4　決める「決断」、決めない「戦略」――運動の裾野は拡大したか？

「脱原発」の裾野の静かな広がり

以上、原発再稼動への態度を中心に、市民活動団体の原発をめぐる争点との関わりを見てきた。本調査に回答した３２４団体のうち、「原発の建設反対、削減ないし廃止」自体を課題に挙げた団体は48％にとどまったことを考慮すれば（図2・1）、原発・エネルギー問題を直接活動課題としない団体にも再稼働反対が広がったことをうかがわせる。

3節でみた「健康リスク・多方面型」団体は、まさにその典型である。原発をめぐる議論が、国政や政治など大上段からの議論に陥りがちなのに対して、身近な問題から原発問題をとらえる活動は、幅広く異なる層の市民に浸透しやすい。ここから、原発反対の理念が厚みを増し、「脱原発」の動きが拡大する可能性がある。エネルギー自給という国家安全保障や原発関連技術の人材確保という観点から「原発は必要」とのPRが繰り広げられるなか、日常の感触に発する反対の態度は、その重要な防波堤となるだろう。

一方で〈賛否を表明しない〉団体もまた多く存在する。それには時に重複する二つの背景がある。第一に、活動を円滑に遂行するために〈賛否を表明しない〉という理由がある。「被災者・被災地支援・重点型」の団体の多くは、これに該当する。再稼働への賛否のいずれを選択するかを明確にする必要は必ずしもない。争点の議論や判断を控えることによって、より多くの人びとを目下の課題解決のために巻き込む可能性が高まる。ただしこの団体類型でも3割もの団体が反対の立場を明確にしていることは大きな意味を持つ。原発事故を教訓とした大きな決断といえよう。

第二に、団体の戦略として、あえて表明しないという理由がある。実際、「決めない」ことは政治や社会実践においてよく見られる戦略である。震災前、新潟県巻町で行われた住民投票はまさにこれに該当する。賛否の立場をオープンにし、自分たちの生活に関わる課題は自分たちで決めようという方針を立てることで、行き詰まった反対運動に新たな道筋を示した（中澤 2005）。また、震災後の泉田新潟県知事の柏崎刈羽原発への態度も類似しており、安全確認の一点にとどまり、決して原発賛成、反対のどちらに立つとも表明していない（コラム新潟の市民活動）。こうした戦略によって、「あれかこれか」の二項対立に陥らず、もっと多くの人びとを論争のアリーナに引き寄せ、結果的に広範囲の支持・賛同を得られる可能性がある。「エネルギーシフト・重点型」に見られるような、賛否を表明しない団体の態度は、このような意味を持つと考えられる。

〈賛否を表明しない〉団体の特徴

団体として賛否を表明しないことは、その団体のメンバーが原発について考えていないことを意味しない。東京都内で原発・エネルギー問題の勉強会を開催する「月1原発映画の会」は、原発に反対、賛成の人たちが対等に議論できる場にしたいと考え、あえて団体としての立場を表明しないという（2014.12.14インタビュー）。このように、団体として立場を留保しても、それが広い意味で「脱原発」を支える場合もある。本調査によれば、〈賛否を表明しない〉団体のうち、3割前後の団体内でデモ情報が流れていた（問13）。また、同じく56・7％が「シンポジウム・勉強会開催」、26・7％が「記者会見、Ｗｅｂ上での意見表明」、24・4％が「陳情・請願」の活動内容に取り組んでいた（問9）。これらの地道な活動は震災・原発事故がいまだ終息していないことを人びとに想起させるきっかけとなり、原発反対の世論を支える役割も果たす。意見の分かれる争点への立場を定めないことで、団体内部の亀裂を避けることができ、結果的により多くの人びとを震災後の原発・エネルギーに関わる問題圏に包摂しながら、市民社会の裾野を広げることに貢献している。脱原発運動の盛り上がりの基盤に、実はこのように多様な団体や重層的な活動があったことは特筆すべきである。

最後に、〈賛否を表明しない〉団体の中にも、実は多様性があることを見ておこう。

すでに述べたように〈賛否を表明しない〉ことは、たとえば危機的状況の時点・地点において、主張や主義の違いを越えて動員や支援を緊急に進めるために選び取られた「戦略」ないし「知恵」といえるかもしれ

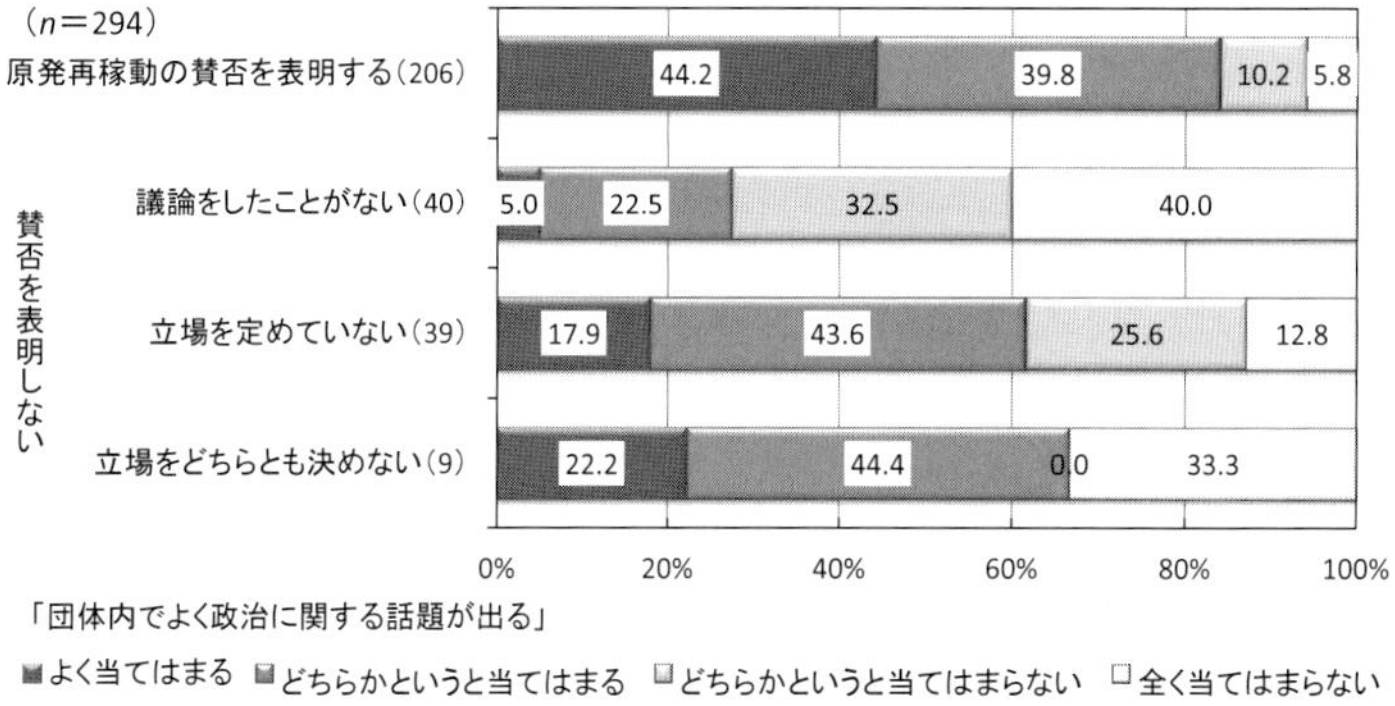

図7.5　政治への団体の関心度（原発再稼動への態度別）

ない。だが、同じ〈賛否を表明しない〉選択にも、異なる経路がありうることが、本調査からわかった。「団体内で政治の話題が出る」かどうかを4段階で尋ねた結果を見てみよう（問31⑸、図7・5）。〈賛否を表明しない〉88団体のうち、「議論をしたことがない」団体では、「団体内でよく政治に関する話題が出る」に対して「どちらかというと当てはまらない」と「全く当てはまらない」が70％以上にのぼる。他方で、「立場を定めていない」と「立場をどちらとも決めない」団体では、35％前後にとどまる。

ここから見えてくるのは、「立場を定めていない」「立場をどちらとも決めない」48団体は、政治的な話題に向き合い、その上で〈賛否を表明しない〉と選択したのに対して、「議論をしたことがない」40団体は、争点自体を避ける傾向が強いという構図である。

〈賛否を表明しない〉団体の問題点も浮かんでくる。短期的に〈賛否を表明しない〉ことは、「被災者・被災地支援」や「エネルギーシフト」型団体の継続・促進につながる。だが、そもそも政治について語らないことによって維持されるならば、その活動のつながりは危うい。震災直後の行政・メディアは原発事故の原因に触れないまま、「絆」だけを盛んに強調した。短期的な活動成果をあげるために〈賛否を表明しない〉ことは、そのような世論操作に意図しないまま加担する危険性をはらむ。

原発事故は現実に起きてしまった。原子力の問題はもはや遠い世界の、自分とは関係のない「政策」ではなく、現在と近未来を介して「日常生活と緊密に結びついた課題」となった。しかし、他方で時間が経つにつれ、原発・エネルギーに関わる問題圏はより個別化・細分化・専門化することが予想される。その中で〈賛否を表明しない〉団体もまた、〈賛否を表明する〉必要にいつか迫られるかもしれない。そのとき、これまでとは異なる一歩を踏み出すのか、それとも、争点からさらに遠ざかっていくのか。これは、震災後に盛り上がった脱原発運動のゆくえに関わる重大な分岐点としての課題である。うねりは縮小していくのか、あるいは別のかたちを取るのか、今後も注目に値する。

注

（1）labornetTV 作成。二〇一一年三月二七日公表。「原発とめろ！　反原発・銀座デモに１２００人！」(https://www.youtube.com/watch?v=wHBQcVL7u1E 2015.1.14 閲覧)。

（2）ニコニコ・ニュースによるミサオ・レッドウルフへのインタビュー（2012.9.1215:30 配信、http://news.nicovideo.jp/watch/nw368119、2015.1.16 閲覧）

（3）二〇〇七年にミサオ・レッドウルフは「NO NUKES MORE HEARTS」を起ち上げた。その原点はアーティスト坂本龍一の呼びかけで起ち上がった反原発プロジェクト「STOP ROKKASHO」に参加したことであった（https://www.cataloghouse.co.jp/yomimono/genpatsu/misao/ 2015.1.15 閲覧）。さらに元をたどると坂本龍一が「STOP ROKKASHO」を起ち上げたきっかけは映画『六ヶ所村ラプソディー』を見たことであったという（鎌仲 2008: 62）。

コラム　原発都民投票運動の残したもの

佐藤　圭一

全国の原発住民投票結果

都県・市	署名期間	有効署名数 対 法定署名数（有権者数の50分の1）	署名数／有権者数（%）	首長の態度	議会審査期間	結果
大阪市	2011.12.10～12.1.9	55,428筆＞42,673筆	2.6	否定	2012.2.20～3.27	否決
東京都	2011.12.11～12.2.10	323,076筆＞214,236筆	3.0	否定	2012.6.5～6.21	否決
静岡県	2012.5.13～7.11	165,127筆＞61,541筆	5.4	肯定	2012.9.19～10.11	否決
新潟県	2012.6.23～8.22	68,353筆＞39,084筆	3.5	肯定	2013.1.22～1.24	否決
埼玉県	2014.12.15～15.1.10	59,998筆＜118,068筆	1.0	—	—	—

（注）選挙等の中断があり，署名期間は異なる。埼玉は法定署名数を下回り，提出なし

原発は、400日ごとに運転を停止して定期検査を受けるよう電気事業法で定められている。立地自治体と電力会社が締結する原子力安全協定の多くは、運転再開時に自治体・県の首長の同意を定めてきた。

しかし、これらの自治体財政の多くは電源三法交付金に依存し、原発稼働は安全性より経済性が優先されると、原発事故以前から問題視されてきた。

福島第一原発事故で立地自治体を越えて広範な放射能被害がもたらされたことをきっかけに、全国各地で原発再稼働に関わる住民投票条例の直接請求運動が起こった（Satoh 2012b）。

原発への賛否を問う住民投票を直接請求

運動の中心を担ったのは、今井一らが呼びかけて二〇一一年六月二五日に設立された「みんなで決めよう『原発』国民投票」というネットワーク型の市民活動団体である。当初は国民投票を求めていたが、二〇一一年八月、東京都と大阪市で「原発」都民／市民投票条例制定を請求する署名活動を開始した。住民が法定数の署名とともに条例制定を請求すると、首長は条例案を議会に提出しなければならない（地方自治法74条）。条例案では原発住民投票が実施されても結果に法的拘束力はない。この運動の目的は脱原発そのものではなく、都民／市民に原発への賛否を問い、再稼働の意思決定に正しく反映される効力を狙ったものであった。事実上、立地自治体

駅頭で署名を呼びかける受任者たち
（東京都渋谷区・渋谷駅前 2012.2.9）

に限られていた原発稼働の意思決定に、市民参加の道を拓こうとしたのである。

32万筆の署名を集める

東京都では、二〇一一年一二月一一日から署名活動が始まった。二ヵ月で約21万4千筆（有権者の50分の1）を集める必要があったが、無効署名が含まれるため、実際にはこれを上回る数が目標とされた。

署名活動では、あらかじめ登録した「受任者」が同じ地域の有権者の署名しか集めることができない。署名開始時には約9千人が受任者に登録していた。受任者たちは連日寒空の下、駅頭などで署名を呼びかけたり、お互いの地域に出向いて協力して署名を集めた。

原発住民投票運動が打ち出したのは、電力消費者としての権利と責任であった。運動に関わった社会学者・宮台真司の「原発をやめるのではなく、原発をやめられない社会をやめる」というフレーズがしばしば語られた。原発推進に賛成だが民主的手続きが必要と考える有権者の賛同を得る一方で、原発反対運動のメンバーから反発を招くこともあった。

最終的に、法定数を大きく超える32万3076筆の署名が集まり、一二年六月、原発都民投票条例案が東京都議会に提出された。生活者ネットワーク、共産党、民主党の一部議員の賛成を得て、条例修正案は総務委員会で1票差まで迫ったものの、本会議には原案がかけられ、自民党・公明党、残りの民主党議員が反対に回り、41対82で否決された。

先の表の通り、東京を含めて原発住民投票が成立した例はなく、原発再稼働の意思決定に市民が参加するという課題は達成されていない。

運動が残したもの

日本では地方自治の法体系の中で住民投票は明確な位置づけを与えられていない。社会学者の中澤秀雄は、住民投票実施に成功した運動は、請求署名数が有権者の半数に達していたことを確認した（二〇〇五年時点）。逆にいえば、首長のリコール・議会解散を請求できる有権者の3分の1の署名数でさえ実効力がなく、住民投票のハードルが高すぎると批判している（中澤 2005: 208）。

震災後、原発以外の課題で住民投票実施までこぎつけた例でも、投票結果を開示せずのちに破棄（二〇一三年五月東京都小平市）、投票結果とは逆の案を議会で可決（二〇一二年五月鳥取市）など、実効力を発揮していない。個別の課題に対して議会の多数派と民意が異なると、議会が押し切る結果が続いている。

各地で起こった原発住民投票運動は、いずれも目的を達成することはできなかったが、署名活動を行った各市町村の草の根グループのいくつかは、この運動によって問題意識を深め、その後も原発・エネルギーや議会政治に関わる活動を継続している（次項コラム）。

原発住民投票運動は、新しい層の市民が脱原発をめざす活動・運動や政治活動に関わるきっかけとつながりをもたらした点で、大きな意義があったといえる。

コラム

市民主体を育てる
――孵卵器としての社会運動組織

菰田レエ也

市民活動を支えたローカル政党

東日本大震災後、東京では原発再稼働を問う都民投票運動が起こった。この運動をサポートしたのが、生活者ネットワークである。一九七七年に「グループ生活者」(当時)として結成され、もとは生活クラブ生活協同組合の組合員による、安全で健康的な商品を求める活動から生まれた。地域の自治体に議員を送り込むローカル政党に徹していることに特徴がある。

生活者ネットワークは、市民活動団体「みんなで決めよう『原発』国民投票」の運動をさまざまなかたちで支えた。同ネットワークは一九八九年東京都に対して、食品安全条例の直接請求運動を行い、署名活動の方法を熟知していた。そこで原発都民投票運動においても、各区市の受任者たちに署名活動のノウハウを教え、活動の拠点として事務局の場所を提供するなどの協力を行った。

棲み分けと市民の自発性

原発都民投票運動をきっかけに初めて運動に参加したAさんとBさんによれば、初参加の市民が「前面」に出て街頭で署名集めをする一方、生活者ネットワークが事務作業の「裏方」に徹する「棲み分け」がなされたことが重要であったという。

「事務局になってくれたのは生活者ネットの方で。すごくうまくいったのはね、〔ネットの人たちが〕事務局を担って、市民が前面でやるっていう。彼女たちがすごく裏方に徹してくれて、署名簿を一括して持って行ったりとか、そこの手間がなかった分、市民が前線に立ってやるっていう棲み分けができたっていうのはすごく良かった」(Aさん 2014.6.13 インタビュー)。

特に初参加の市民が多かった地域では、生活者ネットワークが市民の自発性を活かしていったという(Bさんインタビュー 2014.6.13)。

こうして集まった32万人の署名を提出したにもかかわらず、東京都議会で条例案が否決され、運動自体は不成功に終わった。Aさんや Bさんは、この結果に大きな挫折感を味わった。今後自分たちが市民活動や脱原発運動を続けるかどうかは重要な選択であったという。Aさんは、生活者ネットワークが運動の中心にならなかったことが、活動の継続につながったという。

「生活者ネットの人たちが結構裏でやったというのが、その後の活動に大きく影響した。やっぱり、生活者ネットの人が表に出てたら、もうお任せになってしまう。もうネットの人たちが引っ張ってやっていくもんだと思っていたら、だんだん市民活動も自分たちがメインで出られなくなる。引いていったと思うんですよ。でも署名活動の時から、ネットの方たちはすごく後ろに下がってやってくれて。表舞台が私たちだったので、何かやりたい、どうやりたいっていうのは、私たちが決めていくというかたちでやったんですよ。だから、署名活動が終わった時も、市民の方たちはどうするのって問われた時に、私たちもこれではやめられないねっていう話になって、動かざるをえないよね」（Aさんインタビュー、同上）。

市民活動を継続できた理由

原発事故後、Aさんは自分の事として原発・エネルギー問題に向き合った。原発都民投票の署名活動には、自分たちで考えて決めて、積極的に取り組んできた。だからこそ、住民投票を実現できなかった挫折感がある。一度は市民活動を辞めようと思った。しかし、挫折感があるから、何らかのかたちで市民活動を続けたいという気持ちにもなる。

Aさんや Bさんは、「みんなで決めよう『原発』国民投票」や生活者ネットワークとは別に、独立した地域ボランティアによる市民活動団体を結成した。

初参加のメンバーが多くいた地域では、脱原発の思いをそのままに、政治について考える勉強会や市民発電事業に取り組む新たな市民活動団体がいくつか結成されたという。

ここで重要なのは、原発都民投票運動において、新しく活動に参加した人たちの自発性を重んじる運動がなされたことである。住民投票こそ実現できなかったものの、市民の自発性を尊重したことで、市民活動に大きな影響を及ぼすことになった。

Aさんが述べたように、生活者ネットワークが運動を引っ張っていたら、初参加のメンバーはその後も活動を継続しようとは思わなかったのではないだろうか。いわゆる「老舗団体」においてベテランと新メンバーの共存が必ずしもうまくいくとは限らない。対立や緊張が生じることも多い。

それにもかかわらず、AさんやBさんが活動を継続できた背景には、生活者ネットワークを含む生活クラブ運動グループの特質が関係している。すなわち、生活クラブ生協を母体とする生活者運動は、これまで受動的な消費者といわれた主婦たちを、社会的な活動に興味をもち、自発的に行動する市民主体に育ててきた。生活クラブが重視する自発的参加や市民教育の理念が、署名活動の「棲み分け」を可能にしたとも考えられるだろう。

このように、生活者ネットワークは運動の「敗北」後に新たな市民活動団体を生むことに成功した。市民の自発性の尊重は、結果として市民活動団体の形成を促す。自らの運動を進めるだけでなく、新たな市民主体を育てる「孵卵器」（インキュベーター）としての機能を、社会運動組織が果たすことができるかどうかは、運動にとって重要な課題である。

生活者ネットワークの事務所

（東京都小平市 2015.7.21 佐藤圭一撮影）

コラム

新潟の市民活動

――東京電力もう一つの原発立地自治体

岡田　篤志

新潟県内の避難者支援

福島第一原発事故以後、新潟県内には多くの被災者が避難してきた。避難者がもっとも多かったのは二〇一一年三月一九日で、9623人であった。震災からおよそ三年半後の二〇一四年九月一三日の時点でも4990人が避難生活を続けている（新潟県発表）。ピーク時から見れば半数程度になったものの、依然として多くの人びとが新潟県内で避難生活を余儀なくされている。多くは福島県からの避難者である。福島県と新潟県は距離的にも近く、長い県境で接する。山脈にさえぎられ放射性物質がほとんど飛来しなかったことも、避難先とされた要因と考えられる。

おそらく多くの避難者にとって、当初の予想よりも長期の避難生活を強いられ、縁もゆかりもない土地で生活は孤立しがちであった。避難者を支援するため、新たな市民活動団体が数多く生まれた。新潟県内における避難者支援に関する研究は少ないが、高橋・渡邉・田口（2012）の報告によれば、二〇〇四年中越地震、二〇〇七年中越沖地震、その他の地域の水害など、新潟県は多くの災害に見舞われてきたため、社会福祉協議会や自治会・地域協議会、各種市民団体といった地域力（ソーシャル・キャピタル）が厚く、それらが避難者の受け皿になった。

原発県民投票運動

活発に活動したのは、避難者を直接支援する市民活動団体だけではない。福島第一原発事故を目の当たりにし、国や電力会社ではなく立地県の問題として原発をとらえ、県民一人ひとりが考えて決めようという原発県民投票運動も展開された。東京電力柏崎刈羽原発の稼動について、県民の意思を問うために県民投票をめざす「みんなで決める会」（以下、決める会）が二〇一一年四月に発足した。「決める会」はまず、新潟県に県民投票条例を直接請求するために、署名活動を行った。有効署名

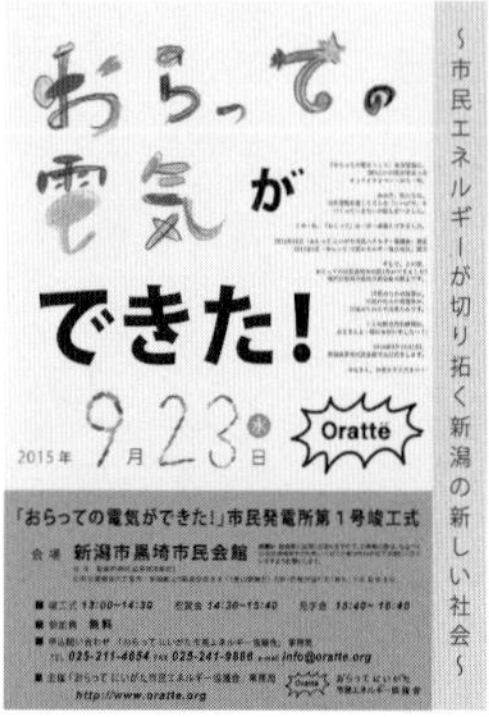

おらっての電気ができた！
市民発電所第1号竣工式
（おらってにいがた市民エネルギー協議会主催，新潟市 2015.9.23）

は6万8353筆で、直接請求に必要な法定数3万9136筆を上回った。二〇一三年一月二三日に新潟県議会において条例案は否決されたものの、住民が高い関心を持っていることをうかがわせた。

原発事故は震災前からの市民活動の担い手たちにも、大きな影響を与えている。新潟で十年近く平和憲法を普及し、実践する活動をしてきた「ナインにいがた」共同代表の佐々木寛教授（新潟国際情報大学）も、「心のどこかであれほどの事故は起きないだろうとタカを括っていたこと」に気づかされたという。事故を目の当たりにして、これまでの原発に代表される中央集権型システムでは実現できない地域の平和や繁栄を、市民自らが自立してつくるために、二〇一四年「おらってにいがた市民エネルギー協議会」を起ち上げた（「おらって」は新潟弁で「われわれの」という意味）。二〇一五年には「おらっての電気」市民発電所第一号が竣工した。

新潟県知事の立場と背景

では、原発に関して新潟県知事はどのような発言をしてきただろうか。泉田裕彦知事は震災後、7基の原子炉を有する柏崎刈羽原発の再稼動について、「福島第一原発の事故の検証が終わらないうちは、再稼動の議論はしない」という主張を一貫して続けている。二〇一四年一一月に九州電力川内（せんだい）原発の再稼動に鹿児島県知事が同意し、一五年九月に再稼働した後も、この主張に変化はない。

福島第一原発事故では、住民の避難計画も課題として浮かび上がった。原発の新規制基準の適合性審査には、住民避難の具体的な指針作成の必要は明示されず、自治体に任されている。自治体の避難計画は万全といえるものからはほど遠い。「新潟県原子力発電所の安全管理に関する技術委員会」で提示された検証項目はまだ検討が終わっておらず、項目も増えている。泉田知事はこうした現状を、福島第一原発事故の検証が終わっていないと判断している。

泉田知事の主張の背景には、二〇〇七年七月一六日の新潟県中越沖地震によって柏崎刈羽原発で火災が発生した経験が影響している。泉田知事はインタビューにおいて、福島第一原発事故とともに、柏崎刈羽原発の火災事故にも触れている(http://iwj.co.jp/wj/open/archives/100574)。二〇〇二年には東京電力のトラブル隠しが発覚した。東京電力や原発に対する不信や不安は、福島第一原発事故以前からすでに積み重なっていたのである。

原発と地域格差

東京電力柏崎刈羽原発は新潟県のほぼ中央部の沿岸に立地しており、電力のほとんどは首都圏に送られる。巨大な原子力発電所が県中央に存在しながら、地元は消費していない。新潟県は東京電力管内と誤解されやすいが、実は東北電力の配電区域である。市民活動では原発自体の危険性だけでなく、首都圏と地方の関係という構図の中で、原発の存在が否定的に語られてきた。

しかし、東北電力の原発がどこにあるのか、3・11以前に知っていた新潟県民は、おそらく非常に少ない。東北電力管内で宮城県に次いで電力消費量が多いのは新潟県である。原発の電力は消費するが、リスクは負わない。首都圏と地方の関係は、地方と地方にも当てはまる関係だったことに、福島第一原発事故が起きてはじめて気づいた人びとも多かったに違いない。批判のための論理は、そのまま自らにも向けられた。この事実に直面したとき、新潟の人びとは行動に駆り立てられたのではないだろうか。

コラム

被災地・福島の市民活動
――タウンミーティングという試みから

佐藤　彰彦

原発とともにあった当たり前の暮らしの崩壊

福島県富岡町は、東京電力福島第一原発から南へ約10キロの場所にあり、南部の行政境には福島第二原発が立地している。東日本大震災翌日の二〇一一年三月一二日、首相官邸より出された福島第一原発から半径10キロ圏内の避難指示を受け、町は全町避難を決断する。町民は、事故から四年以上が経った現在も避難生活を余儀なくされており、その範囲は全国47都道府県に及ぶ。主たる避難先は福島県いわき市、郡山市、福島市、県外では関東1都6県、宮城県、新潟県などである（二〇一五年八月現在）。

突然の全町避難は、町民たちにどのように映ったのだろう。彼らは避難直後をふり返りながら声をそろえるかのように、「（当時は）二～三日で戻れると思った」と口にする。一九七一年の第一原発稼働以来、富岡町民にとっての暮らしは、安全神話のもと原発とともに存在してきた。しかし、原発事故による被災経験は3・11以前の町民の国や東電に対する信頼を根底から破壊し、止めどない怒りをともなって彼ら自身に襲いかかってくる。

突如の避難から現実を取り戻すなかで生まれる「怒り」と「落ち着き」

富岡町の住民団体「とみおか子ども未来ネットワーク」（以下「ＴＣＦ」）代表の市村高志氏は、避難後の自身の心の葛藤と変化について次のように語る。

「『故郷を汚染して、帰れない場所にして、今まで東京電力が俺たちに言ってきたことは嘘だったのかよ……。』震災後、安全神話のマインドコントロールから解かれ、徐々に現実を取り戻していくなかで、私たちは大きな怒りを抱え込むことになった。恐らく、自分が置かれた状況がつかめていなかったせいもあるだろう」（山下祐介・市村高志・佐藤彰彦『人間なき復興』:80）。

しかしそうして怒りを込めながら、自分が避難してきた経緯を仲間に話すうちに、自分の状況が少しずつわかり落ち着いてきたという。ようやく「今後」を考えられるようになったのだ。こうした体験は、のちにTCFの発起人となるメンバーの間でも共有されていた。

TCFの発足と活動の求心力

「自分たちのこれからを、ほかの誰かに勝手に決められたくはない」――そんな気持ちからTCFの発起人となる四人の町民が「富岡町というつながりで話して」いくなかで、「このままでいいわけねぇよな」（傍点筆者）という思いが共有された。これがTCF発足の出発点であり活動の求心力といってもいいかもしれない。こうしてTCFは、東日本大震災から約一年後の二〇一二年二月に百名余りの町民を集め活動を開始する。

TCFは、全国に避難する富岡町民のうち、おもに30～50代を中心とした世代から構成されるネットワーク組織である。彼らの多くは、子どもや老親世代の狭間で苦悩を抱えながら、避難生活のなかでさまざまな決断を迫られてきたが、その選択の正しさに自信をもつことができずにきた。こうした被災の現実のなかから、TCFは富岡町と県内外に避難している町民をつなぎながら、「避難生活の本質をしっかり届け（避難生活を）解消」していくこと、「（自分たちの）未来を、町の未来を構築」していくことなどを基本理念に活動してきた。以下では、こうした理念のもとTCFの主要事業として進められてきたタウンミーティング、その活動成果を復興政策等に反映させるべく大臣らを招聘して開催された公開討論会の二つの取り組みについてみていこう。

タウンミーティングから露わになった被災者の現実認識

タウンミーティングは、これまで11回にわたり（二〇一五年八月末現在）、富岡町から避難した人たちの多い福島、東京、埼玉、神奈川、新潟などを中心に各地で開催されてきた。20代から80代までの町民延べ百数十名が参加し、それぞれが避難生活で抱えている不安や怒り、心配事など思いの丈を吐き出してきた。

「（ハローワークで）『どうせ帰るんでしょう』なんて言われたり」「すごく孤独を感じる時ってありますよ

ね。本当に失ったもの、背負わされたものがあって」「多くの人が、受け入れてくださっている地域の変化をひしひしと感じるようになって、それがまた別のストレスとしてかかり始めている」……。原発事故後の時間経過のなかで、町民個人や家族などさまざまな立場から多様な悩み・苦しみが聞かれた。

ＴＣＦは、こうして得られた発話データの分析を川喜田二郎氏門下の山浦晴男氏に依頼した。その結果は90枚余りの細部構造図と、それを集約した全体見取図によって説明される。それはすなわち、この国における議会制民主主義が機能不全に陥り、被災地の実態が十分に反映されることなく、被災者の意に反した復興政策が急速に進みつつあるという現実認識としての、社会構造である。

公開討論会というひとつの区切り

被災当事者の意に反して進む復興の現状を変えようと、ＴＣＦは二〇一三年二月一六日に「とみおか未来会議」という公開討論会を開催した。この会議は、これまでのタウンミーティングで町民からあがった声からみえる問題を構造的に整理し、原発事故の収束状況、帰還基準の安全性、警戒区域の解除・区域再編過程と再編後の管理責任所在、長期避難継続にかかる生活保障、住民票移動にともなう不利益など、避難生活からみた重要な政策的論点を提示・議論し、復興や生活再建に向けて建設的な道筋を探ることを目的として行われた（資料参照）。復興大臣、環境大臣、富岡町長、同議会議長を招き、ＴＣＦのメンバーが登壇して議論が進められた。

両大臣が当日公務で欠席したため、これまでタウンミーティングで積み上げてきた思いの丈を政府にぶつけることはできなかったが、参加者の間では次のことが共有されることとなった。

それまで、「地元行政が〔自分たちのために〕何をしているのかなかなかみえない」うちに政策が展開されていく状況のもとで、町民たちは「町は国のいいなりじゃないか」「〔町は〕原発事故は本当に収束していると思っているのか」などといった疑問を抱いてきた。しかし、公開討論会を通じて明らかになったのは、タウンミーティングで町民からあげられた避難生活上のさまざまな問題にかんして、町民と首長・役場・議会との間に大きな認識の違いはなく、要望活動などのかたちで対応も進めとみおかの未来のために――
私たちが今日確認したいこと・話し合いたいこと

とみおか子ども未来ネットワーク
2013年2月16日

1. 原発事故は本当に「収束」したのか。「年間20msv 以下」で本当に安全か。誰がそれを決めるのか。【①②】

2. 警戒区域の解除と区域再編は誰の責任で行われるのか。その前提として、設定は誰がどのように行なったのか。【⑭⑮】

3. 警戒区域解除後の、区域内の管理責任は誰が負うのか。【⑯】

4. 一律賠償を望む。区域再編と賠償は別の話ではないか。【⑰⑱】

5. 賠償の基準づくりには、当事者である被害者(町民)が入るべきではないか。

6. 5年間の避難先での生活保障は、誰が責任を負うのか。帰還しないことを決めた人の生活保障は、誰が決めるのか。5年後以降さらに帰れない場合、どうなるのか。【③⑧⑨】

7. 住民票を他に移動すると、どのような不利益が生じるか。また、多くの町民が住民票を移した場合、町はどうするのか。【④】

※【 】内の数字は、別紙「とみおか未来会議における要望・質問事項」の番号。
東日本大震災・原発事故は世界でも類を見ない災害です。国の支援なしでは被災者は立ち上がることはできません。私たち被災者(町民)がともに考え、ともに立ち上がるための場として「とみおか未来会議」を位置づけて、2回目、3回目と継続していきたいと考えています。

られてきたという事実であった。参加者がこうした現実を理解・共有できたことは、公開討論会のような協議の場を国・県・町と町民の間で継続して開催していくべきという合意につながった。

活動継続の難しさ

しかし、こうして積み重ねられたTCFの活動は、公開討論会を機に停滞していくこととなる。公開討論会で合意された国・県・町と町民間の継続協議すら具現化には至らなかった。

そこにはいくつかの理由がある。ひとつは、町民や議会の一部にTCFを政治活動団体として捉える傾向があったことだろう。TCFは町民の声を政策に反映させる意向は持っていたが、それはタウンミーティングの結果を集約し町役場や議会に伝えることであった。しかし、先の批判が存在し、公開討論会が開催された年の七月には町長選挙が予定されていたこともあり、その後TCFは活動を自粛することとなる。

もうひとつの大きな要因は、公開討論会に対する評価がメンバーの間で分かれたことだ。多くのメンバーは公開討論会をタウンミーティングの節目として捉え、そこに活動の求心力を見いだしていた。彼らはこの機会を成功と捉え、「現状を変えることができるかもしれない」という思いでさらなる活動の展開を期待していた。しかし、メンバー内には正反対の考えも存在した。「これだけやっても、〔大臣は欠席し〕結局何も変えることができない」。これ以上の活動は意味がないという考えだ。当初町民たちに共有されていた、行き場のない怒りと「このままでいいわけねぇ」という思いは、当然ながら時間経過とともに変化していく。苦しい避難生活のなかで、活動の成果を実感できなければ、自分たちの生活再建をおざなりにしてまで、そこに労力を費やすことが困難と考えるのは当然だろう。

負の連鎖を断ち切るために

原発事故後、おおむね一〜二年くらいの時期には、多くの町民の間で共有されていた怒りや焦りが活動継続の求心力となり得た。しかし、避難生活の長期化、避難区域の再編と賠償支払い、帰還政策の加速化などの影響を受けながら、避難先でそれぞれの生活再建を模索するなかで、もはや、町民にとって一丸となり得るシンボリックな求心性を見いだすことは困難になってきた。また、TCFの活動の停滞は、メンバーの間にさえ「自分は置き去りにされているのではないか」という不安を生み、「結局、何をやっても変わらない」意識も相まって活動から足が遠のく。メンバーや参加者が主体的に行動しようとする意欲は失せ、再び行政へ依存する行動が再生産されていく。

こうした負の連鎖を断ち切るためにはどうしたらよいのか。ひとつは公開討論会でみられたアリーナともいうべき場が、公平・公正さをもって制度的に担保されることだろう。ここでは国・県や市町村がその役割を担うべきである。それによって、住民活動の継続性や住民の政治へのアクセスが公的に一定程度確保されるからだ。

さらに、そこで交わる異なる立場や意見の存在が公にされ、かつ、相互の十分な議論のなかから社会的合意を生むプロセスも重要だ。たとえば、国が示す帰還・復興政策に対して、これまで被災地行政は批判や意見を表明してきたが、その多くは十分に聞き入れられないまま、国主導の復興が進められてきた。内実を知らずに結果だけを目にしてきた被災者の間には地元行政に対する不信が拡大した。このことは、町民自らの意見表明や政策過程への参加機会を失う結果を招いてしまったが、それを未然に防ぎ、現状を変えていくための手立てとしても、政策過程における条件整備、社会的合意プロセスの導入・遵守は重要だ。

そしておそらく、タウンミーティングという試みが露わにしたこの国の社会構造的な問題は、既述した環境のもと、私たち国民一人ひとりが原発事故後の現実に真摯に向き合いかかわることでしか解決できないのかもしれない——より巨大な負の連鎖を目前にして。

付記　文中の「語り」部分は、TCFのタウンミーティング（第1〜8回、二〇一二年七月〜一四年三月）の発言からの引用である。紙面の制約もあり、発言者の属性は省略している。なお、TCFの活動は、脱原発に直接的にかかわるものではないことを申し添える。

避難指示区域の概念図

平成27年9月5日時点

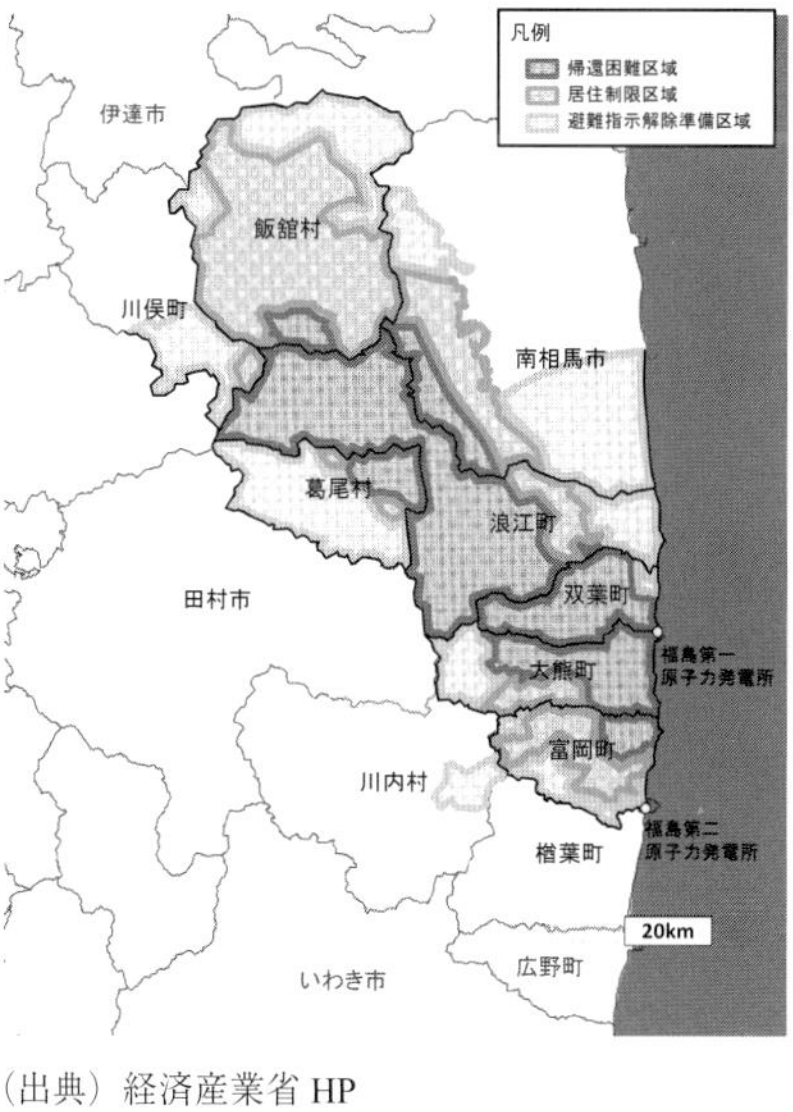

（出典）経済産業省 HP

第八章　脱原発運動と市民社会
——震災前結成団体と震災後結成団体

村瀬　博志

写真8.0　銀行による低所得者の住居差し押さえに抗議する支援者たち
（2013.10.9 アメリカ・ミネアポリス 佐藤圭一撮影）
国家や市場が抱える問題に声を上げる行動は世界各地に見られる

はじめに

市民社会論の再興

事故が起きないといわれていた原子力発電所で、激しい地震と津波をきっかけにして、大きな事故が発生した。原発事故に直面した人びとは戸惑い、不安を覚えることになった。福島の原発事故の影響はどれほどのものなのか、他の原発でも同様の事故が起きないのか、そもそも原発は本当に必要なのか。

本書では、こうした思いを抱えた人びとがどのように原発事故と向き合ってきたのかを見てきた。原発事故の影響は今後もさまざまなかたちで表れるだろうが、私たちの社会を大きく揺るがした出来事とそれに対する人びとの活動について考える場合、社会の変化を問うことができる視点が必要になる。

一九八〇年代後半、東ヨーロッパ諸国で社会変革を求める人びとが声を挙げ、既存の政治体制を転換させるという出来事があった。後に東欧革命と呼ばれたこの運動は、東西冷戦構造という世界のあり方を変えるきっかけとなった。資本主義と社会主義という異なる体制に分かれた世界が変わる場面に立ち会った人びとは、その出来事の意味について考えるために、「市民社会」という言葉に注目した。この言葉は長い歴史を持っているが（エーレンベルク 2001）、東欧革命の影響を受けた市民社会論は「新しい市民社会論」「現代市民社会論」などといわれる（山口 2004; 植村 2010）。

次の一文は「新しい市民社会論」の出発点とされ、その基本的な考え方を示すことになった。それは、「《市民社会》の制度的な核心をなすのは、自由な意思にもとづく非国家的・非経済的な結合関係である」

（ハーバーマス 1994: xxxviii）という考えである。

国家や市場の存在を抜きにして、私たちの日々の生活を考えることは難しい。だが、国家や市場が何の問題もなく機能しているわけではないし、私たちの社会はそれらとは異なる制度（家族や地域など）によっても支えられている。国家や市場とは異なる場所で、国家や市場が抱える問題に取り組むこと。このような活動は国家や市場という巨大な制度に比べると非力なものである。しかし、人びとの活動が集まると思いがけない力をもつこともある。冷戦構造の崩壊という社会の変化を目撃した人びとは、人びとの集合的な活動が秘めた力について考えるために市民社会という言葉を参照することになった。

本章の課題と方法

以上の議論をふまえ、本章では市民社会という言葉を「国家や市場の問題に取り組む人びとの活動が共存する場所」と理解しておく。そして、本書の冒頭で提起した次の問い、「脱原発運動は市民社会の過去の動向とどのように結び合っていて、市民社会に何らかの変化をもたらしたのか」について考えるために、脱原発運動に関与した団体の結成時期に注目する。

本書において検討してきたように、震災後の脱原発運動を支えた市民活動団体の特徴として、活動経験のなかった新規参加者（第二章・第四章）やウェブメディアを活用する団体（第六章）といった運動の新しさが指摘された。震災後に活動を始めたという意味で、このような人びとや団体は市民社会の「新住民」と呼べる存在である。一方で、脱原発運動には震災前からさまざまな活動に取り組んでいた団体、いうなれば市民社会の「旧住民」である団体も関与している。脱原発というテーマの下で、市民社会の「旧住民」と「新住民」が共存したことは何をもたらしたのか。

1　結成時期による団体区分——震災前結成団体と震災後結成団体

運動の停滞や終焉という物語

一九五〇年代の原水爆禁止運動、六〇年代の日米安保反対運動、七〇年代のベトナム反戦運動、八〇年代の反核運動、九〇年代の阪神・淡路大震災支援活動など、第二次大戦後の日本社会は各年代を象徴するような社会運動・市民活動を経験してきた（小熊 2002, 2009; 道場 2005）。

運動の盛り上がりのなかで、人びとは新しい集まりをつくり活動を開始する。だが、その盛り上がりが終わりを迎えるにつれて多くの集まりは解散し、潮が引くようにして運動の波が消えていく。大規模な運動に注目した議論は、運動の停滞や終焉という物語を繰り返し語ってきた。

しかし、運動の個別の活動場面を想像すると、このような物語とは異なる光景も浮かんでくる。大規模な運動の波が去った後も続けられる地道な活動は、私たちの社会が深刻な問題に直面したとき、大きな力を発揮することもある。

団体の結成時期

図8・1は本調査の回答団体の結成年を示したものである。この図から次の二点を改めて確認しておく。第一に、脱原発運動には震災前に結成された団体（震災前結成団体）が関与している。団体の結成年は一九

三五年から二〇一一年までの長期間に分布している[1]。それぞれの数は多くないものの、各時期に誕生した団体が途切れることなく脱原発運動に関わっていることは注目に値する。大規模な運動が終焉した後も活動を続ける団体が一定数存在すること、そして、それらの団体は震災後の困難な状況のなかでも原発事故の問題に取り組む力をもっていたことを示しているからである。

第二に、脱原発運動には震災以後に新しく結成された団体（震災後結成団体）が関わっている。震災前結成団体が約２００団体であるのに対して、震災後のおよそ一年間で誕生した団体は約１００団体である。短期間でこれほどの団体が結成されたことは、原発事故がこれまで運動や活動に縁遠かった人びとにも強い衝撃を与えたことを表している。

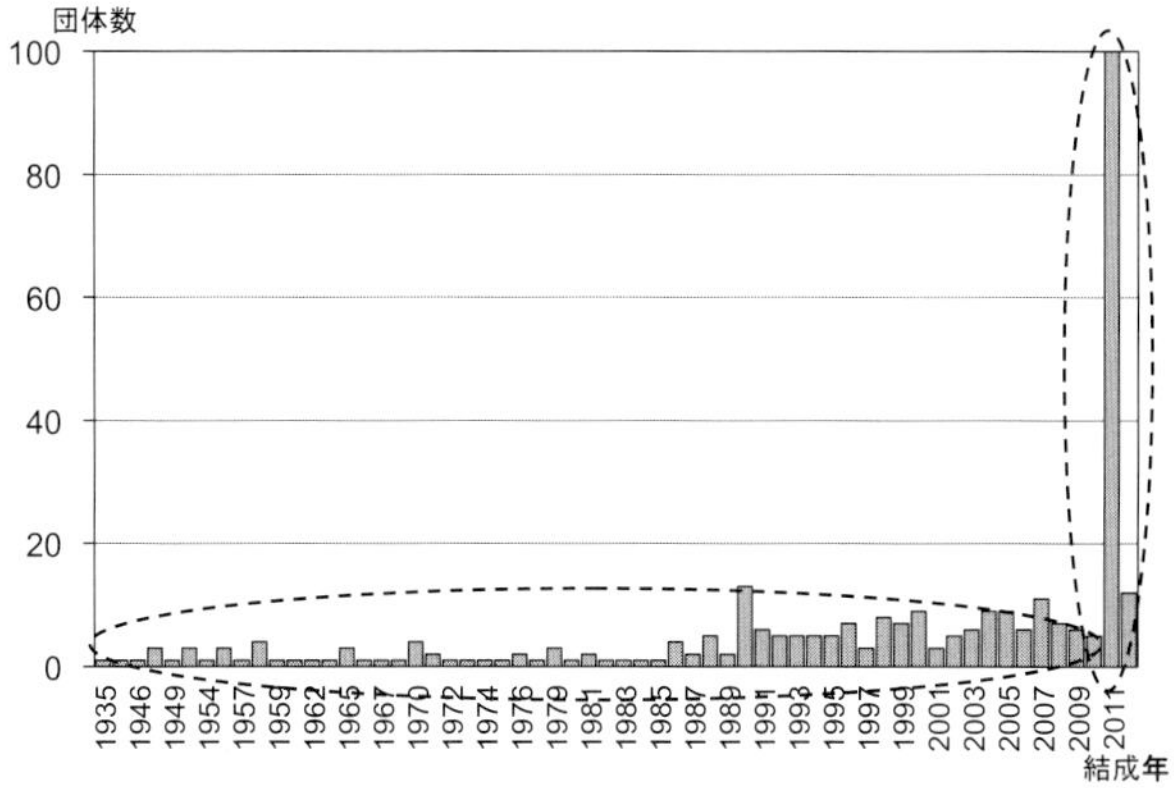

図8.1　回答団体の結成年（1935〜2012年3月）

（注）結成時期の広がりを示すために震災前結成団体を横長の楕円で囲み，短期間の急増を示すために震災後結成団体を縦長の楕円で囲んだ。図の2012年は3月までの結成団体数を示す。2012年4月以降の結成団体を調査対象に含まないため，2012年の結成団体が激減したことを意味しない。

このように、脱原発運動には震災前結成団体・震災後結成団体という二種類の団体が共存している。「脱原発運動は市民社会の過去の動向とどのように結びつき、市民社会に何らかの変化をもたらしたのか」という問いに関していえば、図８・１からは連綿と続く震災前結成団体の地盤から隆起するようなかたちで震災後結成団体が誕生したという市民社会の地形の変化を読み取れる。原発事故という出来事は多くの団体を生み出すことになり、震災後に結成された団体は市民社会へ参入して原発事故の問題に取り組むことになった。だが、市民社会への参入は、市民社会への定着を必ずしも意味しない。市民社会の「新住民」である震災後結成団体のなかには、時間の経過とともに活動から離れていくものも含まれるだろう。その一方で、経験を積み重ねた震災後結成団体がやがて市民社会の「旧住民」となり、市民社会の基盤を支えることもありうる。運動の停滞や終焉という物語とは異なるところで、市民社会は担い手の流出入を繰り返しながら変化し続けている。

団体の法人格

脱原発運動が市民社会に与えた影響をさらに検討するために、以下では震災前結成団体・震災後結成団体のいくつかの特徴を確認する。前節でみたように、冷戦終焉以後の「新しい市民社会論」は非国家的・非経済的な関係性を重視した。だが、私たちの社会で活動する団体はさまざまな政治制度から影響を受けており、団体の設立や活動は制度によって促進されたり規制されたりする。こうした観点から、ロバート・ペッカネンは日本社会の法制度と市民社会との関連に注目した（ペッカネン 2008）。ペッカネンによれば、明治期に公布された民法三四条や第二次大戦後に整備された公益法人に関する法律、一九九八年に制定された特定非営利活動促進法（ＮＰＯ法）などの法人格取得に関する制度は日本の市民社会に強い影響を及ぼした。あらゆる団体が法人格を必要とするわけではないが、持続的な活動をめざす団体にとって法人格の取得は大きな意味をもつ。ペッカネンは法人格取得に関する制度が団体の活動基盤を整備したとする一方で、それら

表8.1 回答団体の法人格と結成時期

n=313	任意団体		NPO法人 認定NPO法人		協同組合 労働組合		その他法人		その他		合計	
		(%)		(%)		(%)		(%)		(%)		(%)
震災前結成 (～1990年)	34	(45.3)	5	(6.5)	12	(16.0)	16.0	(21.3)	8	(10.7)	75	(100.0)
震災前結成 (1991～2000年)	31	(51.7)	14	(23.3)	5	(8.3)	4.0	(6.7)	6	(10.0)	60	(100.0)
震災前結成 (2001～11年)	30	(43.5)	27	(39.1)	1	(1.4)	5.0	(7.2)	6	(8.7)	69	(100.0)
震災後結成 (2011年～)	89	(81.7)	6	(5.5)	1	(0.9)	6.0	(5.5)	7	(6.4)	109	(100.0)
合計	184	(58.8)	52	(16.6)	19	(6.1)	31.0	(9.9)	27	(8.6)	313	(100.0)

(注)「その他法人」は社会福祉法人，社団法人・財団法人，学校法人，宗教法人，株式会社・有限会社を含む。「その他」は政治団体，個人経営の農家，弁護団，NGOなどの自由記述回答を含む

の制度が政策提言などの政治活動を規制することにもなったと主張する。

表8・1は回答した313団体の結成時期と法人格の関連を示したものである（団体の概要、問1、問3）。第二章でも団体の結成時期と法人格について確認したが、本章では震災前結成団体を一九九〇年以前に結成、一九九一～二〇〇〇年に結成、二〇〇一～一一年に結成の三つに分類する。震災前結成団体（～一九九〇年）の半数弱は任意団体で法人格をもたない。一方で、それらのなかには協同組合や労働組合、その他の法人格をもつ団体が一定数見られる。また、震災前結成団体（～一九九〇年）はNPO法成立以前に結成されているため、震災前結成団体（一九九一～二〇〇〇年）・震災前結成団体（二〇〇一～一一年）と比べてNPO法人（特定非営利活動法人）の割合が低くなっている。

対照的に、震災後結成団体は約8割が任意団体である。震災後結成団体は岩手・宮城・福島などの被災地に所在する団体の割合が高く、福島第一原発からの距離が近いほど、放射線量測定や除染活動などの原発事故に直結する活動に取り組む団体が多かった（第三章参照）。震災後結成団体は、法人格取得よりも原発事故に対する活

動を優先している（優先せざるをえない）といえる。

震災前結成団体には法人格をもたない任意団体と法人格をもつ団体が見られるが、結成時期によって取得する法人格が異なっている。この結果は法人格取得に関する制度が日本の市民社会に強い影響を及ぼしたというペッカネンの議論と合致し、市民社会の展開とも対応している。

では、法人格取得に関する制度が政治活動を規制することになったという議論についてはどうだろうか。表8・1では法人格をもつ団体は全体の約3割だが、「法人格をもつ団体が3割もいる」と考えるか「3割しかいない」と見るかは解釈する者によって判断が異なるだろう。だが、少なくともこの結果は、法人格をもつ団体は政治に関わっていない（関わるべきではない）という議論とは合致しない(2)。第五章や第七章で見たように、原発事故と向き合う団体はそれぞれの経過をたどったうえで各自の活動に取り組んでいる。その経過に単一の正解があるわけではない。「こんな小さい日本、次事故が起きたらおしまいなのになぜそれは思わないのか」「経済界の人と一緒にやっていかなくてはならない。彼らは敵ではない」という語りを第五章で引用したが、人びとの活動が共存する場所では疑問や不満、軋轢が生じることもある。このような意見の違いを認識しつつも、他の団体を排除することなく、目標とする方向へ歩もうとすること。他者との共存を探る試みも政治的な活動の一種であり、そうした試みの積み重ねは、少しずつではあるが、市民社会のあり方を変えていくことにもなる。

表8.2　団体の結成時期と震災前に重視した活動分野
（複数回答。上位３つ）

n=197	第1位	第2位	第3位
震災前結成（〜1990年）(75)	平和・戦争，核兵器，軍事(21.3%)	原発・放射性廃棄物(16.0%)	産業振興・農林漁業(6.7%) 地球環境・自然保護(6.7%)
震災前結成（1991〜2000年）(57)	原発・放射性廃棄物(15.8%)	平和・戦争，核兵器，軍事(14.0%)	地球環境・自然保護(12.3%)
震災前結成（2001〜2011年）(65)	原発・放射性廃棄物(15.4%)	平和・戦争，核兵器，軍事(13.8%)	地域活性化(10.8%) 再生可能エネルギー(10.8%)
震災前結成全体(197)	平和・戦争，核兵器，軍事(16.8%)	原発・放射性廃棄物(15.7%)	地球環境・自然保護(7.6%)

2　震災前結成団体・震災後結成団体の活動分野

震災前に重視していた活動分野

国家や市場が抱える問題は、国家や市場とは異なる領域で活動する人びとに委ねた方がうまく解決できる場合もあるのではないか。「新しい市民社会論」はこのように考え、欧米社会で誕生したＮＧＯ（非政府組織）やＮＰＯに強い関心をもち、各地のＮＧＯやＮＰＯの実態調査が実施された（Salamon and Anheier 1997; 辻中・坂本・山本編 2012）。一方で、ＮＧＯやＮＰＯへの過度な期待は国家が本来担うべき役割の縮小を正当化するという厳しい批判もある（ハーヴェイ 2007）(3)。いずれにせよ、団体が取り上げる問題はその性格を強く規定することになるため、脱原発運動に関与した団体が震災前にどのような問題に取り組んでいたのかを見ておく。

表８・２は震災前結成の１９７団体の結成時期と震災前にもっとも力を入れていた活動分野（以下、重視していた分野と表記）の関連を示したものである。本調査ではＮＰＯ法人の活動分類も考慮して設問を作成し、震災前に活動していた分野を複数回答で尋ね、そのなかで

重視していた活動分野を単一回答で尋ねた（問4）。震災前結成団体（〜一九九〇年）が重視していたのは、平和・戦争、核兵器、軍事に関する活動分野だった。こうした活動に取り組む団体は、戦後の平和運動の経験や歴史を引き継ぐ存在だといえる。震災前結成団体（〜一九九〇年）が次に重視していたのは原発・放射性廃棄物であり、原発事故と直接関係する活動分野である。第一章でも触れたように、福島第一原発事故以前から脱原発・反原発運動の流れはあり、原発建設計画を撤回させた新潟県巻町の事例もある（中澤 2005）。第三位は産業振興・農林漁業、地球環境・自然保護という活動分野であった。これらは地域社会に関わるテーマであり、地元保守層との結びつきもある活動である。八〇年代の反核運動では革新層だけではなく保守層の運動参加も見られたが（片桐 1995）、震災前結成団体も広範な社会層を含むことがうかがえる。

震災前結成団体（一九九一〜二〇〇〇年）・震災前結成団体（二〇〇一〜一一年）の重視していた活動分野も、これと同様の傾向である。違いが見られるのは、震災前結成団体（二〇〇一〜一一年）が重視していた地域活性化、再生可能エネルギーという活動分野である。地域活性化は産業振興と重なるものの、過疎化や中心市街地の衰退に関する活動として近年注目を集めている。また、再生可能エネルギーは地球環境資源の有限性や持続可能性と結びついた活動分野である。これらは比較的新しいテーマであり、こうした活動に取り組むＮＰＯ法人も数多く見られる。

震災前結成団体が震災前に重視していたのは、平和や原発という活動分野であった。そして、結成時期の古い団体は産業振興や農林漁業に関する活動を重視していた一方で、結成時期の新しい団体は地域活性化や再生可能エネルギーを重視していた。これらの活動はいずれも経済的なテーマを扱っている。震災前結成団体は原発に関する活動だけを震災前に重視していたわけではなく、特定の活動分野に偏っているともいえない。震災前結成団体の結成時期の広がりを前節で確認したが、その裾野の広さは活動分野の幅広さからもうかがえる。震災前結成団体は市民社会の活動領域を広くカバーしており、市民社会の過去の動向と深く結びついている。

表8.3　団体の結成時期と震災後に重視した活動分野
（複数回答。上位3つ）

n=241	第1位	第2位	第3位
震災前結成（〜1990年（63）	原発建設反対・廃止(28.6%)	反核・平和(17.5%)	原発事故の情報提供(9.5%)
震災前結成（1991〜2000年（49）	原発建設反対・廃止(24.5%)	被災者・避難者支援(18.4%)	その他(16.3%)
震災前結成（2001〜11年）（47）	原発建設反対・廃止(19.1%)	その他(12.8%)	反核・平和(10.6%)
震災後結成（2011年〜）（82）	被災者・避難者支援(18.3%)	原発建設反対・廃止(15.9%)	放射線量測定(11.0%) 子どもの健康・給食(11.0%)
全体（241）	原発建設反対・廃止(21.6%)	被災者・避難者支援(13.7%)	その他(10.8%)

（注）「その他」は署名活動，セミナーの開催，内部被ばく検査，食品の放射線検査などの自由記述回答を含む

震災後に重視した活動分野

震災前結成団体・震災後結成団体が震災後に重視した活動分野も見ておく。表8・3は241団体の結成時期と震災後に重視した活動分野（問5）の関連を示したものである。震災前結成団体（〜一九九〇年）は震災前から平和や原発に関する活動を重視していたが、震災後も平和や原発の問題を重視しており、震災前の活動の継続として震災後の活動に取り組んでいる。また、震災前結成団体（一九九一〜二〇〇〇年）・震災前結成団体（二〇〇一〜一一年）では、その他という自由記述回答が多く見られ、原発事故の問題の複雑さを改めて示している。

一方で、震災前結成団体と比べると、震災後結成団体は原発事故による被災者・避難者の支援活動を重視していた。前節でも述べたように、震災後結成団体は原発事故による被害への対応を優先している（優先せざるをえない）ことがうかがえる。震災前結成団体と震災後結成団体が重視した活動分野の差異は、両者の分業を示して

いるのか。それとも、分断の表れなのか。これは、脱原発運動および市民社会の今後を考えるうえで無視できない論点である。

3　震災前結成団体・震災後結成団体の活動資源

資源動員論の視点

「新しい市民社会論」は非国家的・非経済的な関係性を重視するが、法人格取得という政治制度が市民社会で活動する団体に影響を及ぼしていることを先に確認した。では、市民社会と経済的な制度はどのように関連しているだろうか。ここでは、団体の経済的な側面について見ておく。団体が活動するにあたっては人、物、資金などのさまざまな活動資源が必要になる。ＮＧＯやＮＰＯが普及した現在、団体の活動資源に注目する議論は数多く見られるが、大衆行動や群集行動という言葉が示すように、六〇～七〇年代の時点では運動を非合理的・非経済的な現象とする議論も根強かった。

こうした考えに対して、運動組織の資源獲得を重視する「資源動員論」という議論が七〇年代後半の米国で生まれた（Zald and McCarthy 1987）。資源動員論の論者のなかには活動の現場に深く関わっている者もおり、運動を非合理的なものとする議論に対して反発が強かった。資源動員論の特徴は運動組織と経済組織との類似性を強く意識した点にある。そして、資源動員論は運動組織の動員可能な資源量が運動の活動量を決定すると考えた。組織を主要な分析対象とする資源動員論はその後の社会運動研究に大きな影響を与え、社会運動研究は運動組織がつくるネットワークや発信するメッセージ、運動組織を取り巻く環境が運動の展開

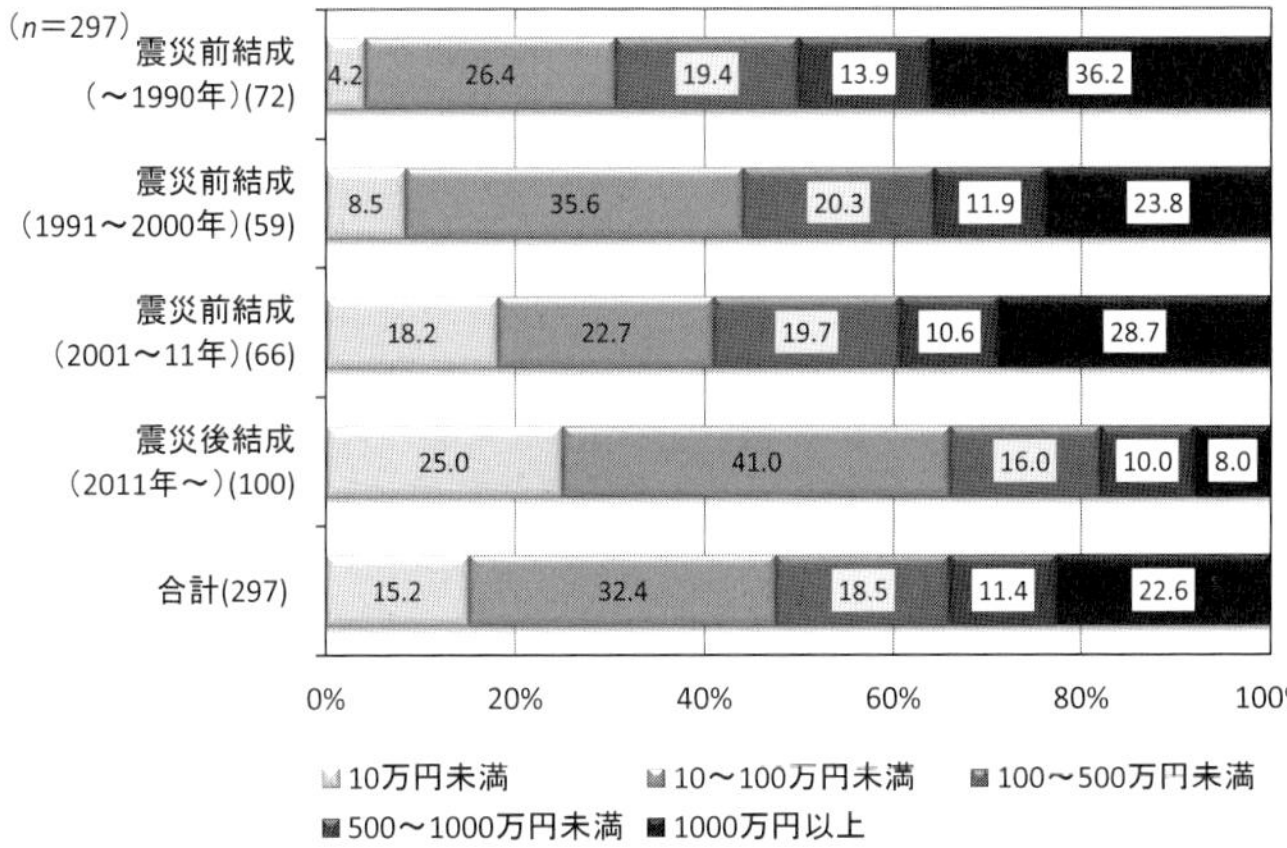

図8.2　団体の年間予算（2011年度，全体・結成時期別）

に与える影響などを明らかにしてきた（タロー 2006; 大畑ほか編 2004）。

団体の活動資金と活動量

資源動員論の議論をふまえて、本調査の回答団体の活動資金と活動量を見ておく。図8・2は297団体の結成時期と二〇一一年度予算との関連を示したものである（問29）。資源動員論によれば、「比較的古い組織は、専門的洗練さ、構成員との既存の紐帯、資金拡張手続きの経験などにおいて大きな優位性をもつ」（マッカーシー、ゾールド 1989 :48）。資源動員論のいう「古い組織の優位性」は、回答団体の活動資金についても当てはまる。震災前結成団体は震災後結成団体に比べて予算規模の大きな団体を多く含んでいるからである。また、震災前の結成団体では、結成時期の古さと予算規模の大きさにゆるやかな関係も見てとれる。一方で、震災後結成団体の6割以上は二〇一一年度予算が100万円未満である。震災後結成団体は限られた予算のなかで原発事故に関する活動に取り組んでいる。

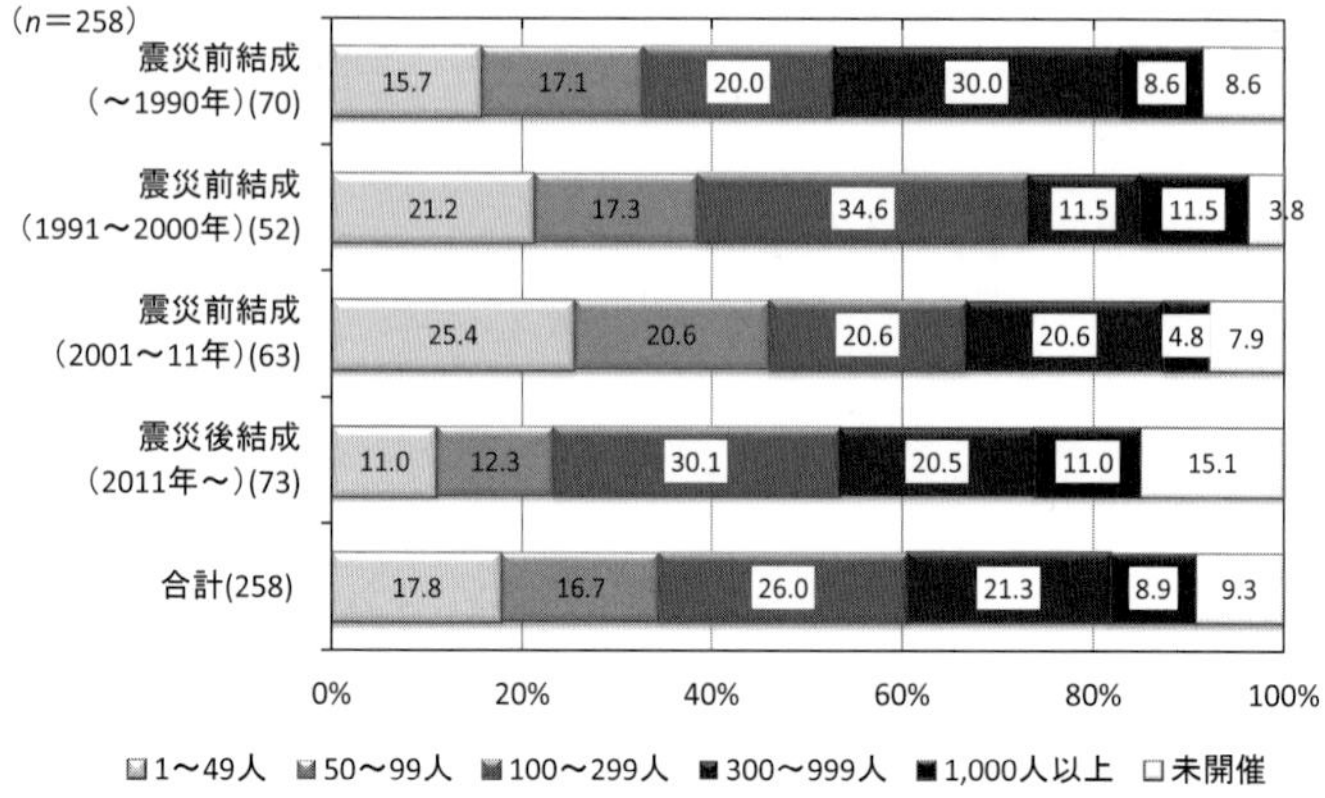

図8.3　団体主催イベントの最多参加者数（全体・結成時期別）

（注）未開催団体を含む

では、運動組織の動員可能な資源量（運動へのインプット）が運動の活動量（運動からのアウトプット）を決定するという資源動員論の主張についてはどうだろうか。図8・3は258団体の結成時期と、二〇一一年三月一一日〜九月三〇日の間に団体が開催したイベントの最多参加者数（問16）との関連を示したものである。図8・2では震災前結成団体と震災後結成団体の間で予算規模の差が見られたが、図8・3のイベント参加者数では明確な差異は見られない。むしろ、結成時期が浅く予算も限られていた震災後結成団体が、震災前結成団体と同等の動員力をもっていたことが注目される。

この結果は、運動組織の資源量（活動資金）が運動の活動量を決定するという資源動員論の議論とは合致しない。第六章で検討したように、SNSなどのインターネット・サービスは脱原発運動の盛り上がりに大きな影響を与えたといわれる。インターネット・サービスは予算規模の小さな団体でも利用できる活動資源である。現在では資源動員論が誕生した時代よりも団体が利用可能な活動資源の種類は増えており、資金以外の活動資源が運動の活動量に与える影響について考える必要がある。また、原発事故の被害に取り組む震災後結成団体に対して、多くの人びとが共感をもち、その活動に参加したことも考えられる。運動組織の経済合理性を重視した資源動員論に対しては、運動の感情的・情緒的な側面を軽視しているという批判もある。いずれにせよ、震災と原発事故という劇的な環境変化のなかで誕生した震災後結成団体の活動量を考えるためには、資源動員論のモデルだけでは不十分である。ただし、活動経験を積み重ねた震災後結成団体が資源動員論のいう「古い組織の優位性」を獲得することになるのかという問いは、市民社会の今後の動向を考えるうえでも重要である。

おわりに

脱原発運動がもたらしたもの

本章では、本調査の回答団体を震災前結成団体・震災後結成団体に区分し、「脱原発運動は市民社会の過去の動向とどのように結びつき、市民社会に何らかの変化をもたらしたのか」という問いを考えてきた。結成時期の広がりをもつ震災前結成団体は、市民社会の基盤と広く結びついている。震災前結成団体は法人格をもつ団体や予算規模の大きな団体を含み、震災前から平和や原発に関する活動を重視していた。脱原発運動については運動の新しさが注目されがちだが、市民社会の「旧住民」である震災前結成団体の存在が、脱原発運動の広がりを支えている。また、さまざまな経験をもつ震災前結成団体の特徴を検討することは、市民社会の歴史を改めて確認する作業にもつながる。

そして、震災以後に急増した震災後結成団体によって、市民社会の地形が大きく変化したといえる。震災後結成団体の多くが任意団体で予算規模が小さいこと、原発事故の被災者・避難者の支援活動を重視していること、予算規模の少なさにもかかわらず震災前結成団体と同等の活動量をもっていたこと。こうした特徴をもつ震災後結成団体は、震災と原発事故という未曾有の状況に強く規定された存在である。市民社会の「新住民」となった震災後結成団体が歩む道のりは、市民社会の今後の進路を大きく左右するだろう。

福島第一原発事故から福井県大飯原発の再稼働までの一年余りの間、国内で稼働する原発がすべて停止した。原発事故以前、原子力発電は不可欠の電力といわれてきた。しかし、その原発が停止するという変化を、私たちは経験した。脱原発運動はこの変化に少なくない影響を及ぼしている。震災・原発事故から四年余りが経過したが、脱原発運動は原発のない社会をめざす活動にいまも取り組んでいる。一方で、原発再稼働を推進する勢力が大きくなるにつれ、原発事故以前と状況は変わっていないのではないかという声も聞こえてくる。活動に打ち込んできた人ほど、そのような無力感を覚えることも多いだろう。

だが、先に述べたように、大規模な運動の停滞や終焉は必ずしも運動や活動の終わりを意味しない。運動の波が去った後も活動に取り組み続ける人びとがいること、そのような活動が時として思いがけない力をもつようになること。そのことは、脱原発運動の事例が教えてくれている。

社会が変わったのかという問いは、一時点の回答や判断のみで結論が出る問題ではない。とりわけ、私たちの社会を大きく揺るがした出来事の影響について考える場合、広がりと深さを備えた冷静な議論が必要となる。脱原発運動が私たちの社会にもたらしたもののなかには、いまはまだ目に見えるかたちになっていないが、時間をかけて開花するような活動も含まれているだろう。そうした未発の活動を育む社会的な空間を想像すること。市民社会という言葉はそのような空間を想像するひとつの手がかりを与えてくれる。

注

（1）問1の結成年と問3の結成時期の回答を見ると、結成年が二〇一一年で結成時期が震災前と回答した団体が2つあった。また、問1で一四〇〇年と回答した団体があったが、本章の分析ではこの団体を除外している。

（2）NPO法ではNPO法人の定義として「政治上の主義を推進し、支持し、又はこれに反対することを主たる目的とするものでないこと」が定められているため、NPO＝非政治的な団体と考える人びとも少なくない（柏木2008）。

（3）市民社会と新自由主義という問題については、首都圏の社会運動・市民活動の実態を分析した丸山・仁平・村瀬（2008）を参照。

コラム

台湾からみた福島第一原発事故

――3・11以後の原発反対運動の再燃

陳　威志

台湾第四原発の凍結

長らく沈静していた台湾の原発反対運動は、3・11以後、再び盛り上がった。盛況の幕を開いた二〇一一年三〜四月の連続デモは、実に十年ぶりの光景であった。運動の「素人」たちによる斬新な表現と、俳優、文化人などの相次ぐ意思表明によって「原発反対」はある種の流行現象の様相さえ帯びた。

台湾の脱原発デモ（2013年3月）

（原発廃止全国プラットフォーム主催，台湾・台北市 2013.3.9 陳寧撮影）

蘭嶼島の先住民族タオ族のトーテムなどを掲げて「これ以上核廃棄物を押しつけるな」と訴えた

国民党政権は反対世論を封じようと、後述する第四原発の決着をつける国民投票の提案を行った。しかし、有権者の50％以上の投票などを成立要件とする国民投票制度では、設問によって棄権は「賛成」扱いされ、原発推進に口実を与える手段になるとして、かえって市民を刺激した。二〇一三年三月の全国同時集会には、20万人もの人びとが参加した（主催者発表）。原発反対以外の社会運動も相次ぎ、厳しい政権運営を迫られるなか、二〇一四年四月に立法院占拠事件が発生した。その直後、民主化以前の苦難の歴史を象徴する人物である林義雄氏のハンガーストライキが、運動の炎に最後の藁をくべた。こうしてついに国民党政権は、長年争点となっていた第四原発の工事・稼働を凍結する方針を決定した。

このように、3・11以後の社会運動は、台湾社会の文脈上で独自の展開を見せた。だが、「憧れ」の隣国である日本で起こった大惨事であったからこそ、台湾社会に与えた衝撃も看過できない。二〇〇五年〜〇八年に環境団体・緑色公民行動連盟に勤務し、その後も台湾と日本を往復して両国の運動を観察してきた筆者の経験に基づいて、台湾の原発反対運動再燃の背景を述べたい。

反権威主義体制運動に組み込まれた原発反対

現在、台湾では3ヵ所6基の原発が稼働している。台北近郊の貢寮（コンリャオ）を予定地とした第四原発が、これに新たに加わる予定だった。一九八〇年代の戒厳令下で計画された第四原発が争点となったのは、一九七〇年代後半の民主化運動の高揚のなかで原発反対運動も始まった背景がある。台湾では、原発建設は中央政府と国営電力会社によって推進される。そのことからも、原発反対運動は日本のように立地点周辺だけではなく、反権威主義体制運動の一環として全国的な注目を集め、激動の九〇年代を象徴する存在にもなった。

二〇〇〇年の総統選挙によって、民主進歩党（民進党）の陳水扁候補が総統に就任し、初めて国民党から民進党への政権交代が実現した。これを機に原発反対運動は最初のピークを迎えた。反国民党の結集軸としての民進党政権は公約に基づき、第四原発工事中止を命じた。だが、その「成果」は一時的にすぎなかった。国会与党・国民党のボイコットにより、政府はわずか三ヵ月後に工事再開を余儀なくさせられたのだ。「原発反対運動は社会的混乱を招いた」。そんな罵声を浴びながら運動は沈静化に向かった。それ以来、社会運動と政党（おもに民進党）の関係はどうあるべきか、台湾市民社会の重大な課題となった。

八年後の二〇〇八年総統選では国民党が勝利して政権を奪回した。政治の保守化、デモクラシーの後退が進むなかで、台湾社会は3・11を迎えたのである。

フクシマの衝撃「日本さえできないのに、われわれにできるわけがない」

台湾の人びとは福島第一原発事故の恐ろしさを痛烈に感じた。これは日本に対する二重の意味の「憧れ」に由来する。第一に、先進国日本に対する憧れである。九〇年代から経済誌などでよく見かけたスローガン「日本能、為什麼我們不能」（日本ができるのに、なぜわれわれにできないのか）がその表れといえよう。第二に、国民党支配と比較した日本への評価・親近感である。今でも高齢者は政治批判として「日本なら、こういうことはしない」という言い方をよくする。先進技術国への憧憬とねじれた親近感からなる日本への複雑な感情があるからこそ、福島第一原発の水素爆発など事故の映像が次々に放映されると、人びとはいっそう震撼した。「日本さえできないのに、われわれにできるわけがない」との声が巷でよく聞かれるようになった。

さらに、放射能汚染が広範囲にわたったことも「狭い台湾が巨大な災害に耐えられるわけがない」と原発の危険性を認識させた。実際、第一、第二、第四原発から600万人の人口が密集する「大台北地区」の中心地まで、直線距離では40キロに満たないのだ。

こうした世論の動きに政府がうまく反論できないのは、原子力後進国の事情がある。独自の原子力技術を持たないため「わが国の原発は違う」とは言えない。まして第四原発の原子炉は日本製であり、政府はただひたすら日本の原子力専門家を招待して安全性を語らせた。しかしインターネットなどさまざまな媒体を通じて、安全神話の崩壊は台湾の人びとに伝わっていった。

過半数の反対世論を獲得するさまざまな試み

国民党でも、民進党でもない、社会運動を支援する第三の政治勢力の結集は、民進党政権（二〇〇〇〜〇八年）後期から長年模索されてきた課題だった。3・11以後の反原発運動は、これとは異なる別の可能性を示したといえる。つまり、運動側が政党より先に過半数の支持を集めれば、政党もついてくる。

運動の中心的な担い手である緑色公民行動連盟は、周到な戦略を立てた。彼らは海外のNGOの協力を得て、あらゆる原子力問題を扱うのではなく、焦点を一つに絞る戦略として、第四原発の廃止に目標が定められた。次に、民進党支持者の大半は原発反対であると判断し、国民党支持者や無党派層から原発反対への支持を集めることが鍵になるとの見方が導かれた。これは「原子力問題の脱政党化」ではなく、既存の政党支持層を前提として切り崩しを図る可能性を探る点で、特に興味深い。

これまでにない新しい運動のかたちも広がった。馬英九総統の「現在のエネルギー政策に反対する人はいないと認識する」発言に対抗して、二〇一二年五月、台湾ニューシネマの監督たちは総統府前で人文字で「人」をつくる「我是人、我反核」（反対の〝人〟はここにいるさ）のフラッシュモブを実行した。俳優も参加したこのアピールは大手メディアに大きく取り上げられた。これを模倣して「人」の人文字をつくり、写真を撮る動きが全国各地に広まり、インターネットにアップされるようになった。遊び感覚を取り入れることで、原発反対の意思表明のハードルが下げられ、同時に反対世論が可視化されたのだ。

「反核、不要再有下一個福島（No Nukes, No more Fukushima）」という旗の掲揚も、似た役割を果たした。政府は3・11以前から、「一〇月一〇日の建国記念日に国へのプレゼントとして第四原発を稼働させる」と発表していた。それに対してあるコーヒーショップのマスターが、二〇一二年の記念日には国旗ではなく、この旗を掲げようと呼びかけた。こうしてカフェ、レストランから次第に一般市民まで、店先や自宅ベランダで旗を掲げるようになった。「素人」が考案した表現法がこれほど巨大な効果を持つとは、当初誰も思わなかった。その背景には、二〇〇八年に政権復帰した国民党への反発が広がっていたこともある。原発反対運動は市民団体の事務所という空間から解放され、同じ理念を共有する市民を鼓舞した。

災害がもたらした社会の総点検

こうして二〇一四年、原発反対運動は第四原発建設凍結の果実を勝ち取った。これは過去の努力の蓄積によるものでもある。挫折を味わいながらも、長期にわたる反対運動が原発増設を抑えてきたため、台湾では発電における原発の割合は2割弱と、原発への依存度がもともと低かった。これが方向転換を容易にした。

災害は社会を総点検する役割をもつ。実際、一九九九年に発生したマグニチュード7・6の「9・21大地震」は戦後長らく台湾を支配してきた国民党政権の終結につながったともいわれる。同じように「第四原発の稼働やむなし」という無力感に覆われた台湾社会に押し寄せた東日本大震災の地震波は、台湾の政治的地盤を激しく揺り動かしたのである。

コラム

災難と公共性
——韓国のセウォル号沈没事件と日本の原子力災害

金　知榮

セウォル号沈没事件

二〇一四年四月一五日、仁川（インチョン）港を出航し、済州（チェジュ）島に向かっていた大型フェリーのセウォル号は、四月一六日午前九時頃、南海で針路を急に変えたことによって、傾き始めた。船の左側が完全に浸水したのは午前一〇時頃。事故から三日後の四月一九日には完全に沈没した。

乗客は、修学旅行で済州島へと向かっていた安山（アンサン）地域の檀園（タンウォン）高校の生徒325名と教師14名、そして、一般乗客100名ほど。そのうち生存者は147名、死者293名、行方不明者9名に上った（乗客名簿が正確に記録されていなかったため、いまも一般乗客の正確な人数は把握できていない）。防止できたはずの災難（災害）が起き、乗客を十分救助できたはずの時間を逃してしまった理由は、どこにあるのか。

セウォル号沈没事件を単純な「事故」ととらえず、韓国社会のもつ本質的問題とのつながりを議論する研究がある。特に「公共性」という概念から事件をとらえたソウル大学校社会発展研究所（以下、社会発展研究所）の研究を、ここで紹介する。韓国と対照させることで、東日本大震災を経験した日本社会が抱えていた問題と原子力災害がどのようにつながっているのか、考えてみたい。

二〇一二年当時、船齢一八年で引退予定であった船が韓国に輸入され、新たに「セウォル（歳月）号」という名で運航を続けられたこと、過積載や船の整備不良が続いたにもかかわらず、運航社の清海鎮（チョンヘジン）海運が存続し続けたこと、救助中に明らかになった救助体制の混乱、セウォル号関連資料の隠蔽、時間をかけて事実を解明する前にスケープゴート探しで災難の本質から世間の目がそらされ、遺族が自ら立ち上がらなければならなかったこと。これらの理由は何か、韓国社会の力量、すなわち「公共性」の危機から見ていく。

「公共性」の危機・日韓比較

社会発展研究所では、公共性という概念を、公益性（共同利益創出への国家の寄与）、公正性（資源アクセスと利用可能性への平等で公平な分配）、市民性（共同利益の形成への市民の参加）、公開性（意思決定プロセスにおける開放性と透明性）という4つの下位要素に分け、韓国社会の「公共性」水準を量的に分析した。

この4つの要素をもとに、セウォル号事件が起こるまでの韓国社会の「公共性」水準を見ると、OECDの33ヵ国のなかで、公益性と公正性33位、公開性29位、市民性31位とすべての領域において順位が低く、4領域の総合順位は、最下位である。

社会発展研究所によれば、社会の「公共性」水準が低いほど、災害への備えが弱い傾向が見られる。一例として世界経済フォーラムが発表したGlobal Risk Report 2013によれば、災害や危険を防止・対処・復旧する「危機管理能力」は韓国4・23と、1位のスウェーデン・カナダ（5・41）を大きく下回っている。

「公共性」水準が低い国家は、「危機管理能力」だけではなく、災害発生後に日常生活に戻っていく「回復力量」も低いという。セウォル号沈没事件以降、国民の多くが日常生活になかなか戻れず、事件解決のためにセウォル号特別法を制定するまで、半年以上の時間を費やしてしまった。

日本の「公共性」水準はどうか。4つの領域別に見ると、公益性29位、公正性27位、市民性30位、公開性27位で韓国より高いものの、全体的に低い順位にとどまる。福島第一原発事故以後、政府と電力会社の癒着関係が〝原子力ムラ〟という言葉で明るみに出て、政治や企業統治への疑問から脱原発運動が起こったことは、日本社会の「公共性」の問題に起因するところが大きいだろう。

公共性を支える個人の価値観

社会発展研究所は、まず韓国政府や政治の責任を問う重要性を肯定するが、これらの公共性水準は国民の公共性水準と連動することを問題とする。一九八一年から世界各国の研究機関が五年に一度、共通の調査票に基づいて実施する国際調査プロジェクト「世界価値観調査（World Values Survey）」の結果（二〇一〇年）を引用しながら、韓国における国家の「公共性」と個人の「公共性」の関係を分析した。

「公共性」水準を左右すると考えられる「寛容・連携・競争・成功・金銭」の価値観を見ると、韓国では「競争」の重要性が圧倒的に高く、「成功」がその次を占める。「寛容」「連携」は、競争と成功の半分にも満たない。また「自分の子どもに、他人に対する寛容や尊重を教えるべきである」に対して「教えたい」は45・3%と、調査対象62ヵ国中、最下位にとどまった。

この結果は、韓国市民一人ひとりが「公共性」の欠如した価値観からどれほど自由になれるのかを問いかける。社会発展研究所は、セウォル号沈没事件が偶然起きた事故ではなく、これまで韓国社会に潜在していた問題が総体的に表れており、問題の根源に「公共性」の危機があったと診断する。一方、日本の調査結果を見ると「競争」は高いが「寛容」「連携」も高い。「子どもに寛容や尊重を教えるべき」は64・6%と、韓国を大きく上回った。こうした寛容と連携の価値観は、日本の市民社会を支える基盤として作用し、震災後の市民活動の原動力になったといえるだろう。

社会発展研究所の研究は、韓国のセウォル号沈没事件と日本の原子力災害において、一国の「公共性」が災難の発生・処理・回復のすべてのプロセスに分かちがたく結びついていることを映し出す。こうした研究は、災難の根源的究明と社会への影響を立体的にとらえる上で、重要な示唆を与えてくれる。

付記　ソウル大学校社会発展研究所の研究は、ソウル放送局（SBS）の研究助成によって実施された。本コラムは、ソウル大学校社会発展研究所に「社会と基盤」研究会が協力して日本で実施したインタビュー調査と研究成果の一部である。

ソウル大学校社会発展研究所 2015『セウォル号は問いかける――災難と公共性の社会学』ハンウルアカデミー

コラム

原発ゼロに向けて地域の力を結集
――NPO法人原発ゼロ市民共同かわさき発電所

高橋　喜宣

原発が必要のない社会に向けて行動をしようと、20代~30代の川崎市の若者が中心になって14年3月に「原発ゼロ市民共同かわさき発電所」を設立した。

その原点は福島第一原発事故。3・11後に結成された「原発ゼロへのカウントダウン in かわさき」実行委員会の若手有志が、脱原発として再生可能エネルギー普及に取り組んだことに始まる。原発をなくしていく方法は、原発反対の集会やデモ行進に参加したり、署名をしたり集めたりする活動もあるだろう。しかし「反対運動も大切だが、具体的に自分たちができることをしていきたい」という思いが、ついに市民から無利息の建設協力金1310万円を集め、太陽光発電2基を稼働させることになった。

川崎市は今も人口が増加し続ける147万都市。戦後経済が発展するにつれて深刻な公害が生まれた。住民が条例制定の運動を起こし、市は総量規制など全国一厳しい公害防止条例を制定して公害を克服しようとしてきたという歴史がある。市内には363団体のNPO法人があるなど、市民活動が活発だ。環境や平和に取り組む市民、保育・医療関係者、弁護士など市民活動の経験を積んできた市民が集まり、発電所の実現に動いた。

活動開始から約1年後の14年7月、NPO法人を設立した。15年9月現在、正会員は56人、サポーター会員は71人、理事長の川岸卓哉氏は30歳の弁護士である。

15年1月22日、川崎市中原区のマンション屋上に、1号機となるソーラーパネルを設置、全量売電を開始した。「原発ゼロの一言に飛びついた」という田邊勝義理事は、所有するマンション屋上を無償で提供。長年、川崎で平和の集いを主催してきた方だ。1号機は100枚のパネルで最大出力25キロワット、家庭用エアコン50台を動かす（写真終・0参照）。2号機はインターネットで資金を募るクラウドファンディングでは失敗したものの、数ヵ月で500万円を集め、同年8月13日、2号機を完成させた。2号機は高津区にある高齢者のシェアホーム「川崎北部グループリビングCOCOせせらぎ」の屋上。オーナーの秋元サチ子さんは被爆者訴訟を支援されてきた方で、原発ゼロの活動に賛同し建物を提供した。パネル66枚を備え、最大16・5キロワット（家庭用エアコン約30台分）を発電できる。出資者はほとんどが会員の川崎市民。多くは市民活動のつながりで以前から知己であり、原発ゼロの志に賛同してくれた方々だ。

会員は、発電事業、普及拡大活動、政策提言などそれぞれ得意分野で役割を果たしている。自宅に太陽光パネルを設置している木田千栄美さんは、発電事業の損益予想、設備認定、設置業者との交渉などを引き受ける。「私たちで作る市民共同発電所は技術的にもこだわりを持ち、さらに今後の市民共同発電所のお手本になればと考えている」と語る。パワーコンディショナーから無料のクラウド型発電所モニタリングシステムを活用し、会のウェブサイトに発電量を毎日自動表示させた。

イベントチームの副理事長・田中哲男さんは中型運転免許を取得し、先進事例の合宿視察旅行を3度実現。これまで市内市外のイベントに参加、講演会や映画上映会を企画してきた。経営サポートセンター協同組合の斉藤光司さんは専門的知識で帳簿作りやNPO申請を担う。アートチームは会のPR映像を制作し、広報に一役買う。

政策検討チームでは、全国のエネルギー条例を調べて「川崎市再生可能エネルギーの導入等推進に関する条例」案を作り上げた。さらに京都から研究者を招いて学習会を開き、アドバイザーとなってもらう。行政や市議会と対話を重ね、市民提案によるこの条例の実現を目指す。また、市内環境関係5団体と合同での市との勉強会・意見交換会も実現させた。このように多くの人々の活躍で活動は推進されている。

課題は、10年後の協力金償還後の売電利益を再生可能エネルギー普及に活用し、原発を必要としない未来をどのように創っていくかである。「私たちの活動は、市民がよりよい社会をつくるための民主主義の根幹にあたると思う」と理事長の川岸弁護士は語る。

1号機の通電式を始め、日本や台湾の公共放送局の取材などマスコミ各社が市民共同かわさき発電所を報道してきた。小さな発電所であるが、原発ゼロに向け地域の力を結集した大きな成果である。

終章　リスク時代の市民社会
――市民活動・脱原発運動の広がりは何を問いかけるのか

佐藤　圭一

写真終.0　原発ゼロ市民共同かわさき発電所 1 号機
（川崎市中原区 2015.2.1　NPO 法人原発ゼロ市民共同かわさき発電所提供）
市民出資による太陽光発電通電式の日に集まった会員

3・11以後、脱原発をめざす市民活動はどのようなものであったのか。本書ではその全体像を追ってきた。震災後の市民活動・社会運動は、原発・エネルギーに関わる問題圏の中で多様性と重層性を伴って広がり、人びとは情報や感情を共有し、問題性の認識を深めてきた。

社会の内に軸足をおき、社会を外から記述する社会学には、観察と洞察の絶えざる対話が求められる。終章では図1・2で示した市民活動の基盤と市民社会の見取図に基づき、一歩踏み込んだ考察を行う。原発事故に関する有識者・研究者へのインタビュー調査の結果も活用する。

1　多様性のなかの一体性——基盤としての感情と知識

「壊れやすさ」への感受性と想像力

原発・エネルギー問題に関わる市民活動・社会運動は、多様性とともにある種の一体性を示していた。課題に違いがあっても、原発事故への不安や日本の社会・政治・経済への怒りという共通の感情を基盤に、市民団体は活動を開始した（第四章）。事故の事実自体が重大だ。原発が爆発した映像は、事故の象徴として流布されている。だが、この不安と怒りの感情を壊れた物だけで説明するのは十分ではない。

二〇一二年九月、筆者は福島第一原発で深刻な被害を受けた福島県飯舘村を訪れた（写真終・1）。震災直後、村民の計測で毎時100マイクロシーベルトを超えたその地区は、震災以前の美しい農村風景がそのまま続いているような錯覚さえ起こさせる。浮遊する放射性物質は、火事の炎のように熱くもなければ、地震で倒壊した建物のように「壊れた物」をさらすこともない。

写真終.1　飯舘村役場前

（福島県飯舘村 2012.9.25）
空間線量計と地蔵尊が並ぶ。全村が避難指示区域となった

写真終.2　増え続ける除染の廃棄物

（福島県南相馬市 2013.8.23）
放射性物質を含む草や土を詰めた袋が増え続けている

しかし、放射性物質とそれにさらされる自分の身体をふと想像すると、途端に恐ろしい感覚に襲われる。もしかしたら、いま受けた放射性物質が将来、自分の身体に何らかの不具合を起こさせるのではないか。そう思った瞬間に、眼前に広がる美しい風景は一変する。3・11から時が止まったかのように、放置されて草だらけの田んぼの異様さが目に飛び込んでくる。不安と怒りの基盤には、直接目に見えないものを感じ取る感受性と、それが未来に及ぼしうる影響にまで思いを馳せる想像力があるのだと、実感させられた。

震災後新しい動きとして「健康リスク・多方面型」団体が登場し（第二章）、もっとも「壊れやすい」存在である子どもの父親・母親たちが新たな担い手となった（第四章）。経済階層を越えてリスクが影響を及ぼすことは、「壊れやすさ」の想像力を共有した人びとが連携する可能性をもたらした（ベック 1998: 51–52）。

「読解力」の社会的蓄積

見えないものを感じ取り、想像力を働かせるためには、情報の読解力が必要とされる。岩井紀子と宍戸邦章は、震災後に全国約４５００人を対象に意識調査を実施し「原発を長期ないし即時に廃止する」意識に、学歴が及ぼす有意な効果を認めている（岩井・宍戸 2013）。

国勢調査から年齢別人口分布、文部科学省「学校基本調査」から各年の大学・短期大学等の「高等教育機関への進学率」を対照させて推計すると、二〇一〇年の高学歴層（大学・短大卒以上）の割合は25％だった。チェルノブイリ事故の一年前（一九八五年）は12％程度にとどまる。日本の高学歴層は厚みを増した。震災後、政府の公式情報の真偽が疑われ不信を招くなかで、市民が自らインターネットを駆使し、時に海外の英語論文などを参照しながら、放射能汚染の専門情報を読解できた背景には、日本社会全体の教育水準の向上がある。もちろん学歴は物事を読み解く力とイコールではないが、感受性や想像力といった感情は決して「ヒステリー」と揶揄されるような非合理なものではなく、むしろ読解力に基づいた理性的なものである。日本全体の知識社会化の進行とともに、読解力は市民の力として蓄積されてきたのである。

2　多様性と重層性の共存

共鳴性・結合性・戦略的曖昧性

「壊れやすさ」への感受性と想像力を共通基盤として起ち上がった市民活動・運動には、つねに分岐（分裂）の契機がはらまれていた。福島第一原発・原発立地点までの距離（第三章）、結成時期や活動経験（第四章）、団体組織化（第五章）、メディア利用（第六章）、原発への態度・戦略（第七章）に見られるさまざまな違い・多様性は、いずれも活動・運動にズレや緊張関係を持ち込むものだった。

多様な分岐軸がありながら、一体性はどのように保たれたのか。第一に、各団体は独自の活動課題を多様なかたちで原発・エネルギー問題に結びつけた。「原発事故の情報提供」「被災者・被災地支援」という共通課題や「原発事故への対処」という緊急対応は共有されやすかった（第二章）。楽器にたとえれば、災害の一撃の後、異なる音が一斉に響き合う様に似ている。これを「共鳴性」と呼ぼう。

第二に、活動・運動メンバーは緊迫性を認識し、理念やスタイルの違いを越えて連携した（第五章）。危機意識を共有し、協働が実行されたことを「結合性」と呼ぼう。

第三に、とりわけ緊迫した課題や地域では、違いがあってもあえて争点への賛否を表明せず、対立を表面化させない戦略が取られた（第七章）。これを「戦略的曖昧性」と呼ぼう。

こうして分岐を包み込んだ活動空間が生まれ、接続をもたらした。幅広い層の人びとが参加可能になり、一回限りではなく活動が持続する重層的な基盤を提供した。震災後の共通かつ切迫した危機のなかで「共鳴」し、差異を表面化させない「曖昧さ」を確保しながら、活動の諸力が「結合」した。多様性と重層性が共存して、震災後の市民活動・運動は広がりと厚みを増した。

グラデーションの中の〝脱原発運動〟

これらの市民活動団体のすべてが「脱原発」を団体として主張していたわけではない。団体としては態度を決めないが、デモに参加する・デモ情報を流すなど、取り組み方は多様であった（第七章）。〝脱原発運動〟とは、あらゆる課題に関わり、脱原発を意思表明する団体から、原発への批判的態度をゆるやかに示したり、原発について語る場所を提供する団体まで幅広く存在する、いわばグラデーションと考えるべきだろう。

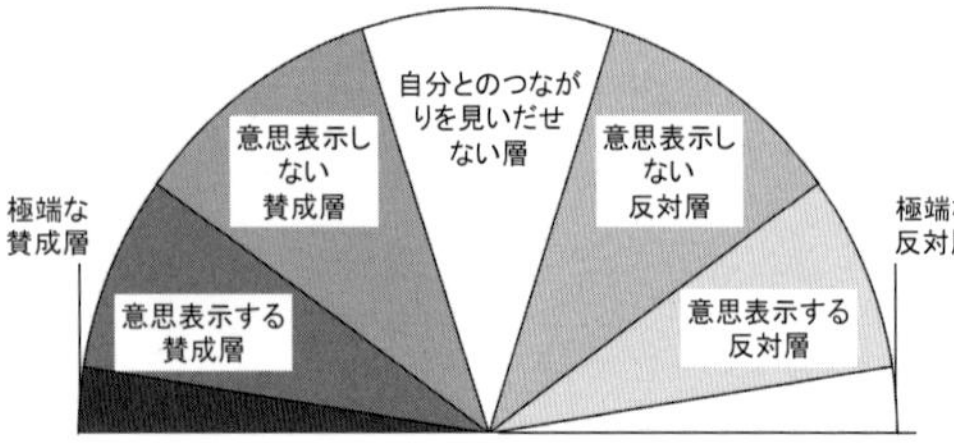

図終.1　世論の多様な層のモデル

それは最終的に大きな世論の変動をもたらす。震災以前に原発反対の世論はある程度存在し、その割合はチェルノブイリ事故後増加し、二〇〇〇年以降も維持されていた（補論2図1・3参照）。二〇〇〇年代の原発推進を後押ししたのは、「現状維持」から「増やす」に転じた層であった。図終・1に示したように、世論には賛成・反対だけではないさまざまな層が含まれる。震災後の世論の変動は、これらの各層に働きかける多様な活動・運動の結果であった。

3　常態化するシステム危機

原発批判は事故そのものだけではない

多様性・重層性を伴った市民活動・運動は、福島第一原発事故を事故のレベルにとどめず、日本社会の構造的な問題性の発見につながる契機ももたらした（コラム災難と公共性も参照）。

原発事故批判の矛先は、放射性物質による汚染だけに向けられたのではなかった。事故から一ヵ月後、朝日新聞の世論調査では約55％が原発の現状維持もしくは増加を支持していた（図1・3）。反対意見が本格的に増えるのはこの後である。原発の安全神話を背景に、現実的な住民避難計画は作成されず、事故対応や汚染データの情報公開、原因究明の遅れによって、政府・主要メディアへの信頼は大きく揺らいだ。時間が経つにつれて、この災禍は人為的であり、原発を推進してきた政治家・官僚・科学者・電力会社の癒着と閉鎖性に原因があるという「原子力ムラ」批判とエネルギー政策の転換を求める声が高まった。複合災害だけでなく、複合的な社会・政治・経済・文化の構造的な問題性の認識が広がった。

団体間の連携が急速に進む組織進化（第五章）のなかで、人びとのコミュニケーションを通じて構造的な問題性の理解が醸成される。市民社会とはその展開過程ととらえることができる。原発・エネルギー問題に関わる課題は、決して必然的（deterministic）に生まれた問題圏ではなく、個々の課題が各アクターの実践を通じて発見的（heuristic）に再構成され、接続した結果であろう（第二章）。

科学技術への依存がもたらす危機

この仮説に立ち、福島原発事故後に進行した社会過程を、次のように考察してみよう。

原発事故によって、日常生活のさまざまな問題がつながっていたことが、連鎖的に明らかになる。インフラの不具合。そしてそれに対処できない／対処されてこなかった社会・政治・経済・文化の問題性の発見。別々に存在していたはずの事柄が、一つのまとまりをもった構造的問題として姿を現す。

さらに、この構造的な問題性発見は、東日本大震災特有の社会過程ではなく、問題性自体は個別特殊的であるが、科学技術に大きく依存した現代において一般的なプロセスであるという仮説に立つ。

スリーマイル島原発事故の原因を研究したチャールズ・ペロー（Charles Perrow）は、複雑性と相互依存性をもつ巨大科学技術システムは、つねに重大な事故リスクを抱えていることを「事故の常態化（normal accident）」とした（Perrow 1984）。松本三和夫はペローの視点を引き継ぎ、事故リスクをもつ科学技術システムと、その技術システムを支え制御する社会の役割を強調する。事故は科学技術の失敗と、社会の機能不全の相互作用によって引き起こされる「構造災」である（松本 2012）。

これらの議論が単一のインフラに焦点をあてるのに対して、ステファン・グラハム（Stephen Graham）はインフラの相互依存性を重視する。都市インフラは通常独立しているようにみえるが、個別インフラの不具合は予期せずに他のインフラへ連鎖的に影響を及ぼす（Graham 2012: 18）。町村敬志はグラハムの議論を引き継ぎ、インフラを支える「社会の失敗」に立ち返り、二一世紀は技術・社会システムの危機が常態化することを主張する（Machimura 2012: 9）。これを「システム危機の常態化」と呼ぼう。

これらの議論は、現代社会の危機は自然・社会・技術の三つが重なり合う場所で起こることを再確認させる。東日本大震災では、地震が原発事故を引き起こした。スリーマイル事故やチェルノブイリ事故と比べて福島第一原発事故の特異性と新しさは、自然と人間の間で起こった複合災害であることだ。

ここで、自然の脅威そのものはきわめて一般的であることを認識する必要がある。二〇一二年には茨城で巨大竜巻、一三年には関東一帯が豪雪、一四〜一五年には広島で土砂災害、御嶽山・口永良部島で火山噴火、関東・東北で豪雨による水害が発生した。私たちはほぼ毎年何らかの自然災害に遭遇している。社会・技術によって増幅されうる自然の危機そのものは、つねに足下にあるのだ。

可能性のプールとしての市民社会

危機全体を把握する想像力はどこから生まれ、危機に対処する主体はどこにいるのか。市民活動・社会運動は、唯一ではなくともその主要な源泉でありうる（第八章）。なぜなら国家と市場は平常時のシステムであり、国家は選挙によって選ばれた政権と官僚機構によって、市場は利益を生む商品取引によって機能する。危機対処法を平常時のシステムに織り込むことは重要であるが、すべての危機を押さえ込むことはできない（だからこそ「想定外」との言い訳がなされる）。非常時の危機対処には、システム外における行為集合が必要となる。国家や市場に代わって市民が緊急時の集合体を起ち上げ、活動が共存する場所として市民社会の範域が広がる（図1・3、第八章）。

震災後結成団体の多くが任意団体であるのは、人びとが平常時システムの外で危機対処を模索した痕跡と解釈できる。市民社会は、システムに組み込まれない行為の可能性のプールといえよう。

4　社会はどう変わったか――脱原発をめざす市民活動がもたらしたもの

変わったもの・変わらなかったもの

脱原発をめざす市民活動団体を取材すると、しばしば活動の成果について悲観的な評価を聞く。「震災後も社会は何も変わっていない。市民は結局何も変えることができない」。

だが重要なことは、変わったのかどうかではなく、変えようとした人びとがいたこと、そのものだ。「可能性のプールとしての市民社会」の第一義的な価値は変化を起こすか否かではなく、危機に対処し、次なる危機を未然に防ぐ原動力が生起し続けるか否かである。

社会の変化を、たとえば法律制定のような可視的なゴールだけで理解する必要はない。変化にはいくつもの段階がある。短絡的に「何も変わらなかった」と評価を下すことは、結局、活動・運動がなかったことにされる道を自ら開きかねない。最終的な目標が制度を変えることであっても、政策形成過程には段階があり、それぞれへの関与のかたちは異なる。活動・運動の役割や効果を単純化して特定することは、ほぼ不可能だ。そのうえで、市民一人ひとりが動いた結果、社会が変わろうとしている方向を見定める必要がある。

活動の内部構造

本書で見てきたように、原発・エネルギー問題に関わる市民活動は、一時的であれ裾野を広げたことに異論の余地はないだろう。この広がりはどの程度持続するのか。デモの推移から一つのピークは過ぎた。ただし活動コア層のつながりは維持されている。新規結成団体だけを見ても、リーダー層は他団体にも所属し情報のやりとりなど多様な回路でつながっており、簡単には切れにくい（第五章）。さらに、メーリングリスト、Facebook や Twitter といったウェブメディアで、関係を維持できる。震災を機に形成されたコア層は原発以外の社会問題もさまざまな形で情報発信するなど、新たなコア層が生まれたことは重要である。

世論と政治文化

震災後、世論と政治文化は大きく変化した。第一に、長期的にみて原発を減らすべきという世論は7割に上り（第一章補論2）、これが大きく変化することは考えにくい。

第二に、政治文化として市民がデモで自己表現することが以前より一般的になった。デモはもはや特殊な手段ではなくなり、逆説的ながら、在日韓国・朝鮮人への反感や外国人排斥などのデモも展開されるようになっている。今後は、デモの表現内容や主張が議論の対象となるだろう。

第三に、パブリックコメントの一般化も重要な変化である。二〇〇一年の政治改革で、公的機関が国民に広く意見を求め政策に反映する手続きを制度化したのがパブコメだったが、それまでは認知度が非常に低く、実施されても数十コメントが集まればよい方だった（原田 2011: 16–17）。震災後、重要法案には数千のコメントが集まることが多く、この傾向は少なくともしばらく続くと思われる。パブコメがロビー活動の対象となることには、パブコメ本来の機能が失われるとの見解もあるが、投票率が低下するなか、注目度を含めて生の声、民意を政府に届ける貴重な回路ではないだろうか。

エネルギー政策の変化

震災後、さまざまな限定はつくが日本の原子力政策は一変した。原子力施設の運転は原則として三〇年と定められ、原発の新増設は反対世論が強く、コストがかかるため、事実上原発減少の方向に初めて切り替わった。二〇一二年五～七月、および一三年九月～一五年八月の約二年間、定期点検入りした原発が再稼働せず、国内で稼働する原発はゼロになった。各企業の節電協力や自家発電の提供、電力会社の代替電源確保もあって停電が起こらなかったため、電力不足の根拠はなくなった。

一方、太陽光発電や風力発電などの再生可能エネルギー導入の機運は、かつてなく高まった。再生可能エネルギー特措法によってＦＩＴ（固定価格買取制度）が導入され、新電力の参入が相次いだ。二〇二〇年には発送電分離が実現する（2015.6.17 改正電気事業法）。今後は、再生可能エネルギーを全国規模で普及させるために技術的・制度的障壁をいかに取り除くかが議論の中心になる。震災前の再生可能エネルギー３％（水力を除く。二〇一〇年の発電量）を振り返れば、きわめて大きな変化である。

しかし原発回帰の力も働いている。二〇一四年四月、自民党政権は原発を「重要なベースロード電源」と位置づけ、新たなエネルギー基本計画を閣議決定、七月に「長期エネルギー需給見通し」を決定した。二〇三〇年の発電目標を原発20～22％、再生可能エネルギー22～24％としたが、原発の三〇年ルール延長や新増設なしには達成できない数値である。一五年九月から、九州電力は川内原発1・2号機を順次再稼働した。

原発のコストは社会的関数

原発を維持する根拠としてしばしば用いられるのは、「発電コストの相対的な安さ」である。だが大島堅一によると二〇一〇年時点で原発コストは発電の直接コストでも水力に劣り、立地対策や技術開発など間接コストを勘案すると火力にも劣るという（大島 2010; 2011）。そもそもこの「コスト」とは、予め定めることができない、社会的関数である（小熊 2012: 50）。厳しい規制基準によって耐震性や安全性のレベルが上がれば、リスクの低減と引き換えに対処費用が跳ね上がる。逆に小さなトラブルや損傷を報告しなければ稼働率は上がり、一基当たりの収益は高まる。膨大な使用済み燃料の処理費用は原発のコストに計上されていない。福島第一原発では汚染水の流出が続いているが、問題視しなければ処理費用も小さくなる。

〈原発反対〉〈エネルギーシフト〉〈健康リスク〉〈被災者・被災地支援〉〈原発被害対応〉という5つの活動課題群（第二章）に取り組む市民活動団体は、こうした原発コストの評価という「変数形成」に関わっている。市民活動は社会を変えた。そして変数形成作業を通して、いまも変え続けているのである。

同様の現象は、他の課題、たとえば被ばくによる健康リスクにも見られるはずだ。放射線の内部被ばくが、今後どのような影響を及ぼすのか。年間被ばく許容量20ミリシーベルトをめぐって、福島県の県民健康調査の結果などから子どもの健康への影響の有無が幅広く日本社会全体で論じられるだろう。その際にデータの解釈や影響評価、どの範囲の疾患まで考慮するのかなど、社会的な議論や解釈をめぐる「変数形成」がなされるだろう。

5 「公的なるもの」の壁

「公的なるもの」による言説の整理

運動の本当の成果は、社会を変えたことだけではない。フィールドワークで得た多くの語りには、市民活動・運動の当事者たちが突き当たった壁の経験が詰まっている。それらが共有されるならば、これからの社会を構想する重要なヒントとなる。

震災以後、活動・運動に参加するようになった人びとは、「パブリック・スペース」において、原発や放射能について語れる場所がいかに少ないかを痛切に経験した。その背景には「語るべきこと」と「語らざるべきこと」を公的機関が過剰に交通整理しようとする問題がある。3点にわたって見てみよう。

第一は、語ること自体をやめさせようとした例である。震災直後、石原慎太郎・東京都知事（当時）の花見自粛発言（2011.3.29）をはじめ、大学、公園、公民館などがさまざまな「自粛」を呼びかける例が相次いだ。結果として、公的機関が人びとの自発的な活動が生まれるコミュニケーションの場を奪うことになった。だが実際には、それに抗するかのように多くの人びとが花見をしていた（写真終・3）。

第二は、原発について語ることを制限しようとした例である。二〇一三年二月、東京都国立市では「学習会・脱原発社会を目指して」というタイトルのポスターを市内掲示板に貼ることを不許可にした。掲示板の

写真終.3　花見の宴会自粛呼びかけ
（東京都武蔵野市・井の頭公園 2011.4.3
町村敬志撮影）

利用規約が「政党活動を除く」から「政治活動を除く」に変更されたことが背景にあった。しかし、市民の抗議を受け、市内部からも「『政治活動』ではあらゆる市民活動が含まれてしまう」と意見が出されたため、二〇一三年三月末、元の規約に戻された（2014.12.25 市担当者へのインタビュー）。

　第三は、放射能について語ることが封じられた例である。福島県立医科大学は、日本甲状腺学会の医師たちに「保護者から相談があっても（甲状腺の）追加検査は必要ないと説明してほしい」と要請する文書を送った（2012.1.16）。その後市民や新聞各紙の批判を受け、ウェブサイトに釈明の文書が掲載された（2012.10.11）。だが、その後も医師たちは県立医大以外のセカンドオピニオン受診希望者に、「原発」被ばく検査であることを伏せて診察を行ったという（2014.8.28 福島市の医師へのインタビュー）。

　これらの例は、中立でパブリックと見なされる何らかの主体（公的なるもの）が、「語ること」をさまざまなレベルで規制し、言説のあり方を水路づけようと腐心しながら失敗し、市民の不信を増幅している構図である。もっとも、この主体は狭義の行政に限られない。言説を制限するのは行政であるとした瞬間に、多くの人びとは言論を封殺される被害者になり、「公的なるもの」を担う側は言論の支持、不支持にかかわりなく、単に職務への義務感で行動していることを見逃してしまう。

　私たち自身がどこかで「公的なるもの」による言説の交通整理を期待し、異なる意見が排除された中立の空間こそがパブリック・スペースであり、その維持が行政の役目と見なしてはいないだろうか。

分節化するのは「私」自身

これらの壁の経験は、社会が大きく動き出していることを逆照射する。何が「語るべきこと」であるのか。何が「政治的」であり、「政治的でない」のか。パブリック・スペースで議論すべきものとそうでないものの境界線はどこか。リスク社会では「公的なるもの」があらかじめ物事を分節化するのは不可能だ（分節化 segmentation とは現象を言葉によって区切って理解すること）。

第1節において述べたように、原発事故によって壊れやすさへの感受性と想像力の差異が人びとを分断／接続するのだとしたら、物事の分節化の仕方も人によって異なってくる。知識社会化が進み、人びとが自ら物事を読解するようになると、パブリック・スペースにおいて話すべき話題は、個人によって変わる。他者が「語るべきこと」の分節化を個人に押しつけることは、もはやできない。ある分節化が優越しそうになると、途端に別の分節化が姿を現す。

たとえば、震災後の脱原発運動には、異なる立場の論者たちが関わる例が見られた。東京・杉並区の脱原発デモには、保守の論客である西尾幹二が原発推進者たちの品格への反発という観点から応援メッセージを寄せた（2012.2.19 参与観察）。元経済産業省官僚で、積極的に脱原発を発信する古賀茂明は、自分の基本的な物事の判断の基準は、経済理論にあると言う。市民から「古賀さんは原発には反対なのに、なぜＴＰＰには賛成なのか」と問われると、不思議な感じがするそうである。古賀自身の分節化の仕方では、両者は同じ理論から導き出されるものだからだ（2014.6.26 インタビュー）。多様な言論の出現はそれを受容する側との緊張関係を生む。しかしそれによって、震災後の議論はこれまでとは異なる広がりを見せてきた。

〝脱原発運動〟の公益性

一人ひとりの市民が、物事を自分なりに分節化する傾向が不可避であるならば、私たちにとって何が「公益」なのか、その想像力をもっと広げる必要がある。ところが現実に起こったのは、正反対の動きだった。原発について語ることは、上の例のようにさまざまな制限を受ける。

日本社会において、「公益」への想像力は、阪神・淡路大震災後から深化していないようにみえる。当時市民によるボランティア活動に注目が集まり、それがNPO法の制定へとつながった。市民の自主的な活動の「公益性」が初めて法的に認められた点で、画期的であった。だが、法制化の際に多くの市民団体が疑問を投げかけたように、「公益性」は非常に狭く制限され、「行政の下請け化」との批判もなされてきた。

震災後の市民社会へのまなざしも、この一連の流れの中で理解する必要がある。行政の役に立つ震災復興のボランティアと、役に立たない脱原発運動の市民たち。この二分法は正しいのだろうか。

人びとが語り合えること。危機においてそれがどれほど大切かを考えたい。放射能汚染の被害は、かつてない未曾有の経験であり、もっとパニックが起きてもおかしくなかった。国がどれほど安全性を強調しても「壊れやすさ」への感受性は人によって異なり、そこから漏れる人が必ずいる。もっとも感受性の強い人びとが、震災後無数に形成された市民活動の小グループで不安を分かち合えたことを見逃すべきではない。

さらに、人びとが自主的に放射能測定や測定結果の分析作業を行った結果、放射能汚染の全体像の理解がかなり進んだ。政府は、二〇一一年五月三日に初めてSPEEDIの結果を公表した。これに先立つ四月二一日、群馬大学の早川由紀夫は各県の放射能測定値や、市民独自ないし行政と協働した測定結果を参考に「福島第一原発事故後の放射能汚染地図」を作成した（図3・0）。政府が利害調整に時間を割かれ、情報公開が後手に回るなかで、自主的な放射能測定によるデータの蓄積が公開された意義は大きい。

原発反対を訴える市民活動には、代替案がないと揶揄される。しかし、耐震性や津波対策の不十分さが事故を引き起こしたのであれば、安全性向上のために批判そのものが重要だ。

図終.2　国際環境 NGO FoE Japan ニューズレター
“Green Earth”（年 4 回発行）
震災後，事故対応から原発反対，健康リスク，エネルギーシフトなどあらゆる課題をカバーしている

写真終.4　東電汚染水問題に関する緊急集会
（東京都千代田区永田町 2013.8.8）
原子力規制を監視する市民の会ほか協力。
専門知識を駆使した議論が行われた

脱原発運動の中には専門知識を持つ団体が多くある（図終・2、写真終・4）。NHKアナウンサーだったジャーナリスト堀潤は当時を回想して、原子力安全保安院が行った公聴会で得られた情報の有効性に触れている。たとえば、環境NGOグリーンピース・ジャパンなどが主催した二〇一一年一二月一九日の政府交渉において、質問者が保安院から「原発事故は必ずしも津波だけが原因とは限らない」とのコメントを引き出した（堀 2013: 133-139. その後一二年七月、国会事故調最終報告書も、地震による福島第一原発の損壊の可能性を指摘した。国会事故調 2012: 31）。行政の番人（watchdog）と呼ばれるメディアだけではなく、市民活動団体・脱原発運動組織もその機能を果たしているのである。

6　危機に強い市民社会とは

システム危機への対処

原発の過酷事故を含む「常態化するシステム危機」の時代において、どのような社会が危機によりうまく対処できるのか。インフラが行き渡り、生活のあらゆる面が科学技術に支えられて制度化された現代社会において、システム危機は不可避である。電力はその象徴だ（図終・3）。しかし危機を分節化する仕方は、個人化する（筆者の考察もまた一つの分節化である）。個々の無限の分節化の中で必然的に遭遇する危機に、共にどう対処するか。答えは簡単ではないが、調査から得たさまざまな知見は、いくつかのヒントを与えてくれる。

第一に、リスクを最小化する必要がある。原発はこの観点から、もはや容認できるものではない。日本で

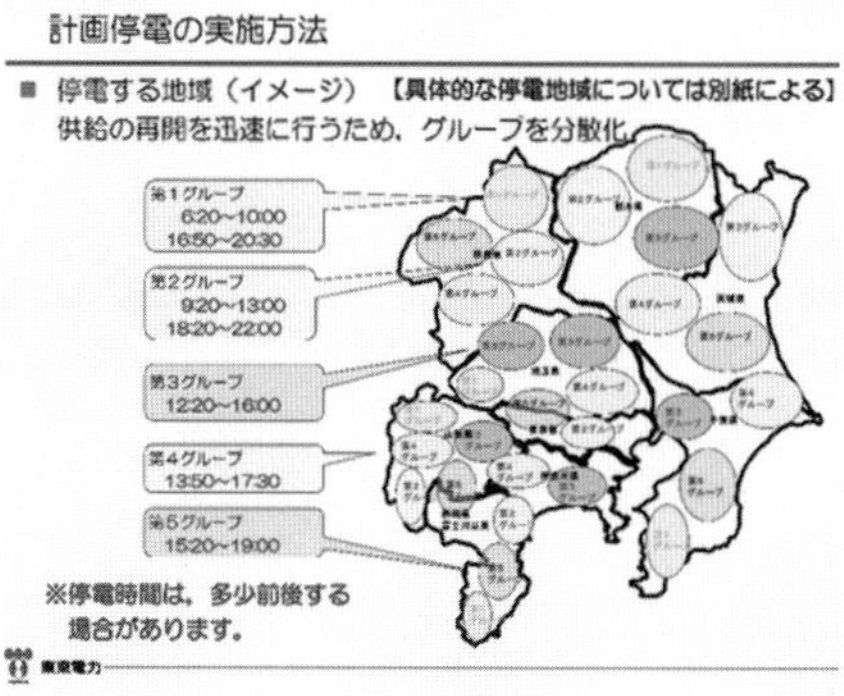

図終.3　東京電力の計画停電イメージ（2011.3.14）

図終.4　原発事故子ども・被災者支援法3周年シンポジウム（しえんほう3.11　同上市民会議 2015.6.21）
健康リスク・避難者支援に取り組むネットワーク組織

起こった原発事故はこれが最初ではない。一九九五年以後だけでも事故やトラブルが相次いできた（長谷川 2011b: 369-380）。事故は確実に起こる前提で考えるべきであり（Perrow 2011）、そしてその被害はあまりに大きすぎる。大島堅一と除本理史の試算によれば、損害賠償・原状回復費用・事故収束費用等の「事故コスト」は、二〇一三年までに11兆円に達しているという（大島・除本 2014）。健康不安や避難生活の身体的・精神的負担は、そもそも金銭に落とし込むことが難しいほど深刻である（図終・4）。

第二に、市民の自発的な団体結成が社会的に容認され、制度的に促進され、少なくとも「公的なるもの」に妨害されない必要がある。自治会・町内会、職業団体といった既存の中間集団の潜在的な危機対処能力は、急速に落ちている（坂本 2010: 8; 小熊 2014: 175）。立地自治体を除き、原発はこれらの地縁・社縁組織のアジェンダ（議題）にならないため、原子力行政へのチェック機能が働かず、「壊れやすさ」への異なる想

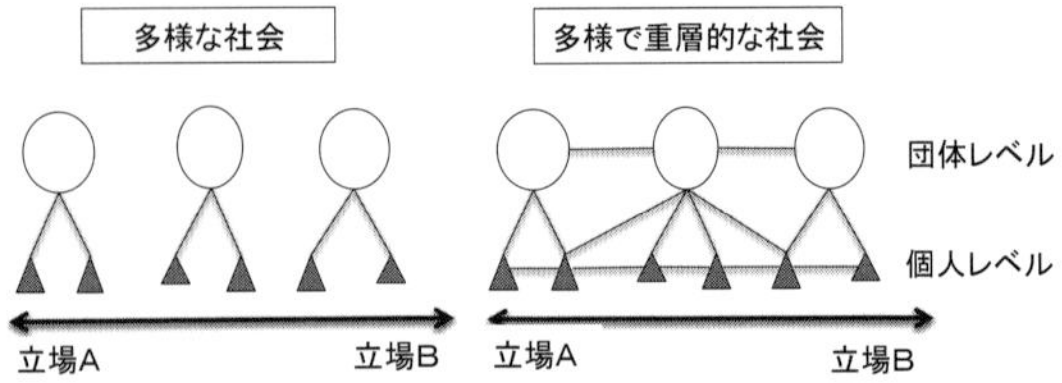

図終.5　多様で重層的な社会のモデル

像力を共有し、語り合う場所にもなりにくい。人びとの自発的結社が起こってこそ、リスク社会への危機対処能力は確保される。これは危機管理という点からも重要だ。

第三に、「公共性」（齋藤 2000）が促進される必要がある。公共性は多義的な用語だが、齋藤純一は公開性（open）に基づいて共通性（common）を見いだし、ボトムアップで公的なもの（official）を導く重要性を指摘する（2014.7.1 インタビュー）。災害への対処は、危機を起こさせない「抵抗力 Resistance」と危機からの「回復力 Resilience」に分けられる。「抵抗力」を上げるためには、さまざまなリスクを探る多面的な議論が不可欠だ。「回復力」の発揮には、各主体の信頼に基づく協力行動が欠かせない。

だが震災後に起こったのは逆のプロセスだった。「公共性」に基づかない原子力ムラへ不信の連鎖が起こった。「危機が常態化する」現代科学技術社会において、蓄積された不信は危機の際により大きく増幅される。公共性に基づかない効率性はリスクの先延ばしにすぎない。「復興は災害にあう前から始まっている」と災害研究者の中須正は述べる（中須 2009）。これは、リスク社会における国家―市民社会関係にも当てはまる。

第四に、これがもっとも困難だが、多様かつ重層的な市民社会をつくることだ。個々の団体が孤立していては社会全体で危機に対処することはできない。『福島民友』の小泉篤史は震災後の福島で、同じ考えの人たちがコミュニティをつくり、違う考えの人と話す機会が減っていると懸念していた（2014.11.3 シンポジウム「原発・震災報道とこれからの社会」一橋大学)。コミュニケーションの場がないことは、震災の風化を招き、社会の危機対処能力を失わせる。

考えの異なる人びととの連携は、容易ではない。だが、考えのかけ離れた人とは無理でも「やや違う」同士が、個人、団体の各レベルでコミュニケーションすれば、社会全体は重層的につながりあう(図終・5)。震災後の原発・エネルギー問題に関わる市民団体の連携は、そのヒントとなるだろう。

新たなリスクの蓄積体制

日本の原発・エネルギー政策は大きな変化を迎えた。しかし、それは危機の終わりを意味しない。かつて「四大公害病」の訴訟を契機に公害対策を求める声は高まり、一九七〇年の公害国会によって、日本の「環境」政策は誕生した。この時期に大量の住民団体が結成されたと報じられている。一九七三年の『環境白書』によれば、公害および自然保護に関する市民団体は約1420団体を数えたという(朝日新聞(1973)調査も参照)。これは本書の調査対象選定の際に確認した団体数約1600に匹敵する。

こうして日本は短期間のうちに世界でトップクラスの大気汚染防止を成し遂げた(OECD 1977)。他方で、福島第一原発事故へつながる原発推進体制が整えられた。公害反対運動によって発電所の立地が進まないために制定されたのが、電源三法交付金(一九七四年)だった。公害反対運動は公害対策という成果を達成したが、同時にそれは原発推進というリスク蓄積体制の始まりでもあった。

この歴史が教えるように、日本の原発推進を止めても危機はなくならない。今後東アジアでは二〇三〇年までに合計50基の原発建設が計画されている。中国・韓国の原発の多くは沿岸に立地し、風下の日本は汚染リスクを負う。日本政府・原発メーカーは原発を輸出し、世界にリスクを拡散させる。福島第一原発は汚染水を流し続ける。廃炉や除染を担う労働者の健康がどこまで保証されうるのか。今後、原発避難者の生活支援や補償がどこまでなされるのか。そして新たな規制基準のもとで、原発再稼働が進められている。

当時の公害反対運動が予期しなかったように、震災によって国内の原発推進体制にブレーキがかかったまさにその時に、新たなリスク蓄積体制が始まる。それはタンクの水漏れを1ヵ所防いでも、どこかで新しい水漏れが発生する様に似ている。常態化するシステム危機の中で、水漏れを発見し防ぐ力を持ち続けられるか。市民社会と社会の諸主体の力が試されている。

付記　本章のインタビューの一部は、ソウル放送局（ＳＢＳ）の研究助成によりソウル大学校社会発展研究所が実施した「災難と公共性」研究より引用した。「社会と基盤」研究会はソウル大学校社会発展研究所に協力して日本でのインタビュー調査を共同で実施した。

あとがき

後から振り返ったときに、ああ、あの時に何かが変わったのだと気づかされることがある。潮目の変化、そう呼ぶこともできるのかもしれない。

本書は、脱原発運動の「成功」の記録ではない。また、日本の政治文化に新しい回路を開きつつある市民デモの紹介でもない。本書が結果的に明らかにしたこと、それは、東日本大震災そして福島第一原発事故をきっかけに、さまざまな形で新しい方向に向かって一歩を踏み出さざるを得なかった人びとが結果的に産み出した、いわば市民社会の「地勢」の変化であった。

そこにはもともと、熱意ある人びとが集う小高い丘もあれば、深い谷もあった。孤立した峰もあれば、ゆるやかに連なる尾根もあった。ただし大多数の人びとはそもそも、自分たちを載せていた「地勢」の存在自体に気がつくことがなかった。しかし二〇一一年三月に起きた一連の出来事は突然人びとの背中を押した。否応なく一歩を踏み出そうとしたとき、人びとは改めて自分の立っている場所の「地形」に気がついた。

市民が「動く」こと。社会運動にせよ市民活動にせよ、「動く」ことにはエネルギーがいる。「動く」方向はみな一様ではない。それゆえ「動く」ことはしばしば摩擦を引き起こす。しかし「動く」ことによって、見える風景は確実に変化し、世界は変わっていく。

3・11以後の社会運動の調査を通じて本書が明らかにしようとしたのは、この「動く」かたちの多様さ、「動く」背景の豊かさ、そしてそれらが集合的にもたらした市民社会の「地勢」の変化であった。本書のもとになった調査もまた、それゆえ幅広い市民活動を対象とした。

震災・脱原発に関わる市民活動自体を社会学的研究の対象として認識するようになったのは、二〇一一年六月のデモ・街頭行動の頃からであったかと思う。二〇一二年初めには、脱原発を志向する全国の運動の広がりと基盤を質問紙調査によって調べるプランが、私たちの「社会と基盤」研究会で提案された。

しかし当初、意見は分かれていた。はたしてそんな調査は可能か。仮に調査ができたとして、それを運動の「全体」と見なす根拠はあるのか。そもそも運動に「全体」はあるのか。二〇一二年にはすでに福島、東京を含む首都圏、西日本の間で、同じ争点について意見のズレが露呈していた（たとえば、震災がれき処理問題）。

そこでまずは、脱原発、反原発、再稼働反対、放射能測定、食品の安全性、条例制定住民投票、避難者支援、エネルギーシフトなど異なる課題に取り組む多数の団体・グループ・個人を訪ね、当事者から直接お話を聞く活動を積み重ねた。対象は、東京、福島、千葉、静岡、京都、大阪など各地に広がった。

その上で調査に踏み切った理由の第一は、原発事故をきっかけとする新しい活動が従来の運動基盤の範囲を大きく越えて、しかし同時に相互の接点をさまざまにもちながら展開していることを、各地で確認したことによる。全国規模で調査することには確かに意味がある。ただし対象は、デモ中心の社会運動組織だけにとどまらず、関連する幅広い課題に取り組む市民活動団体にまで広げることが望ましい。また「声をあえて

安保法制反対を訴える学生たち
（SEALDs 主催，同右 2015.6.12）

No Nukes Day 反原発☆国会大包囲
（首都圏反原発連合主催, 東京都千代田区・国会議事堂周辺 2013.6.2 佐藤圭一撮影）

上げない」活動にも、運動としての意味や重さがあることを知った。

理由の第二は、原発・エネルギー問題をめぐって運動がさらなる盛り上がりを見せたこと（たとえば二〇一二年以降の「官邸前デモ」）と同時に、デモも含めた運動の存在自体が十分に認識されないまま忘れ去られてしまう可能性があること、を体感したことによる。動き出した市民社会のかたちを確認するためには、多少の限界はあったとしても、対象を広げた調査を同時代において行うしかない。

こうした作業は、市民社会を載せた「地勢」の変化をも浮き彫りにすることにつながる。仮に個別の運動に節目が訪れて衰退しても、「動き」を育み支えた「地勢」はあとに残る。そうした市民社会の「地勢」は、確実に次の「動き」へとつながっていく。

偶然とはいえ、本書は、二〇一五年に社会運動の新しい波が押し寄せたさなかに編集を行った。後に振り返ったとき、日本における市民社会の潮流を語るタイミングとして、この時期がどのような意味をもつものと受けとめられるのか。もちろん今の時点ではわからない。しかし、街頭で多くの人びとがふつうに声を上げる風景を前にして、ゆっくりとではあるが着実に、「潮目」がなお変化し続けていることを感じずにはいられない。

したがって課題はあとに残る。関心ある読者の参考のため、第1章の補論1で述べた論点に即して、社会運動論としての課題を今後の宿題として提示しておこう。私たちも引き続きこの潮流を見つめていきたい。

おしまいになったが、本書のもととなった一連の調査では、まさに数えきれないほどの団体や個人に協力をいただいた。原稿の完成に至る過程では、学会や研究会などの場で、また個別の機会に多くの研究者や実践者から助言をいただいた。調査のなかでは、ソウル大学校社会発展研究所およびソウル放送局（ＳＢＳ）と共同で、日本国内における有識者インタビューを実施することができた。

本書作成に関わる一連の作業は、「社会と基盤」研究会の活動の一環として進められた。したがって本書には、執筆担当以外のメンバーによる調査や助言が反映されている。ただし、記述内容にはあくまでも執筆者が責任を負っているため、表紙には執筆者の名前を列挙した。また、急遽コラムを執筆いただいた高崎経済大学の佐藤彰彦さん、コラムと写真をお寄せいただいたＮＰＯ法人原発ゼロ市民共同かわさき発電所理事の高橋喜宣さんにお礼を申し上げたい。編集・制作では新曜社編集部の小田亜佐子さんと装幀の鈴木敬子さんにお世話いただいた。

直面する問題はまだ解決にはほど遠い。本書の作成過程自体がおそらくひとつの「運動」であった。そして「動き」はまだ止まっていない。本書がそうした「動き」を支える営みに何らかの力となることを願う。

二〇一五年十二月

編　者

1 「社会運動の進展を妨げる構造的要因の存在」仮説からの問いかけ

1-1 震災後の社会運動において、「身近な問題への強い関心」はどのような役割を果たしたのか。運動に対する親和的な「意識」を実際の「行為」へと変換させるきっかけに対して、「身近な問題への強い関心」（私生活主義）はポジティブな影響をもったのか、それともネガティブな影響をもったのか。

1-2 政治意識に昇華されることのないまま、私生活化していた政治的態度の様式に何らかの変化があったのか。

1-3 社会運動に親和的な意識を持ちつつも「行為」に向かわない「内向き」の状況に何らかの変化があったのか。

2 「社会的ニーズの変容に対する社会運動の適応／不適応の帰結」仮説からの問いかけ

2-1 原発事故がもたらした新しい課題群は、市民社会が取り組む社会的ニーズのあり方じたいに変容をもたらしたのか。

2-2 震災後の社会運動は、「奉仕活動」「市民運動」「市民活動」という三つの活動類型とどのような関係にあるのか。それらを含むのか、それとも新しい類型を産み出しているのか。

2-3 震災後の社会運動は、「国家主義と結びついた「ネオリベラリズム」」の顕在化としてとらえられるか。それは、「国家システムが主体（subject）を育成し、そのようにして育成された主体が対案まで用意して問題解決をめざしシステムに貢献する」という「アドボカシー（advocacy 政策提案）型の市民参加」としての一面をもつか。

3 「運動形態の分岐・多様化がもたらした社会運動セクター全体の弱体化」仮説への問いかけ

3-1 震災後の社会運動は、既存の（左翼）運動、「新しい社会運動」、ネオリベラリズムといった各セクターの布置とどう関わっているのか。新しい課題や運動はそうした布置自体に変化をもたらすものであったのか。

3-2 震災後の社会運動において、既存の左翼運動の基盤を支えた層と「より厳しく搾取された新しい「階級」」はどのような位置を占めたのか。両者の間には接点があったのか。

3-3 震災後の社会運動において、活動の新しい場としての「ストリート」はどの程度前景化されていたのか。

4 「60～70 年代アクティヴィズムとその後の動きを単純に比較する視点自体への批判」への問いかけ

4-1 震災後の社会運動は、社会運動（論）における段階論的理解とどの程度なじむものなのか。それは新しい状況への「移行」なのか、「再生」なのか、それとも従来の「延長」なのか。

4-2 原発事故がもたらした課題や運動には、「内向化」を含む現代的要素がどの程度関わっているか。

著者紹介（執筆順）

辰巳　智行（たつみ　ともゆき） TATSUMI Tomoyuki　**第三章**

一橋大学大学院社会学研究科博士後期課程在学

専攻：環境社会学

論文：2016,「規制的政策はどう制度化されたのか―環境税をめぐる言説ネットワークの変容」（中澤高師との共著）長谷川公一・品田知美編『気候変動政策の社会学 ── 日本は変われるのか』昭和堂

2015,「3.11 以後における『脱原発運動』の多様性と重層性―福島第一原発事故後の全国市民団体調査の結果から」（町村敬志ほか共著）『一橋社会科学』7:1-32.

金　知榮（キム　チヨン） KIM JiYoung　**第四章，コラム**

一橋大学大学院社会学研究科博士後期課程修了

ソウル大学校社会発展研究所先任研究員

専攻：都市社会学，移動と社会統合

論文：2015, "Fukushima Nuclear Disaster and Reorganization of Anti-Nuclear Movement in Japan," *Korean Regional Sociology* 16(1): 181-212. (in Korean)

2015, "The Effect of the Publicness Crisis on the Overcoming Process of Fukushima Nuclear Disaster," *Korean Social Policy Review* 39(1): 49-81. (in Korean)

2015, "The Consciousness on 'Roots' and Selection of Group Appellation: Case Study on *Zainichi* Koreans," *Korean Journal of Sociology* 49(5): 181-217. (in Korean)

金　善美（キム　ソンミ） KIM Sunmee　**第六章**

一橋大学大学院社会学研究科博士後期課程在学

専攻：都市社会学，地域社会学

論文：2015, "Tokyo's "Living" Shopping Streets: The Paradox of Globalized Authenticity" (with Hattori, Keiro and Takashi Machimura), Sharon Zukin, Philip Kasinitz, and Xiangming Chen, eds., *Global Cities, Local Streets: Everyday Diversity from New York to Shanghai*, London: Routledge, pp. 170-194.

2012,「現代アートプロジェクトと東京『下町』のコミュニティ―ジェントリフィケーションか，地域文化の多元化か」『日本都市社会学会年報』30: 43-58.

2012, "Rolling Blackouts and Changes to Everyday Life in Suburban Tokyo: Survey of Kunitachi's Local Shopping Streets," *Disaster, Infrastructure and Society: Learning from the 2011 Earthquake in Japan*, Study Group on Infrastructure and Society, 3: 61-65.（一橋大学機関リポジトリ http://hdl.handle.net/10086/25357）

陳　威志（ダン　ウィジ）TAN Uichi　**第七章，コラム**
一橋大学大学院社会学研究科博士後期課程在学
専攻：社会運動研究
訳書・論文：2015,『福島 10 の教訓 ── 原発災害から人びとを守るために』福島ブックレット刊行委員会 http://fukushimalessons.jp/booklet.html（繁体中文版）
2015,『如何改変社会』台北：時報出版社（小熊英二 2012『社会を変えるには』繁体中文版）
2014,「野百合の種，野イチゴの芽，ひまわりの花―歴史を受け継ぎ，過去を乗り越える台湾の若者たち」（呂美親と共著）『ピープルズ・プラン』65: 9-16.
2011, "The 6-11 'Amateurs' Revolt' Demonstration against Nuclear Power: A New Movement Style?, "*Disaster, Infrastructure and Society: Learning from the 2011 Earthquake in Japan*, Study Group on Infrastructure and Society, 1: 299-304.（一橋大学機関リポジトリ http://hdl.handle.net/10086/22086）

村瀬　博志（むらせ　ひろし）MURASE Hiroshi　**第八章**
一橋大学大学院社会学研究科博士後期課程単位取得退学
専攻：社会運動研究
論文：2008,「『市民社会』の再編成を捉えるために―〈社会運動の同定問題〉の再考を通して」『ソシオロゴス』32: 114-129.
2008,「ネオリベラリズムと市民活動／社会運動―東京圏の市民社会組織とネオリベラル・ガバナンスをめぐる実証分析」（丸山真央・仁平典宏と共著）『大原社会問題研究所雑誌』602: 51-68.

コラム執筆

菰田　レエ也（こもだ　れえや）　KOMODA Reeya

一橋大学大学院社会学研究科博士後期課程在学

専攻：労働者協同組合・社会的企業研究

論文：2015,「ワーカーズ・コレクティブにおけるメンバー同質性のマネジメント—参加型民主主義をいかに組織化するか」（一橋大学社会学研究科修士論文）

2015,「3.11 以後における『脱原発運動』の多様性と重層性—— 福島第一原発事故後の全国市民団体調査の結果から」（町村敬志ほか共著）『一橋社会科学』7:1-32.

2013, "Revival of the deep-rooted Anti-Nuclear Power Social Movement in Kansai Region: Green Action," *Disaster, Infrastructure and Society: Learning from the 2011 Earthquake in Japan*, Study Group on Infrastructure and Society, 4: 42-44.（一橋大学機関リポジトリ http://hdl.handle.net/10086/25613）

岡田　篤志（おかだ　あつし）　OKADA Atsushi

一橋大学大学院社会学研究科修士課程修了

農業，おらってにいがた市民エネルギー協議会メンバー

専攻：フェアトレード研究

論文：「フェアトレードと公的なもの—熊本市フェアトレード・シティ運動参加者の思想」（一橋大学社会学研究科修士論文）

佐藤　彰彦（さとう　あきひこ）　SATO Akihiko

一橋大学大学院社会学研究科博士後期課程単位取得退学

高崎経済大学地域政策学部准教授

専攻：地域社会学，地域政策

著書・論文：2015,『原発避難者の声を聞く —— 復興政策の何が問題か』（山本薫子・高木竜輔・山下祐介と共著）岩波ブックレット

2013,「原発避難者を取り巻く問題の構造—タウンミーティング事業の取組・支援活動からみえてきたこと」『社会学評論』64(3): 439-459.

2013,『人間なき復興 —— 原発避難と国民の「不理解」をめぐって』（山下祐介・市村高志と共著）明石書店

高橋　喜宣（たかはし　きよし）　TAKAHASHI Kiyoshi

市民記者・市民活動相談員，公益財団法人かわさき市民活動センター所属．神奈川新聞に市民活動の紹介記事を掲載中．NPO 法人原発ゼロ市民共同かわさき発電所理事，e シフト・緑茶会・市民電力連絡会に参加．

人名索引

事項索引

は行

ま行

や行

ら行

福島原発事故後の市民社会の活動に関する団体調査

2013 年2月「社会と基盤」研究会
日本学術振興会科学研究費 基盤研究(B)
グローバル化以降における資本制再編と都市—〈ヒト・モノ〉関係再編と統治性の研究—
研究代表者・町村敬志(一橋大学大学院社会学研究科)

本調査票は,封筒の宛名にある団体を対象とするものです。

◎回答は,代表者,事務局長,または団体の事情に明るい方にお願いいたします。
本調査票には,団体名・個人名を記入する欄はありません。完全な匿名性が守られます。

調査票へのご記入に当たってのお願い

1. 回答は,選択肢に○をつけるもの,□に✔をするもの,自由に書いていただくものがあります。また,「その他」などの項目の後に(　)があるものもあります。そのような選択肢を選ばれた場合は,(　　)内に具体的な内容をお書きください。
2. 途中,特定の条件に当てはまる方だけの質問もあります。該当しない場合は,指示に従って質問を飛ばしてください。
3. この調査票は2月20日(水)までに,同封の返信用封筒(切手は必要ありません)に入れてご投函くださいますようお願いいたします。
4. 調査について何か疑問の点などがございましたら,下記までお問い合わせください。

お問い合わせ先(連絡先)
186-8601　東京都国立市中2－1　一橋大学大学院社会学研究科　町村研究室内「社会と基盤」研究会
URL　http://sgis.soc.hit-u.ac.jp/　および　http://homepage3.nifty.com/machimura/

注 (1)数値は%を示す。DN/NA は無回答,INAP は非該当を示す
(2)無回答・非該当の扱いにより,サンプル総数や文中の%と異なることがある
(3)複数回答の%の後ろに／をおき、「その中でもっとも～」(単一回答)の%を記した
(4) 元の調査票からレイアウトや回答枠を変更して単純集計を記した(一部の集計を末尾に別掲した)

N＝326

団体の概要および記入者の役職について,以下にお書きください。	
団体の性格(当てはまるもの一つに○をおつけください)	1. 任意団体(サークル・グループ・友人知人の集まりなど法人格のない団体) 57.7% 2. NPO 法人 13.8%　3. 認定 NPO 法 2.5%　4. 協同組合 3.3 5. 労働組合 2.8　6. 社会福祉法人 0.0　7. 公益社団法人・公益財団法人 0.9 8. 学校法人 0.3　9. 宗教法人 1.2　10. 一般社団法人・一般財団法人 3.7 11. 特例社団法人・特例財団法人(新法に移行していない社団法人・財団法人) 0.9 12. 株式会社・有限会社 3.1　13. その他(　) 8.6　DK/NA 1.2
主な事務所の所在地	都・道　府・県　　市・区　町・村
団体の主な活動地域(当てはまるものすべてに○をおつけください)	1.主な事務所がある都道府県(上記のもの) 2.その他の都道府県 → a～i に○をつけるか,名称をご記入ください a. 青森県　b. 岩手県　c. 宮城県　d. 福島県 e. 茨城県　f. 栃木県　g. 千葉県　h. 東京都 i. その他の道府県(名称:　　) 3.日本国内全域　4.海外　5.決まった活動地域はない 6.その他(具体的に　　)
記入者の役職	1.代表 41.4%　2.事務局長 25.5% 3.その他(　) 31.9　DK/NA 1.2

団体の活動についておうかがいします。

問1 貴団体の結成年はいつですか。以下にお書きください(不明の場合，おおよその年をお答えください)

西暦 または 明治・大正・昭和・平成＿＿＿＿＿年

1945 年以前	0.9%	1946〜50 年	2.5%	1951〜55 年	1.2%	1956〜60 年	1.8%
1961〜65 年	1.8	1966〜70 年	2.1	1971〜75 年	1.8	1976〜80 年	1.8
1981〜85 年	1.8	1986〜90 年	8.0	1991〜95 年	8.0	1996〜2000 年	10.4
2001〜05 年	9.8	2006〜10 年	10.7	2011 年以降	34.4	DK/NA	2.5

問2 2013 年2月時点での貴団体の活動状況について，当てはまる番号一つに○をつけてください。

1.現在も活動中である 96.0%　2.現在は活動を休止している 2.5%　3.団体は解散した 1.5%

DK/NA 0.0

問3 貴団体が結成されたのは，東日本大震災より前ですか，それとも後ですか。当てはまる番号一つに ○ をつけてください。

1.東日本大震災より前 66.3% →問 4 へお進みください

2.東日本大震災の後 33.7 →次ページの問 5 へお進みください　DK/NA 0.0

【東日本大震災以前から結成されていた団体におうかがいします】

問4 貴団体は，震災以前，どのような分野で活動してきましたか。
取り組んだことのある活動分野の番号すべてに○をつけてください。(／:もっとも力を入れた分野)

取り組んだことのある分野すべてに○をおつけください

1. 地域活性化 19.0%／2.8%	9. 原発・放射性廃棄物処理 26.4%／10.1%	17. 平和・戦争，核兵器，軍事 26.4%/11.0%
2. 都市計画・まちづくり 12.3/1.2	10. 人権・マイノリティ 13.5/1.2	18. 福祉・医療 15.3/3.4
3. 産業振興(農林漁業を含む) 11.7/2.2	11. 文化・芸術・スポーツ 13.8/1.8	19. 保育・子育て 11.4/0.6
4. 労働・雇用問題 10.1/1.2	12. 消費者・食品・産直 11.7/2.2	20. 災害・被災者支援 14.4/2.5
5. 地球環境・自然保護 29.8/4.6	13. 情報・先端技術 4.6/0.9	21.政治，行政や政治家の監視 12.0/2.2
6. 生活環境・リサイクル・省エネ 19.0/2.8	14. ジェンダー・セクシュアリティ 5.8/1.2	22. 市民活動・NPO の支援 16.0/1.2
7. 公害・開発 11.4/1.2	15. 教育 19.6/2.5	23. 宗教・スピリチュアル 2.2/0.6
8. 再生可能エネルギー 19.7/3.1	16. 南北問題・グローバリゼーション 5.2/0.3	24. その他(　　) 4.0/2.5

DK/NA 1.2

震災以前，もっとも力を入れていた活動分野を上から一つ選び，番号を記入ください。

＿＿＿＿番　DK/NA: 3.1%/INAP: 33.7%

【以下，すべての団体におうかがいします】

問5　貴団体は，震災以降，次のような問題・課題に関連した活動をおこなったことはありますか。
また，震災以前に結成された団体の場合，震災の前におこなっていた活動はこのなかにありますか。

	すべての団体にお尋ねします		震災以前に結成されていた団体のみ，お答えください
	東日本大震災以降		2010年（震災以前）
	活動をおこなったことのある問題・課題（当てはまるすべてに☑）	もっとも力を入れてきた問題・課題（一つだけ◎）	活動をおこなったことのある問題・課題（当てはまるすべてに☑）
① 原発事故についての情報提供	60.7%	5.5%	5.5%
② 被災者・避難者の支援，相互連携や連帯	59.0	10.4	10.4
③ 被災地の復興支援	38.7	3.7	3.7
④ 放射線量の測定	37.0	5.2	5.2
⑤ 除染活動	8.6	0.3	0.3
⑥ こどもの健康，学校給食の安全	35.3	3.7	3.7
⑦ 食品・飲料水の安全	31.9	2.5	2.5
⑧ がれき処理・受け入れをめぐる問題	26.7	1.2	1.2
⑨ 風評被害対策	14.7	1.5	1.5
⑩ 原発被害への賠償問題	18.7	1.5	1.5
⑪ 原発労働者への支援・情報提供	9.8	0.3	0.3
⑫ 原発の建設反対，削減ないし廃止	47.8	16.3	16.2
⑬ 原発の安全性の向上	9.2	0.9	0.9
⑭ 再生可能エネルギーの普及	34.7	4.3	4.3
⑮ 省エネの促進・普及	25.8	0.9	0.9
⑯ エネルギー政策の転換，決定過程の改革	31.0	1.5	1.5
⑰ 反核・平和	39.3	6.1	6.1
⑱ 関連団体の中間支援やネットワーキング	33.1	1.5	1.5
⑲ その他の活動 具体的に（　　　　　　　　）	20.3	8.3	8.3
	DK/NA 2.8	DK/NA 24.2	DK/NA 24.2　INAP 33.7

問6　貴団体は，東日本大震災以降，関連の問題・課題にかかわる活動に，どのような形で取り組んできましたか。次のうち，もっとも当てはまる番号一つに○をつけてください。

震災以前から結成されていた ➡	1. 以前の活動の延長として，関連の問題・課題に取り組んだ	38.3%
	2. 以前の活動と並行して，関連の問題・課題に新たに取り組んだ	21.8
	3. 以前の活動を休止して，関連の問題・課題に新たに取り組んだ	0.6
	4. その他（具体的に　　　　　　　　）	2.5
震災以降に結成された ➡	5. 既存の団体から独立して，新しい団体をつくり取り組んだ	4.9%
	6. 既存の団体が複数集まって，新しい団体をつくり取り組んだ	5.8
	7. 個人が新たに集まって，新しい団体をつくり取り組んだ	21.4
	8. その他（具体的に　　　　　　）	0.3　DK/NA 4.2

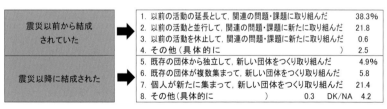

問7　貴団体が結成されるにあたって，創設メンバーの多くが所属していた団体や集まりはありますか。
以下のうち，当てはまる番号すべてに○をつけてください。

1. 特にない・新しくメンバーを集めた	35.6%
2. 昔の活動仲間・運動仲間	24.2
3. 同じ運動団体，NPO，生協，ボランティア団体	30.0
4. 同じ職場や仕事の仲間（労働組合，同業者や専門職仲間を含む）	14.7
5. 同じ宗教団体や教会	2.8
6. 同じサークル・趣味の会・スポーツ同好会・市民講座	4.9
7. 同じ学校の在学生・卒業生	4.6
8. 町内会・自治会・PTA などの地域住民組織	12.3
9. 特定の母体はないが，普段からつきあいのあった友人や遊び仲間	12.3
10. インターネット上の掲示板・ブログ・メーリングリスト・SNS のメンバー	6.1
11. その他（　　　　　　　）9.8	DK/NA 4.0

問8　貴団体が，震災以降，関連の問題・課題にかかわるきっかけは何でしたか。
以下の A～C にそれぞれについて当てはまるものすべてに☑をつけてください。

A.メンバーや関係者に直接かかわるもの	当てはまるすべてに☑
① メンバーや関係者に震災や原発事故の被害者がいた	27.9%
② メンバーや関係者に震災や原発事故の被災地の出身者がいた	19.9
③ その他（　　　　　　　）	30.7
④ 特になかった	35.6
B.地元地域にかかわるもの	**当てはまるすべてに☑**
① 地震や津波の被害が地元であった	14.1%
② 放射能やがれきの問題が地元で起きた	31.9
③ 震災や原発事故の被災者・避難者が地元にいた	30.7
④ その他（　　　　　　　）	15.3
⑤ 特になかった	39.0
C.日本の社会・政治・経済にかかわること	**当てはまるすべてに☑**
① 日本の政治や企業統治のあり方に疑問を感じたから	46.9%
② 被災地への支援が足りないと思ったから	39.9
③ 各地の運動の盛り上がりに勇気づけられたから	18.4
④ 原発事故や災害に対する対策が現状では不十分だと感じたから	65.3
⑤ その他（　　　　　　　）	16.9
⑥ 特になかった	10.7

DK/NA　3.7

【次に，貴団体の活動および東日本大震災以降の変化を含めた状況について，おうかがいします】

問9　東日本大震災以降，関連の問題・課題に関して，貴団体は実際にどのような活動をおこないましたか。以下の活動のうち，当てはまるものすべてに☑をつけてください。

	具体的活動	当てはまるすべてに☑
支援活動	① 物資提供や募金の呼びかけ，物資の供出	49.7%
	② 支援イベントやチャリティー企画の開催・参加	40.5
	③ ボランティア活動の実施，ボランティアの派遣	29.1
	④ 支援のための団体・ネットワーク・センターの設立や運営	22.4
	⑤ 行政・NPO などの支援事業への協力，支援助成金への応募	26.4
アピールおよび表現の活動	⑥ シンポジウム・勉強会・ワークショップの開催	73.3
	⑦ コンサート・フェスティバル・展覧会などの文化イベントの開催	21.8
	⑧ デモ，街頭行動の主催	22.7
	⑨ デモ，街頭行動への参加	46.6
	⑩ インターネットによるデモ・街頭行動の情報提供	26.7
	⑪ サウンドデモ，パレードの主催	8.3
	⑫ サウンドデモ，パレードへの参加	23.9
	⑬ アート（映像・音楽・デザインなど）による表現	12.9
	⑭ 座り込み，パブリックスペース・オープンスペースの「占拠」	8.0
意見表明および申し入れの活動	⑮ 陳情・請願など政治家・政党への働きかけ	42.9
	⑯ 署名活動，住民投票を求める活動	45.4
	⑰ 記者会見，Web 上や新聞などでの意見表明	38.0
	⑱ 審議会・委員会への参加，パブリックコメントの提出	31.6
	⑲ 直接交渉，対案提示，意見書・抗議文の手渡し	34.4
	⑳ 訴訟・裁判	17.5
事業活動	㉑ 調査・測定活動の実施	34.7
	㉒ 専門情報の収集・蓄積・提供	44.8
	㉓ 専門技能や人的サービスの提供	17.5
	㉔ 研修や講習会の開催，講師の派遣	46.6
	㉕ 物品・刊行物の製作・流通・販売	26.4
	㉖ 公的な事業や業務などの受託	7.7
その他	㉗ その他（（自由記述）　　　　　）	8.2

DK/NA 1.5

問 10 貴団体のおもな活動を教えてください。また，特徴的なものはありますか。可能であれば時期ごとにご紹介ください。

問 11 震災以降，貴団体は次に挙げる Web サービスで情報を発信しましたか。

当てはまる番号すべてに○をつけてください

1. 団体の Web サイト（ホームページ・ブログ）	72.7%	/ 43.6%
2. 団体で管理するメールマガジン・メーリングリスト	39.9	/ 12.3
3. Twitter	29.5	/ 4.0
4. Facebook	32.8	/ 3.7
5. その他の SNS（mixi や Google+など）	4.0	/ 0.0
6. 動画発信・共有サイト（YouTube や Ustream，ニコニコ動画など）	18.7	/ 0.6
7. 他の団体の Web サイト，ブログ，掲示板，メーリングリストへの投稿	25.1	/ 3.7
8. その他（　　　　　）	4.0	/ 0.9
9. 利用していない	10.4	/ 10.4
DK/NA	20.9	

【1～8 に○をつけた方へ】 もっとも利用したメディアを一つ選び，番号をご記入ください ____番

問 12　貴団体が，より多くの人と交流や活動をするうえで，「Web サービスを利用した情報発信」と，「対面的関係やクチコミを通じた情報発信」とでは，どちらのほうがより反響が大きかったでしょうか。当てはまる番号一つに○をつけてください。

1. Web のほうが対面より反響が大きかった（Web でのみ情報発信をしている場合を含む）	15.6%
2. 対面のほうが Web より反響が大きかった（Web を活用していない場合を含む）	31.0
3. どちらも反響が大きかった	31.3
4. どちらも反響はあまり大きくなかった	7.4

DK/NA 14.7

問 13　貴団体は，次のイベントにかかわりましたか。それぞれ当てはまる番号に○をつけてください。

	団体として参加／実施した	団体内で情報が流れた
① 2011 年 6 月 11 日前後に行われた脱原発 100 万人アクション	1. はい 23.6%　2. いいえ 56.1% DK/NA 10.7　INAP 9.5	1. はい 52.8%　2. いいえ 28.5% DK/NA 9.2　INAP 9.5
② 2011 年 9 月 11 日前後に行われた脱原発アクション	1. はい 26.7　2. いいえ 53.7 DK/NA 10.1　INAP 9.5	1. はい 55.5　2. いいえ 27.0 DK/NA 8.0　INAP 9.5
③ 2012 年毎週金曜日の官邸前デモ	1. はい 12.3　2. いいえ 70.2 DK/NA 17.2　INAP 0.3	1. はい 58.9　2. いいえ 28.5 DK/NA 12.3　INAP 0.3

問 14　貴団体は，震災以降の活動で，イベントの共同開催や共同支援事業など，他の団体・組織と連携したことはありますか。当てはまる番号一つに○をつけてください。

1.ある（下の問いにお答えください）　80.4%	2.ない（次ページ問 16 にお進みください）　15.3%

DK/NA 4.3

他の団体・組織との連携を決めるとき，もっとも重視した要素は，下記のうちのどれですか。もっとも当てはまる番号一つに○をつけてください

1.他団体が取り組んでいる活動の内容	58.3%	2.他団体が活動している地域	4.3%
3.他団体のこれまでの活動のあゆみ	4.9	4.他団体の思想や信条	2.2
5.他団体リーダーの価値観や姿勢	4.6	6.その他（　　　　）	2.2

DK/NA 8.3 INAP 15.3

問 15　貴団体の定期的な会合への参加者は，平均して何人くらいでしたか。
下記のそれぞれの期間について，もっとも当てはまる番号一つに○をつけてください。

期　間	定期的な会合への平均参加者数 1〜4 人	5〜9 人	10〜19 人	20〜29 人	30〜49 人	50 人以上	開催していない	団体が存在していない	DK/NA
2010.4.1〜2011.3.10（2010 年度・震災前）	4.9%	11.4%	5.5%	14.1%	4.6%	9.2%	5.8%	33.7%	10.7%
2011.3.11〜2011.9.30（2011 年度前半）	4.9	15.6	8.3	22.4	5.8	13.5	7.1	9.5	12.9
2011.10.1〜2012.3.31（2011 年度後半）	5.5	18.4	9.2	24.9	5.5	13.5	7.4	2.8	12.9
2012.4.1〜現在（2012 年度）	8.6	20.9	9.2	20.9	6.1	12.9	8.0	0.3	13.2

問 16　貴団体が主催・共催したイベント・行事には，もっとも多いとき何人くらいが参加しましたか。
下記のそれぞれの期間について，もっとも当てはまる番号一つに○をつけてください。

期間	イベント・行事への最多参加者数								団体が存在していない	DK/NA
	1～9人	10～49人	50～99人	100～299人	300～999人	1000～4999人	5000人以上	開催していない		
2010.4.1～2011.3.10（2010年度・震災前）	2.5%	11.7%	16.6%	10.4%	10.1%	3.7%	0.9%	3.1%	33.7%	7.4%
2011.3.11～2011.9.30（2011年度前半）	1.8	12.6	21.5	13.2	17.8	6.4	1.2	7.4	9.5	8.6
2011.10.1～2012.3.31（2011年度後半）	1.8	13.8	24.9	14.7	14.1	8.9	3.1	7.7	2.8	8.3
2012.4.1～現在（2012年度）	3.1	17.8	27.0	13.8	13.8	7.7	1.2	7.7	0.3	7.7

問 17　貴団体では，Web・SNS およびミニコミ・チラシなどでの広報活動をどの程度おこないましたか。
下記のそれぞれの期間について，もっとも当てはまる番号一つに○をつけてください。

期間	Web・SNS での広報活動							ミニコミ・チラシでの広報活動						
	発信・更新した頻度					団体が存在していない	DK/NA	発行した頻度					団体が存在していない	DK/NA
	1日1回以上	2～3日に1回以上	1週間に1回以上	1ケ月に1回以上	おこなっていない			1週間に1回以上	2週間に1回以上	1ケ月に1回以上	2ケ月に1回以上	おこなっていない		
2010.4.1～2011.3.10（2010年度・震災前）	2.5%	3.1%	26.1%	9.8%	15.3%	33.7%	9.5%	0.9%	2.5%	24.2%	12.6%	18.1%	33.7%	8.0%
2011.3.11～2011.9.30（2011年度前半）	8.9	9.8	31.6	16.3	12.6	9.5	11.4	1.5	4.3	32.8	18.4	23.9	9.5	9.5
2011.10.1～2012.3.31（2011年度後半）	7.4	11.0	35.9	19.0	12.6	2.8	11.4	1.8	3.7	35.6	20.9	25.8	2.8	9.5
2012.4.1～現在（2012年度）	8.0	9.2	38.0	17.8	14.7	0.3	12.0	2.5	4.0	36.5	20.9	26.4	0.3	9.5

問 18　貴団体は，新聞・雑誌・テレビから取材を受けましたか。また，ソーシャルメディアで紹介されたことはありますか。下記のそれぞれの期間について，当てはまる番号一つに○をつけてください。

時期	新聞・雑誌・テレビからの取材				ソーシャルメディアによる紹介			
	取材の有無		団体が存在していない	DK/NA	紹介の有無		団体が存在していない	DK/NA
	あった	なかった			あった	なかった		
2010.4.1～2011.3.10（2010年度・震災前）	43.9%	17.8%	33.7%	4.6%	26.1%	29.1%	33.7%	11.0%
2011.3.11～2011.9.30（2011年度前半）	67.5	17.5	9.5	5.5	46.6	30.4	9.5	13.5
2011.10.1～2012.3.31（2011年度後半）	71.2	18.4	2.8	7.7	53.1	29.8	0.8	14.4
2012.4.1～現在（2012年度）	68.1	24.5	0.3	7.1	54.9	31.3	0.3	13.3

（注）「ソーシャルメディアでの紹介」とは，ここでは「他の団体の Web サイトやブログ，Twitter による転載・引用」あるいは「（J-cast やドワンゴなど）ネットメディアからの取材」を指します。

問 19　貴団体が，震災以降，関連の問題・課題についての活動に対し，特に力を入れていた時期は，およそいつごろですか。下記の記入例を参考に，書き込んでください。

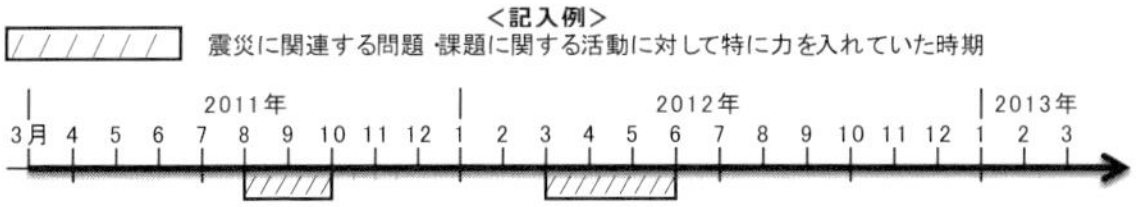

(注)集計は末尾に別掲

問 20　東日本大震災以降，貴団体では下記の情報をどのように入手されましたか。以下のそれぞれについて，当てはまるものすべてに☑をつけてください。

	情報源					
	団体内の専門家から	大学や研究機関に属する原子力関係の研究者から	原子力について自前の知識や情報をもつ市民活動団体から	専門家に頼らず独力で入手した	特に入手していない	DK/NA
① 福島第一原発で起きた事態に関する情報	23.3%	39.6%	53.1%	28.2%	15.6%	3.7%
② 被ばくに関する情報	24.2	41.7	54.0	25.8	16.3	4.0
③ 原発の安全性や建設の適否に関する情報	22.7	40.8	51.8	26.4	19.3	4.0

問 21　貴団体は，行政機関や政党・議員と，次のようなかかわりを持ったことがありますか。
東日本大震災以前（2010 年）と震災以降に分け，「あった」ものに☑をつけてください。

	活動に必要な情報や資金の助成を受けた		意見聴取やインタビュー・執筆依頼を受けた			要望書の提出や直接交渉などの提言活動をした		審議会・勉強会や市民会議などにメンバーを派遣した	
	震災以前あった☑	震災以降あった☑	震災以前あった☑	震災以降あった☑		震災以前あった☑	震災以降あった☑	震災以前あった☑	震災以降あった☑
市区町村から	14.4%	17.5%	8.3%	14.4%	市区町村へ	18.7%	37.4%	12.3%	24.2%
都道府県から	9.8	15.6	5.8	12.6	都道府県へ	16.0	34.4	8.9	17.2
中央省庁・政府から	9.5	11.0	5.8	7.4	中央省庁・政府へ	19.6	33.1	8.6	12.9
政党・議員から	7.4	13.2	7.7	15.6	政党・議員へ	16.3	33.1	6.8	12.9
DK/NA	1.5	2.2	1.5	2.2		1.5	2.2	1.5	2.2
INAP	33.7	0.0	33.7	0.0		33.7	0.0	33.7	0.0

問 22 震災後，貴団体が活動を進めるなかで，次のような人びとの対応は，全体として，どのようなものでしたか。またその対応は，どう変わってきましたか。それぞれ当てはまる番号一つに○をつけてください。

	全体的に見て対応は						震災以降，対応の変化は						
	好意的	どちらかといえば好意的	どちらかといえば敵対的	敵対的	接触していない	DK/NA	良くなった	悪くなった	良くなった後悪くなった	悪くなった後良くなった	変わっていない	接触していない	DK/NA
① 地方自治体職員の対応	% 16.3	% 37.7	% 13.2	% 3.4	% 19.6	% 9.8	% 12.6	% 3.4	% 2.2	% 2.8	% 42.3	% 19.6	% 17.2
② 政府職員の対応	5.8	7.5	11.4	4.3	46.9	14.1	4.9	3.4	1.8	0.3	24.2	47.0	18.4
③ 政治家の対応	11.3	31.3	6.8	1.8	34.4	14.4	9.5	4.0	1.8	0.3	31.0	34.4	19.0
④ 記者の対応	27.9	46.9	1.5	0.0	15.0	8.6	18.1	3.0	1.5	0.9	43.6	15.3	17.8

【次に，団体の特徴についておうかがいします】

問 23 貴団体の性格は，次のどれに近いと思いますか。もっとも当てはまる番号一つに○をつけてください。（法人格の有無にかかわらず，お答えくださって結構です）

1.社会運動団体 9.8%	2.NPO 15.6%	3.NGO 5.8%	4.市民活動団体 36.5%	5.ボランティア団体 6.8%
6.サークル 3.1	7.営利団体 3.1	8.組合・同業者団体5.8	9.その他（　　　）	11.0

DK/NA 2.5

問 24 貴団体はどのような組織・活動形態をお持ちですか。もっとも当てはまる番号一つに○をつけてください。

1. 幅広い関心をもつ個人・団体が，特定の課題を定めず，ゆるやかにつながる集まり	15.6%
2. 特定の課題を達成するため，個人・団体が，情報共有や連絡調整を目的としてつくる集まり	47.9
3. 情報共有や連絡調整だけでなく，今回限りのイベントやプロジェクトを遂行するための集まり	3.4
4. 一回限りではなく，継続的にイベントやプロジェクトを遂行するための集まり	29.8

DK/NA 3.4

問 25 貴団体の日常活動を支える運営スタッフについておたずねします。
運営スタッフとは，ボランティア・アルバイト・専従を問わず，運営のための活動に従事する方とします。また，スタッフとして活動する代表・役員などを含みます。

(1) 運営スタッフはいらっしゃいますか。
1. いる 85.6%　　2. いない 11.7%　　DK/NA 2.8%
→【「いる」とお答えの団体へ】全体でおよそ何人ですか。＿＿人 (注)集計は末尾に別掲

(2) 有給（アルバイト・パート含む）の方はいらっしゃいますか。
1. いる 38.0%　　2. いない 55.8%　　DK/NA 6.1%
→【「いる」とお答えの団体へ】何人いらっしゃいますか。＿＿＿人 (注)集計は末尾に別掲

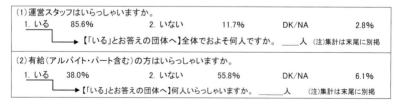

問 26　貴団体のメンバー（運営スタッフを含む構成員全体）についておたずねします。

(1)貴団体に参加しているメンバーは全体でおよそ何名ですか。　________名　(注)集計は末尾に別掲
(2)メンバーのいる年齢層すべてに○を，もっとも多い年齢層一つに◎をつけてください。
1. 10 代（10.7%/ 0.3%）　2. 20 代（44.2%/ 2.2%）　3. 30 代（65.0%/9.8%）　4. 40 代（74.9%/16.3%） 5. 50 代（75.2　/26.1）　6. 60 代（74.5　/ 23.0）　7. 70 代（48.5　/4.0）　8. 80 代（22.4　/　0.6） DK/NA　5.2　/ 17.8
(3)メンバーの性別構成はどうですか。もっとも当てはまる番号一つに○をつけてください。 1. 女性がほとんど　10.4%　2. どちらかというと女性が多い　25.2%　3. 男女ほぼ同数　24.2% 4. どちらかというと男性が多い　24.2　5. 男性がほとんど　10.4　DK/NA　5.5
(4)メンバーはどこにお住まいですか。もっとも当てはまる番号一つに○をつけてください。 1.単一の都道府県内　53.4%　2.複数の都道府県内　29.1%　3.国内全域　12.3%　4.その他（　　）1.2%　DK/NA 4.0%

問 27　貴団体の主なメンバーは次のどれに一番近いでしょうか。当てはまる番号一つに○をつけてください。

1. 退職した高齢者中心の団体	5.5%	
2. 自営業者中心の団体	6.8	
3. 常雇の労働者を中心とする団体	10.4	
4. パート・アルバイト・派遣などの労働者を中心とする団体	2.2	
5. 主婦・主夫中心の団体	4.0	
6. 子育てをしている親を中心とした団体	6.4	
7. 学生中心の団体	2.5	
8. 専門家の団体	6.4	
9. 上記のどれにも含まれない多様な人々からなる団体	45.1	
10. その他（　　　　　　）	8.6	DK/NA 2.2

問 28　貴団体は会合や打ち合わせをする際，どのような場所や手段を利用していますか。当てはまる番号すべてに○をつけてください。

1. 自前のオフィス・施設（所有・賃貸をともに含む）	50.0%	
2. 地方自治体や民間企業・非営利団体が提供するホール・集会施設	52.8	
3. 喫茶店・カフェ，居酒屋・レストランなど	13.2	
4. メンバーの自宅・職場	21.5	
5. メール，メーリングリスト	35.0	
6. Web サイト，SNS（Facebook，Twitter など），Skype，LINE など	13.5	
7. その他（　　　　　　）	5.5	DN/NA 1.8

問 29　貴団体の 2011 年度の年間予算（活動経費）はどのくらいですか。もっとも当てはまる番号一つに○をつけてください。

1. 10 万円未満	13.8%	5.　500 万円～1000 万円未満	10.7%
2. 10 万円～50 万円未満	18.1	6. 1000 万円～5000 万円未満	11.7
3. 50 万円～100 万円未満	12.3	7. 5000 万円～1 億円未満	3.7
4.100 万円～500 万円未満	17.2	8. 1 億円以上	6.4
		DK/NA	6.1

問 30　貴団体の活動の主な財源（収入源）は何ですか。2011 年度について，およその内訳（%）をご記入ください。また 2010 年度と比較した場合の増減について当てはまる番号一つに○をつけてください。

収入源	具体例	2011年度	2010年度と比較した増減（金額ベース）		DK/NA
1.会費	個人・団体会員の支払う会費	% 29.5	1.減った　12.3% 3.増えた　7.7	2.変わらない　22.1% 4.2011 年(度)に結成　34.4	% 23.6
2.寄付金・カンパ	会員以外の個人・団体からの寄付 会員からの会費以外の寄付	25.3	1.減った　6.1 3.増えた　15.3	2.変わらない　10.4 4.2011 年(度)に結成　34.4	33.7
3.補助金・助成金	行政・外郭団体・民間団体からの補助金，助成金，交付金など	13.6	1.減った　4.9 3.増えた　7.1	2.変わらない　8.6 4.2011 年(度)に結成　34.4	45.1
4.業務委託	行政・外郭団体・民間団体の事業の代行，施設管理，サービス提供など	7.8	1.減った　2.8 3.増えた　2.2	2.変わらない　7.7 4.2011 年(度)に結成　34.4	53.1
5.その他の事業収入	独自事業からの収入，各種物品の販売，バザー収入など	16.8	1.減った　7.1 3.増えた　8.6	2.変わらない　9.8 4.2011 年(度)に結成　34.4	40.2
6.その他	具体的に（　　　）	5.9	1.減った　7.6 3.増えた　8.6	2.変わらない　9.8 4.2011 年(度)に結成　34.4	58.6

（注）2011 年度は有効回答%の平均値

問 31　貴団体の組織の説明として，以下に挙げる①～⑤は，どのくらい当てはまるでしょうか。
以下のそれぞれについて，もっとも当てはまる番号一つに○をつけてください。

	よく当てはまる	どちらかというと当てはまる	どちらかというと当てはまらない	全く当てはまらない	DK/NA
① 活動の参加者は固定されておらず，目的に応じて入れ替わりが大きい	7.4%	20.9%	38.0%	26.1%	7.7%
② 不特定多数の人々に参加を呼びかけるよりも，現在のメンバーの参加を重視している	18.4	31.9	30.4	12.6	6.8
③ 震災以降，女性メンバーが増えている	6.8	23.3	24.5	33.7	11.7
④ 事実上，一人で運営している	6.8	8.0	13.5	63.2	8.6
⑤ 団体内で，よく政治に関する話題が出る	31.3	34.7	14.1	12.0	8.0

【震災以降の活動や出来事について，現在から振り返ってのご感想やご意見をおうかがいします】

問 32　震災以降の貴団体の取り組みを振り返ったとき団体独自の目標や目的は，達成されたと思いますか。当てはまる番号一つに○をつけてください。

1. 大いに達成された	8.6%	2. 一定程度達成された	71.8%
3. あまり達成されなかった	11.7	4. ほとんど達成されなかった	3.7

DK/NA　4.3

問 33　貴団体は，現在の震災関連の活動について今後，どのような計画や見通しをお持ちですか。
もっとも当てはまる番号一つに○をつけてください。

1. 今後も，現在の課題を中心に活動を続ける	54.9%
2. 当面は，現在の課題を中心に活動を続ける	20.9
3. 現在の活動とは異なる震災関連の活動に移行する	1.2
4. 現在の活動を持続しつつ，ほかの活動または団体のもともとの活動に中心を移す	12.9
5. 現在の活動から撤退する	1.8
6. 活動を終えたら解散する（すでに解散している）	3.4
DK/NA	4.9

問 34 現在，貴団体が抱えている課題・問題点はどのようなものですか。以下のうち，当てはまるものすべてに☑をつけてください。また，その中でもっとも重要だと思われる番号一つを書いてください。

抱えている課題・問題点	該当するものすべてに☑
① 活動に対する支援者・参加者の数が増えない	42.0% / 13.5%
② 被災地とそれ以外の地域の認識がずれてしまっている	23.0 / 5.2
③ 活動の担い手の世代交代が進まない	39.3 / 17.5
④ 団体運営や援助活動のための資金が不足している	47.9 / 19.6
⑤ 他の団体・組織との関係作りがうまくいかない	6.1 / 0.3
⑥ 活動テーマへの人びとの関心が薄まっている	35.0 / 10.7
⑦ 活動に対する行政の管理・監視が厳しい	7.1 / 0.0
⑧ マスメディアによる注目が減った	24.5 / 0.6
⑨ 運営スタッフが不足している	42.9 / 1.1
⑩ 団体の維持や事業運営に忙しく，理念の追求が思うようにいかない	12.3 / 2.8
⑪ 今後どのように課題に取り組んでいけばよいのか見えない	6.4 / 2.5
⑫ その他（　　　　　　）	5.8 / 4.0
DK/NA	1.5 / 7.4

では，貴団体にとってもっとも重要な課題・問題点はどれですか（一つだけ）＿＿＿番

問 35 貴団体は，以下の事柄について，現時点でどのような立場をとっていますか。
それぞれもっとも当てはまる番号一つに○をつけてください。

	団体としての立場を議論したことがない	団体としての立場は定めていない	議論をしたことはないがメンバーで立場はおおむね共有されている	団体としての立場を定めている	【左欄3・4を選んだ場合】団体としての立場は						
					反対	どちらかといえば反対	どちらかといえば賛成	賛成	どちらとも決めない	DK/NA	INAP
① 原子力発電所の再稼働	12.6%	12.3%	25.5%	45.1%	64.1%	3.4%	0.0%	0.3%	2.8%	4.6%	24.9%
② 国内での原子力発電所の新規建設・稼働	12.9	13.5	23.0	46.0	64.4	2.2	0.0	0.3	2.2	4.6	26.4
③ 使用済み核燃料の再処理	13.5	13.8	25.5	42.6	62.6	7.8	0.0	0.6	2.2	4.6	27.3
④ 震災がれきの広域処理	17.2	20.9	28.2	29.1	41.7	8.3	1.8	1.8	3.7	4.6	38.0
DK/NA			4.6								

問 36　震災以降の貴団体を含む全国各地のさまざまな団体の取り組みを，どのように評価しますか。
それぞれについて当てはまる番号一つに〇をつけてください。

	大いに効果があった	一定の効果があった	あまり効果がなかった	ほとんど効果がなかった	DK/NA
① 社会をよりよい方向に変えるための力を，参加メンバーが蓄えるという点で	27.6%	60.1%	5.5%	6.1%	6.1%
② 誰もが異議を申し立てやすい社会になるという点で	15.0	55.5	18.4	7.1	7.1
③ 日本社会全般のあり方や将来をよりよい方向に変えるという点で	15.3	58.3	17.2	5.5	5.5

おしまいに，回答者ご自身についておうかがいします。

問 37　あなたの性別をお書きください　　男性 62.0% ／女性 34.7% ／DK/NA 3.4%

問 38　あなたは満何歳ですか　　＿＿＿＿歳

25 歳未満	25-30 歳	31-40 歳	41-50 歳	51-60 歳	61-70 歳	71-80 歳	81 歳以上
0.9%	2.5%	10.4%	21.8%	27.6%	26.4%	6.1%	1.5%

DK/NA　2.8

問 39　次に挙げるのは戦後の社会運動・市民活動や出来事です。あなたが影響を受けたものはありますか。当てはまるものすべてに☑をつけてください。

これまでの社会運動・市民活動や出来事	影響を受けているもの すべてに☑
① 原水爆禁止運動	39.3%
② 60 年代の安保闘争・大学闘争・ベトナム反戦運動	39.3
③ チェルノブイリ原発事故・反原発運動	58.9
④ 阪神・淡路大震災	55.2
⑤ イラク反戦・反グローバリゼーションの運動	41.4
⑥ 反貧困運動	39.3

DK/NA　2.5

問 40　さまざまな事柄に対して，以下のような意見があります。あなたは A と B どちらの意見に近いですか。
もっとも当てはまる番号一つに〇をつけてください。

A	Aに近い	どちらかといえばAに近い	どちらかといえばBに近い	Bに近い	B	DK/NA

①	公的な助成の拡大は，団体の運営の活力や自律性を結果的に奪う	12.6%	31.3%	31.3%	17.2%	公的な助成の拡大は，団体の運営を容易にし，活力や自律性を高める	7.7%
②	経済活動の公的な規制は，なるべく少ない方が良い	18.8	22.4	28.5	22.4	経済活動の公的な規制はやはりある程度必要だ	8.9
③	電力供給のあり方は，小規模分散型が望ましい	70.3	20.9	2.2	1.5	電力供給のあり方は，大規模集中型が望ましい	5.2
④	エネルギー政策は，まず国が主体となるべきだ	16.0	13.2	21.8	43.3	エネルギー政策は，まず地域が主体となるべきだ	5.8
⑤	豊かな社会を維持するために，今後も経済成長を目指すべきだ	3.1	8.3	23.6	59.5	経済成長ではなく，現在の豊かさを分配しあう社会を目指すべきだ	5.5

問 41 あなたは，東日本大震災および福島原発事故に関連して，いくつの団体やグループの活動に関わりましたか。当てはまる番号一つに〇をつけてください。（貴団体は除きます。）

	団体やグループの数					特にない	DK/NA
	1 団体	2～3 団体	4～9 団体	10～19 団体	20 団体以上		
① 会の運営に関わった団体数	16.6%	34.4%	12.9%	1.8%	2.5%	26.7%	5.2%
② メンバーになった団体数	12.9	30.4	18.1	2.5	1.2	29.1	5.8
③ 震災や事故が起こった場合いま連絡をとれる団体数	3.4	20.6	30.1	10.4	13.5	17.2	4.9

問 42 あなたのご職業についておたずねします。現在のおもなご職業は何ですか。もっとも当てはまる番号一つに〇をつけてください。

1. NPO や運動団体の有給職員	25.5%	（貴団体の有給職員も含む）
2. 専門的な知識や技能を提供する仕事	17.8	（教員，弁護士，医師，看護師，芸術家，宗教家，技術者など）
3. 主に人びとを管理する仕事	7.4	（会社役員，課長以上の管理職，議員，駅長など）
4.主に事務をする仕事	5.5	（総務・企画事務，経理事務，パソコンオペレーター，校正など）
5.主に販売に携わる仕事	2.8	（小売店主，販売店員，外勤のセールスマン，外交員など）
6.主に生産工程に携わる仕事	0.3	（大工，家具職人，工場作業員，建築作業者，トラック運転手など）
7. 主に人びとにサービスを提供する仕事	3.7	（料理人，美容師・理容師，フロアスタッフ，ケアワーカーなど）
8. 主に公務に携わる仕事	3.7	（公務員，警官，自衛官など）
9. 主に農業・漁業に携わる仕事	4.9	
10. 主に家事に携わる仕事	6.1	（主婦・主夫など）
11. 学生	0.9	
12. 年金生活者・定年退職者	13.8	
13. その他（　　　　　　）	2.5	
DK/NA	2.5	

最後に震災や原発事故から2年が経とうとしているいま，どのようなことをお考えでしょうか。日頃お感じになっていることやご自身の思いなどをご自由にご記入ください。また本調査へのご意見がございましたらあわせてご記入ください。

これで質問は終了です。長い時間ご協力いただき，誠にありがとうございました。
調査票は，同封の返信用封筒（切手不要）に入れてご投函ください。

別掲集計

問 19　震災以降，特に力を入れて活動した時期

	1月	2月	3月	4月	5月	6月	7月	8月	9月	10月	11月	12月
2011年			32.0%	48.6%	56.5%	60.5%	57.5%	59.2%	59.5%	54.1%	54.4%	54.4%
2012年	54.1%	57.5%	57.1	53.1	52.7	55.8	55.1	52.4	46.9	43.5	44.6	42.2
2013年	43.2	42.2	32.0									

問 25（1）「運営スタッフがいる」団体

1人	2～3人	4～5人	6～10人	11～20人	21～50人	51～100人	101人以上
4.9%	11.4%	17.8%	27.3%	11.4%	5.2%	2.2%	1.8%

INAP	DK/NA
11.7	6.4

問 25（2）「有給スタッフがいる」団体

1人	2～3人	4～5人	6～10人	11～20人	21～50人	51～100人	101人以上
11.0%	10.4%	5.2%	4.6%	2.2%	1.5%	1.2%	0.9%

INAP	DK/NA
55.8	7.0

問 26（1）参加メンバー数

1～10人	11～20人	21～50人	51～100人	101～200人	201～500人	501～1000人	1001人以上
15.3%	10.4%	16.6%	12.6%	11.7%	8.3%	3.7%	11.0%

DK/NA
10.4

参考文献

朝日新聞, 1973,「住民運動巨大化, 多様化の実態」(1973年5月21日～29日夕刊連載)

朝日新聞特別報道部, 2013,『プロメテウスの罠5――福島原発事故, 渾身の調査報道』学研パブリッシング.

天野正子, 2005,『「つきあい」の戦後史――サークル・ネットワークの拓く地平』吉川弘文館.

五十嵐泰正・「安全・安心の柏産柏消」円卓会議編, 2012,『みんなで決めた「安心」のかたち――ポスト3.11の「地産地消」をさがした柏の一年』亜紀書房.

伊藤昌亮, 2012,『デモのメディア論――社会運動社会のゆくえ』筑摩書房.

今井一, 2011,『「原発」国民投票』集英社新書.

岩井紀子・宍戸邦章, 2013,「東日本大震災と福島第一原子力発電所の事故が災害リスクの認知および原子力政策への態度に与えた影響」『社会学評論』64(3): 420-437.

植村邦彦, 2010,『市民社会とは何か――基本概念の系譜』平凡社.

エーレンベルク, ジョン, 吉田傑俊監訳, 2001,『市民社会論――歴史的・批判的考察』青木書店.

大島堅一, 2010,『再生可能エネルギーの政治経済学――エネルギー政策のグリーン改革に向けて』東洋経済新報社.

大島堅一, 2011,『原発のコスト――エネルギー政策転換への視点』岩波新書.

大島堅一・除本理史, 2014,「福島原発事故のコストと国民・電力消費者への負担転嫁の拡大」『経営研究』65(2): 1-24.

大嶽秀夫, 2007,『新左翼の遺産――ニューレフトからポストモダンへ』東京大学出版会.

大畑裕嗣・成元哲・道場親信・樋口直人編, 2004,『社会運動の社会学』有斐閣.

小熊英二, 2002,『〈民主〉と〈愛国〉――戦後日本のナショナリズムと公共性』新曜社.

小熊英二, 2009,『1968〈上〉・〈下〉――若者たちの叛乱とその背景』新曜社.

小熊英二, 2012,『社会を変えるには』講談社現代新書.

小熊英二, 2013a,「盲点をさぐりあてた試行―3・11以後の諸運動の通史と分析」小熊英二編『原発を止める人々――3.11から官邸前まで』文藝春

秋, 193-304.
小熊英二編, 2013b,『原発を止める人々 ── 3.11 から官邸前まで』文藝春秋.
小熊英二, 2014,「ゴーストタウンから死者は出ない─日本の災害復興における経路依存〈下〉」『世界』856: 163-177.
オルドリッチ, ハワード, E., 若林直樹ほか訳, 2007,『組織進化論 ── 企業のライフサイクルを探る』東洋経済新報社.
開沼博, 2011,『「フクシマ」論 ── 原子力ムラはなぜうまれたのか』青土社.
開沼博, 2012,『フクシマの正義 ──「日本の変わらなさ」との闘い』幻冬舎.
柏木宏, 2008,『NPO と政治 ── アドボカシーと社会変革の新たな担い手のために』明石書店.
片桐新自, 1995,『社会運動の中範囲理論 ── 資源動員論からの展開』東京大学出版会.
加藤眞義, 2013,「不透明な未来への不確実な対応の持続と増幅─「東日本大震災」後の福島の事例」田中重好・船橋晴俊・正村俊之編著『東日本大震災と社会学 ── 大災害を生み出した社会』ミネルヴァ書房, 259-274.
鎌仲ひとみ, 2008,『六ヶ所村ラプソディー ── ドキュメンタリー現在進行形』影書房.
橘川武郎, 2011,『東京電力　失敗の本質』東洋経済新報社.
城戸康彰, 2008,「経営組織と集団行動─チームのダイナミックス」松原敏浩・渡辺直登・城戸康彰編『経営組織心理学』ナカニシヤ出版, 83-100.
木下ちがや, 2013a,「反原発デモはどのように展開したか」小熊英二編『原発を止める人々 ── 3.11 から官邸前まで』文藝春秋, 305-313.
木下ちがや, 2013b,「2011 年以降の反原発デモ・リスト」小熊英二編『原発を止める人々 ── 3.11 から官邸前まで』文藝春秋, 付録 1-38.
桐島瞬, 2013,「甲状腺がん検査に不信─福島の親子のがん検診を阻む医科大閥の壁」『AERA』26(49): 64-65.
久保田滋・樋口直人・矢部拓也・高木竜輔, 2008,『再帰的近代の政治社会学 ── 吉野川可動堰問題と民主主義の実験』ミネルヴァ書房.
国会事故調（東京電力福島原子力発電所事故調査委員会), 2012,『国会事故調 報告書』徳間書店.
五野井郁夫, 2012,『「デモ」とは何か ── 変貌する直接民主主義』NHK 出版.
小林よしのり, 2012,『ゴーマニズム宣言 SPECIAL　脱原発論』小学館.
齋藤純一, 2000,『公共性』岩波書店.
坂本治也, 2010a,「日本のソーシャル・キャピタルの現状と理論的背景」『ソーシャル・キャピタルと市民参加（研究双書第 150 冊)』1-31（2014

年 12 月 30 日取得, http://hdl.handle.net/10112/2778).
坂本治也, 2010b,『ソーシャル・キャピタルと活動する市民 ── 新時代日本の市民政治』有斐閣.
佐藤慶幸・天野正子・那須壽編著, 1995,『女性たちの生活者運動 ── 生活クラブを支える人びと』マルジュ社.
鈴木真奈美, 2013,「我是人、我反核─台湾第四原発への新たな反対の波」『世界』845: 147-154.
鈴木真奈美, 2014,「立ち往生する台湾第四原発─民意は「反核」「非核」から「廃核」へ」『世界』860: 283-290.
園良太, 2011,『ボクが東電前に立ったわけ』三一書房.
ソルニット, レベッカ, 高月園子訳, 2010,『災害ユートピア ── なぜそのとき特別な共同体が立ち上がるのか』亜紀書房.
田尾雅夫・吉田忠彦, 2009,『非営利組織論』有斐閣アルマ.
高橋若菜・渡邉麻衣・田口卓臣, 2012,「新潟県における福島からの原発事故避難者の現状の分析と問題提起」『宇都宮大学大学院多文化公共圏センター年報』4: 54-69.
高原基彰, 2009,『現代日本の転機 ──「自由」と「安定」のジレンマ』NHK ブックス.
竹内敬二, 2013,『電力の社会史 ── 何が東京電力を生んだのか』朝日新聞出版.
タロー, シドニー, 大畑裕嗣監訳, 2006,『社会運動の力 ── 集合行為の比較社会学』彩流社.
陳威志・呂美親, 2014,「野百合の種、野イチゴの芽、ひまわりの花─歴史を受け継ぎ、過去を乗り越える台湾の若者たち」『ピープルズ・プラン』65: 9-16.
TwitNoNukes 編著, 2011,『デモいこ! ── 声をあげれば世界が変わる　街を歩けば社会が見える』河出書房新社.
辻中豊・坂本治也・山本英弘編, 2012,『現代日本の NPO 政治 ── 市民社会の新局面』木鐸社.
津田大介, 2012,『動員の革命 ── ソーシャルメディアは何を変えたのか』中公新書ラクレ.
東京ボランティア・市民活動センター, 1999,『市民活動団体の実態およびニーズ調査　調査結果報告書』
東京ボランティア・市民活動センター, 2011,『2010 年度　東京都内 NPO 法人に関する基礎調査　報告書』

中澤秀雄, 2005,『住民投票運動とローカルレジーム ── 新潟県巻町と根源的民主主義の細道, 1994-2004』ハーベスト社.
中澤秀雄, 2013,「原発立地自治体の連続と変容」『現代思想』41(3): 234-245.
中須正, 2009,「復興は、災害にあう前から始まっている」『都市問題』100: 86-92.
中野敏男, 2001,『大塚久雄と丸山眞男 ── 動員, 主体, 戦争責任』青土社.
西尾幹二, 2011,『平和主義ではない「脱原発」── 現代リスク文明論』文藝春秋
西城戸誠, 2008,『抗いの条件 ── 社会運動の文化的アプローチ』人文書院
野間易通, 2012,『金曜官邸前抗議 ── デモの声が政治を変える』河出書房新社.
ハーヴェイ, デヴィッド, 渡辺治監訳, 2007,『新自由主義 ── その歴史的展開と現在』作品社.
長谷川公一, 1991,「反原子力運動における女性の位置―ポストチェルノブイリの『新しい社会運動』」『レヴァイアサン』8: 41-58.
長谷川公一, 1993,「社会運動―不満と動員のダイナミズム」梶田孝道・栗田宣義編『キーワード／社会学』川島書店 : 147-163.
長谷川公一, 2003a,「環境運動の展開と深化」矢澤修次郎編『講座社会学 15 社会運動』東京大学出版会 : 179-215.
長谷川公一, 2003b,『環境運動と新しい公共圏 ── 環境社会学のパースペクティブ』有斐閣.
長谷川公一, 2011a,『脱原子力社会へ ── 電力をグリーン化する』岩波新書.
長谷川公一, 2011b,『脱原子力社会の選択 ── 新エネルギー革命の時代　増補版』新曜社
長谷川公一, 2012,「地域社会と住民運動・市民運動」舩橋晴俊・長谷川公一・飯島伸子, 2012,『核燃料サイクル施設の社会学 ── 青森県六ヶ所村』有斐閣選書 : 210-254.
長谷川公一, 2013,「フクシマは世界を救えるか―脱原子力社会へ向かう世界史的転換へ」田中重好・舩橋晴俊・正村俊之編『東日本大震災と社会学 ── 大震災を生み出した社会』ミネルヴァ書房, 197-223.
ハーバーマス, ユルゲン, 細谷貞雄・山田正行訳, 1994,『〔第 2 版〕公共性の構造転換 ── 市民社会の一カテゴリーについての探求』未來社.
早瀬昇, 2004,「市民・市民活動・市民社会」大阪ボランティア協会編『ボランティア・NPO 用語事典』中央法規, 5-7.

原田久, 2011,『広範囲応答型の官僚制 ── パブリック・コメント手続きの研究』信山社.
樋口直人・伊藤美登里・田辺俊介・松谷満, 2008「アクティビズムの遺産はなぜ相続されないのか―日本における新しい社会運動の担い手をめぐって」『アジア太平洋レビュー』5: 53-67.
平林祐子, 2012,「反原発デモと若者」『ピープルズ・プラン』58:65-70.
平林祐子, 2013,「何が『デモのある社会』をつくるのか―ポスト 3.11 のアクティヴィズムとメディア」田中重好・正村俊之・舩橋晴俊編著『東日本大震災と社会学 ── 大災害を生み出した社会』ミネルヴァ書房, 163-195.
ペッカネン, ロバート, 佐々田博教訳, 2008,『日本における市民社会の二重構造 ── 政策提言なきメンバー達』木鐸社.
ベック, ウルリヒ, 東廉・伊藤美登里訳, 1998,『危険社会 ── 新しい近代への道』法政大学出版局.
堀潤, 2013,『変身 ── メルトダウン後の世界』角川書店.
本田宏, 2005,『脱原子力の運動と政治 ── 日本のエネルギー政策の転換は可能か』北海道大学図書刊行会.
町村敬志編, 2007「首都圏の市民活動団体に関する調査―調査結果報告書」日本学術振興会科学研究費補助金 2005-2008 年度研究成果報告書, 一橋大学.
町村敬志編, 2009「市民エージェントの構想する新しい都市のかたち―グローバル化と新自由主義を超えて」2005-2008 年度科学研究費補助金研究成果報告書, 一橋大学.
町村敬志・佐藤圭一・辰巳智行・菰田レエ也・金知榮・金善美・陳威志, 2015,「3.11 以後における『脱原発運動』の多様性と重層性 ── 福島第一原発事故後の全国市民団体調査の結果から」『一橋社会科学』7: 1-32.
マッカーシー, ジョン, マイヤー・ゾールド, 片桐新自訳, 1989,「社会運動の合理的理論」塩原勉編『資源動員と組織戦略 ── 運動論の新パラダイム』新曜社, 21-58.
松本三和夫, 2012,『構造災 ── 科学技術社会に潜む危機』岩波新書.
松山一紀, 2010,「ライフサイクル」田尾雅夫編『よくわかる組織論』ミネルヴァ書房, 12-13.
丸山真央・仁平典宏・村瀬博志, 2008,「ネオリベラリズムと市民活動／社会運動―東京圏の市民社会組織とネオリベラル・ガバナンスをめぐる実証分析」『大原社会問題研究所雑誌』602: 51-68.
道場親信, 2005,『占領と平和 ── 〈戦後〉という経験』青土社.

道場親信, 2006,「1960-1970 年代『市民運動』『住民運動』の歴史的位置―中断された『公共性』論議と運動史的文脈をつなぎ直すために」『社会学評論』57(2): 240-258.

毛利嘉孝, 2009,『ストリートの思想 ―― 転換期としての 1990 年代』NHK ブックス.

山口定, 2004,『市民社会論 ―― 歴史的遺産と新展開』有斐閣.

山下祐介・市村高志・佐藤彰彦, 2013,『人間なき復興 ―― 原発避難と国民の「不理解」をめぐって』明石書店.

山本薫子, 2012,「富岡町から避難して―町民が口にした脱原発運動への違和感」『週刊金曜日』20(28): 28-29.

吉岡斉, 2011,『新版　原子力の社会史 ―― その日本的進展』朝日新聞出版.

吉見俊哉, 2012,『夢の原子力 ―― Atoms for Dream』筑摩書房.

ルーマン, ニクラス, 小松丈晃訳, 2013,『社会の政治』法政大学出版局.

ルーマン, ニクラス, 小松丈晃訳, 2014,『リスクの社会学』新泉社.

和田武・豊田陽介・田浦健朗・伊東真吾編, 2014,『市民・地域共同発電所のつくり方 ―― みんなが主役の自然エネルギー普及』かもがわ出版.

서울대학교 사회발전연구소, 2014,『미래한국리포트 한국사회의 재설계 : 공공성 그리고 착한성장사회』서울방송국（ソウル大学校社会発展研究所, 2014,『未来韓国レポート　韓国社会の再設計 ―― 公共性と望ましい成長社会』ソウル放送局.）

서울대학교 사회발전연구소 2015『세월호가 우리에게 묻다 : 재난과 공공성의 사회학』한울 아카데미（ソウル大学校社会発展研究所, 2015,『セウォル号は問いかける ―― 災難と公共性の社会学』ハンウルアカデミー.）

何明修, 2006,『緑色民主 : 台湾環境運動的研究』台湾 : 群学出版社.

Graham, Stephen, 2012, "Disrupted Cities. Infrastructure Disruptions as the Achilles Heel of Urbanized Societies," *Disaster, Infrastructure and Society: Learning from the 2011 Earthquake in Japan* 3: 12-26.（http://hdl.handle.net/10086/25363）

Hasegawa, Koichi, 2011, "A Comparative Study of Social Movements for a Post-nuclear Energy Era in Japan and the USA," in Jeffrey Broadbent and Vicky Brockman eds., *East Asian Social Movements: Power, Protest, and Change in a Dynamic Region*, New York: Springer, 63-79.

Ho, Ming-sho, 2014, "The Fukushima Effect: Explaining the Recent Resurgence of the Anti-nuclear Movement in Taiwan," *Environmental Politics*, 23(6): 965-983.

Kawato, Yuko, Robert Pekkanen, and Yutaka Tsujinaka, 2012, "Civil Society and

the Triple Disasters: Revealed Strengths and Weaknesses, " in Jeff Kingston eds., *Natural Disaster and Nuclear Crisis in Japan: Response and Recovery after Japan's 3/11*, New York: Routledge, 78-93.

Machimura, Takashi, 2012, "'Normal' Disaster in the 21th Century? Understanding Cascading Effects of the East Japan Great Earthquake," *Disaster, Infrastructure and Society: Learning from the 2011 Earthquake in Japan*, 3: 7-11,（http://hdl.handle.net/10086/25364）.

OECD, 1977, *Environmental Politics in Japan*, Paris: OECD.

Perrow, Charles, 1984, *Normal Accidents: Living with High-risk Technologies*, New York: Basic Books.

Perrow, Charles, 2011, "Fukushima and the Inevitability of Accident," *Bulletin of the Atomic Scientists*, 67: 44-52.

Quinn, Robert E. and Kim Cameron, 1983, "Organizational Life and Shifting Criteria of Effectiveness," *Management Science*, 29（1）: 33-51.

Reimann, Kim D., 2010, *The Rise of Japanese NGOs: Activism from Above*, London, U.K: Routledge.

Salamon, Lester M. and Helmut K. Anheier, 1997, *Defining the Nonprofit Sector: A Cross-national Analysis*, Manchester: Manchester University Press.

Satoh, Keiichi, 2012a, "What Should the Public Know?: Japanese Media Coverage on the Antinuclear Movement in Tokyo between March 11 and November 30, 2011, Disaster," *Infrastructure and Society: Learning from the 2011 Earthquake in Japan*, 2: 35-39.（http://hdl.handle.net/10086/23123）

Satoh, Keiichi, 2012b, "Longing for the Right to Decide Nuclear Policy by Ourselves: Social Movements led by the Citizen Group Minna de Kimeyo in Tokyo Call for Referendums on Nuclear Policy," *Disaster, Infrastructure and Society: Learning from the 2011 Earthquake in Japan*, 3: 46-52.（http://hdl.handle.net/10086/25359）

Tan, Uichi, 2011, "The 6-11 'Amateurs' Revolt' Demonstration against Nuclear Power: A New Movement Style?," *Disaster, Infrastructure and Society: Learning from the 2011 Earthquake in Japan*, 1: 299-304.

Taylor, Verta, 1989, "Social Movement Continuity: The Women's Movement in Abeyance," *American Sociological Review*, 54: 761-775.

van Buuren, Stef and Karin Groothuis-Oudshoorn, 2011, "mice: Multivariate Imputation by Chained Equations in R, "*Journal of Statistical Software*, 45（3）: 1-67.（http://www.jstatsoft.org/v45/i03/）

Zald, Mayer N. and John D. McCarthy, 1987, *Social Movements in an*

Organizational Society: Collected Essays, New Brunswick, N.J.: Transaction Books.

資料出典・参照サイト

OurPlanet-TV　http://www.ourplanet-tv.org
eシフト　http://e-shift.org
8bitnews　http://8bitnews.org/
NPO 法人 FoE JAPAN　http://www.foejapan.org/material/newsletter.html
おらってにいがた市民エネルギー協議会　http://www.oratte.org/
9.11 新宿　原発やめろデモ !!!!!　http://911shinjuku.tumblr.com
一般社団法人グリーンピース・ジャパン　http://www.greenpeace.org/japan/ja/
NPO 法人原子力資料情報室　http://www.cnic.jp
原水禁ニュース　http://www.peace-forum.com/gensuikin/news/110919news.html
原発のない暮らし@ちょうふ　http://nonukeschofu.blog.fc2.com
原発いらないコドモデモ　https://www.facebook.com/原発いらないコドモデモ-221661078012351/
NPO 法人原発ゼロ市民共同かわさき発電所　http://genpatuzero-hatuden.jimdo.com
「原発」都民投票の会　http://tomintohyo.blog.fc2.com/blog-entry-560.html
NPO 法人こだいらソーラー　https://kodairasolar.wordpress.com
さようなら原発 1000 万人アクション　http://sayonara-nukes.org
しえんほう311　原発事故子ども・被災者支援法市民会議　http://shiminkaigi.jimdo.com/
市民電力連絡会　http://peoplespowernetwork.jimdo.com/
首都圏反原発連合　http://coalitionagainstnukes.jp/?page_id=28
素人の乱　http://trio4.nobody.jp/keita/
ゼロノミクマオフィシャルブログ　http://zeronomics.seesaa.net
全国ご当地エネルギー協会　http://communitypower.jp/
脱原発世界会議 YOKOHAMA　http://npfree.jp/global-conference1/
たんぽぽ舎　http://www.tanpoposya.net/main/index.php?id=202
ツイッター有志による反原発デモ　http://twitnonukes.blogspot.jp
月一原発映画の会　http://www.jtgt.info/?q=taxonomy%2Fterm%2F1
NPO 法人とみおかこども未来ネットワーク　http://www.t-c-f.net
早川由紀夫の火山ブログ　http://kipuka.blog70.fc2.com
みんなで決める会　http://ng311.info/
みんなで決めよう「原発」国民投票　http://kokumintohyo.com
4.10 原発やめろデモ !!!!!!!!!　http://410nonuke.tumblr.com
6.11 新宿　原発やめろデモ !!!!!　http://611shinjuku-blog.tumblr.com

編者紹介

町村　敬志（まちむら　たかし） MACHIMURA Takashi

序章，第一章，あとがき

一橋大学大学院社会学研究科教授

専攻：社会学，都市・地域研究，グローバリゼーション論

著書・論文：2015,「差別化される空間，空間化される差別―現代都市における「微空間」のポリティックス」『差別と排除の〔いま〕1　現代の差別と排除をみる視点』（荻野昌弘・藤村正之・稲垣恭子・好井裕明と共編著）明石書店 pp. 7-37.

2011,『開発主義の構造と心性――戦後日本がダムでみた夢と現実』御茶の水書房

2004,『社会運動という公共空間――理論と方法のフロンティア』（曽良中清司・長谷川公一・樋口直人と共編著）成文堂

佐藤　圭一（さとう　けいいち） SATOH Keiichi

第一章，二章，五章，終章，コラム，あとがき

一橋大学大学院社会学研究科博士後期課程単位取得退学

日本学術振興会特別研究員（PD）／東北大学大学院文学研究科社会学研究室

専攻：政治社会学，環境社会学，市民社会論

論文：2016,「世界のなかの日本―気候変動政策の政策過程（ジェフリー・ブロードベントとの共著）長谷川公一・品田知美編『気候変動政策の社会学――日本は変われるのか』昭和堂

2014,「日本の気候変動政策ネットワークの基本構造―三極構造としての団体サポート関係と気候変動政策の関連」『環境社会学研究』20: 100-116.

脱原発をめざす市民活動
3・11 社会運動の社会学

初版第1刷発行　2016年2月20日

編　者　町村敬志・佐藤圭一
発行者　塩浦　暲
発行所　株式会社　新曜社
101-0051　東京都千代田区神田神保町3-9
電話 03(3264)4973(代)・FAX 03(3239)2958
E-mail：info@shin-yo-sha.co.jp
URL：http://www.shin-yo-sha.co.jp/

印刷所　長野印刷商工(株)
製本所　渋谷文泉閣

ISBN978-4-7885-1450-8　C1036